高职高专示范建设规划教材

工程测量

主　编　陈　锐

副主编　陈小杰　李开伟　张　翼

参　编　贾家琳　何永中　谭　詹

主　审　汪仁银

西南交通大学出版社

·成　都·

图书在版编目（CIP）数据

工程测量 / 陈锐主编. —成都：西南交通大学出版社，2014.8（2016.10 重印）

高职高专示范建设规划教材

ISBN 978-7-5643-3293-8

Ⅰ. ①工… Ⅱ. ①陈… Ⅲ. ①工程测量－高等职业教育－教材 Ⅳ. ①TB22

中国版本图书馆 CIP 数据核字（2014）第 191931 号

高职高专示范建设规划教材

工 程 测 量

主编 陈 锐

责任编辑	曾荣兵
助理编辑	胡晗欣
特邀编辑	柳堰龙
封面设计	何东琳设计工作室
出版发行	西南交通大学出版社 （四川省成都市二环路北一段 111 号 西南交通大学创新大厦 21 楼）
发行部电话	028-87600564 028-87600533
邮政编码	610031
网 址	http: //www. xnjdcbs. com
印 刷	成都市书林印刷厂
成品尺寸	185 mm × 260 mm
印 张	15.5
字 数	386 千字
版 次	2014 年 8 月第 1 版
印 次	2016 年 10 月第 2 次
书 号	ISBN 978-7-5643-3293-8
定 价	35.00 元

前　言

本书是四川水利职业技术学院测绘工程系根据高职示范院校建设要求，以“项目导向、任务驱动、工学结合”的教学模式为出发点，以技能培养为主线，结合行业需求，按照所制定的“工程测量”课程标准为依据编制的“工程测量技术专业”示范教材。本书可以作为高等职业院校测绘类专业工程测量课程配套教材，也可供相关工程技术人员参考。

全书以十个典型工作项目为学习情景来进行结构设计。本书共分为两个部分：第一部分为基础理论训练篇，注重学生理论知识的学习，为操作技能训练打下基础；第二部分为操作技能训练篇，模拟实际工作环境与结合相应任务，设计出五个典型训练项目，着重学生实践操作能力培养。本书结合当今测绘行业主流的测绘手段和高职学生特点，摒弃了大量已经被淘汰和适用性差的测量工具和手段，省略繁琐的公式推导，力求使教材做到易学够用。

本书由四川水利职业技术学院测绘工程系陈锐担任主编，由四川水利职业技术学院陈小杰、李开伟和四川公路桥梁建设有限公司张翼担任副主编，四川水利职业学院贾家琳、何永中、谭詹参编。其中：陈锐编写了项目一、项目二、项目三、项目五、项目十一、项目十二；谭詹编写了项目四；张翼编写了项目六和项目七；李开伟编写了项目八、项目十四；陈小杰编写了项目九、项目十；何永中编写了项目十三；贾家琳编写了项目十五。

四川水利职业技术学院测绘工程系汪仁银对全书进行了审阅,并提出了宝贵的修改意见，在此表示感谢。

由于编者水平所限，书中不妥之处在所难免，希望各读者在使用过程中多提宝贵意见，以便于今后的修正和完善。

编　者

2014 年 7 月

目 录

第二篇 操作技能训练

绪 论

一、工程测量定义

测量学是一门古老的科学，它的兴起和发展与人类征服自然、改造自然的工程建设密不可分。其发展历史可追溯到公元前 14 世纪，当时埃及人为划定因尼罗河水泛滥而淹没的土地边界，进行过土地边界的测定。而我国早在 4 千多年前夏禹治水时，就已有勘测情况的记录。工程测量学是测绘学科的一门应用学科分支，主要应用测绘科学的理论、仪器及方法为各类工程建设服务。

工程测量按工程内容可分为：工业与民用建筑测量，铁路、公路测量，水利工程测量，隧道及地（水）下工程测量，管线工程测量，城市建设测量，工业测量及国防工程测量等。随着经济建设的发展及工程种类的增多，其服务领域也将更为广泛。

工程测量按工程建设的程序可划分为：勘测设计阶段的工程测量、工程施工阶段的工程测量和运营管理阶段的工程测量。

（1）勘测设计阶段：主要的测量工作是为工程建设的规划设计提供各种比例尺的地形图，纵、横断面图。另外还要进行工程水文、地质勘探的测量工作，特殊条件下还要进行地层的稳定性观测。

（2）工程施工阶段：应根据现场的地形、工程的性质及工程计划等，建立施工控制网，作为施工放样的依据。在此基础上进行施工放样，即按设计图纸要求将图纸上的建构筑物标定到实地。另外还要进行竣工测量、设备安装测量等。

（3）工程运营管理阶段：主要的测量是变形观测，即对工程项目定期地进行位移、沉降、倾斜等观测，以便鉴定工程质量，为有关地基基础、建筑结构等科研工作提供资料，为大型设备的检测和调校提供依据。

工程测量是直接为工程建设服务的，因此工程测量人员应具备一定的工程建设方面的专业知识，熟悉所服务对象的作用、特点、结构、工程要求、施工程序及方法等。只有熟悉上述工程知识，才能在工作中避免盲目性。另外，应在熟练掌握测绘理论和技术的基础上，不断扩大自己的知识面，要跟上当前科学技术发展的步伐，把大地测量、摄影测量与遥感技术、空间技术、电子计算机技术及其他基础理论有机地融为一体，使工程测量手段及方法不断得到发展。

二、工程测量特点及展望

虽然工程测量与其他测量学科的关系非常密切，有许多共通之处，但因为工程测量是研究各项工程在规划设计、施工建设和运营管理阶段所进行的各种测量工作，因此，对于不同的施工对象、工程性质、作业程序及条件，工程测量具有不同的特点：

首先，精度要求不同。控制测量其精度要求和施测方法均按统一的规范与规程进行，而工程测量控制网的精度取决于工程建设的性质，一般其精度远高于测图控制网的精度。其次，工程测量具有专用的测量仪器（如变形观测中的引张线、液体静力水准仪等），并且其控制点的点位及标志的构造有其特殊之处（如倒垂线设置等）。再次，工程测量较之常规测量时间性强、数据多、作业环境复杂等。

近年来，随着科学技术的迅猛发展，工程测量领域的技术发展日新月异，主要表现在以下几个方面：

（1）各类电磁波测距仪以及电子速测仪的迅速发展，为工程控制测量及施工放样提供了非常有利的条件。目前的测距仪正向着微型化、多功能、高精度、长测程及低功耗方向发展，如原瑞士 Kern 厂的 ME3000、英国 COMRAD 电子仪器公司的 GEMENSORCR204/234 高精度测距仪，其精度达到 $[0.2 \pm (0.2 \sim 1) \times 10^{-6}]$ mm 及以上，可用作高精度基线测量。全站型电子速测仪则使地形测量及工业场地现状图的测绘工作向着全过程数字化、自动化方向发展。

（2）GNSS 全球定位系统作为测量的一种重要手段，使测绘技术发生了划时代的变革。其高精度、全天候作业及无需通视等优点，使该项技术在工程控制、地表沉降监测、变形观测等方面得到广泛应用。世界上许多大型精密工程（如斯坦福直径为 1 km 的对撞机和欧洲核子研究中心直径为 9 km 的加速器等）均采用了 GNSS 控制测量，并达到很高的精度。

（3）激光技术为工程中的准直测量及导向提供了方便。如激光经纬仪和激光扫平仪在机场、广场等大面积场地平整中的应用；激光准直仪应用于工业设备安装及变形观测；激光铅直仪用于高层建筑及矿山竖井的施工；激光导向仪在隧道施工中为施工机械导向等。总之，激光仪器的使用提高了工效和精度，并为施工自动化奠定了基础。

（4）电子计算机在测量中的应用，使测量工作者从测量数据的繁琐计算中解放出来，使测量优化设计、测量数据处理实现了自动化，并使测图自动化、观测数据及资料管理自动化成为现实。

三、本课程的特点和学习要求

工程测量作为测量科学的一个重要分支，是在测量学基础上发展起来的，因此，它与其他测量学科的关系非常密切。工程控制网与普通控制网相比有其特点，但基本理论、方法、观测手段、平差原理及精密仪器使用等内容却同于控制测量。此外，摄影测量也被广泛应用于工程测量，利用航测图作为线路选线设计的依据已成为行之有效的方法；近景摄影测量则可用于观测水流的形态和构筑物的变形等。由此可知，作为一个工程测量人员必须熟练掌握“测绘基础”“控制测量学”“摄影测量学”“测量误差与数据处理”“数字测图”等专业基础课所介绍的知识。

通过本课程的学习，使学生了解并掌握如下内容：工程测量学的基本理论、技术和方法；工程建设在规划设计、施工建设和运营管理阶段的测量工作；工程控制网的布设理论与方法；各种施工放样方法；工程建筑物的变形监测、分析；各种典型工程如线路、桥梁、隧道、水利枢纽工程以及工业与民用建筑等的测量，工程建设中的测量信息管理等知识。

第一篇　基础理论训练

项目一　渠道测量

【学习目标】

1. 了解渠道建设的整个流程以及所对应的测量工作。
2. 掌握渠道选线的基本原则。
3. 掌握控制测量的布设形式和数据处理。
4. 掌握碎步点测绘的方法与要求。
5. 掌握选线、中线测量的原理和方法。
6. 掌握纵断面测量与纵断面图绘制、横断面测量与横断面图绘制以及土方计算方法。
7. 掌握施工控制网布设、坡脚线放样、坡度控制、高程控制等方法。

概　述

渠道是常见的水利工程，在渠道勘测、设计和施工过程中所进行的测量工作，称为渠道测量。渠道测量的内容和方法与一般道路测量基本相同。

渠道测量是根据规划和初步设计的要求，首先在地面上选定中心线，并测定纵、横断面，绘制成图；然后计算工作量，编制概算和预算，作为方案比较和施工放样的依据。渠道测量一般分为选线测量和定线测量。选线测量一般在规划阶段进行，当设计部门已初步确定路线的最佳方案时，再进行定线测量。渠道施工前应进行施工放样。工程竣工后，应提交竣工测量资料。由此可见，测量工作始终贯穿于渠道工程建设的始末。

渠道测量主要内容包括踏勘选线、中线测量、纵横断面测量、土方计算和施工测量等。

任务一　选线测量

渠道选线是根据水利工程规划的渠道路线、引水设计高程和坡度，以及地形地质和水文等因素，在实地确定一条既经济又符合设计要求的渠道中心线位置。对于渠线较长的渠道，一般经过实地查勘、室内选线、外业选线等步骤；对于渠线不长的渠道，可以根据资料，在实地勘察选线。渠道选线工作应选择有经验的规划人员配合测量人员一同进行，必要时，最好应有地质人员参加。

一、内业选线

根据任务书的要求和测绘资料的搜集情况，当搜集的地形图比例尺和图面精度均适合选线测量时，可沿设计的渠道方向编绘纵、横断面图，在室内进行图上选线，无需再做外业测量工作。若无适用的地形图，一般要实地进行纵、横断面测量。当条件具备且有必要时，亦可沿线实测大比例带状地形图，再进行选线测量。

沿路线狭长地带测绘的地形图称为带状地形图，它是图上选线和初步设计的基本资料。可以测绘，也可以根据沿线所测的纵、横断面成果编制地形图。

二、外业定线

外业定线是根据设计的要求，将勘测或室内图上选线的结果转移到实地上。选线人员应结合实际情况，对勘测或图上选线的结果进行研究和补充修改，尤其对关键性地段或控制性点位，更应反复勘测、认真研究，从而选定合理的路线。外业定线工作包括：

（1）根据路线说明书和所附的路线平面位置设计图，在实地选定路线转折点位置。需要埋设固定点时，还应同时选定埋设标石或标志的位置。

（2）在实地选定建筑物的中心位置。

（3）确定中心导线以及纵断面水准路线的起终点。

（4）如果大段的渠、堤中心线在水下，为便于测量工作，可以平行移开中心线。

（5）测设平面圆曲线。渠道转弯处，外侧常易受到冲刷，内侧易淤积，甚至产生涡流及紊流，为了减少冲刷和淤积，在转弯处一般设置平面圆曲线。

为了使所选的路线既经济又合理，应注意贯彻如下原则：

（1）尽量短而直，力求避开障碍物。

（2）尽可能多地选择能实现自流灌、排的土地，而开挖和填筑的土石方量和所修建的附属建筑物要尽可能少。

（3）灌溉渠道选择高地势，排水渠道选择低地势。

（4）要求中小型渠道的布置与土地规划相结合，做到田、林、路、渠协调布置。

（5）为先进农业技术和农田园田化创造条件。

（6）渠道沿线要有较好的地质条件，少占良田，以减少修建费用。

（7）路线要稳定可靠、施工方便、行水安全。

三、布设水准点

为了满足渠线的高程测量和纵断面测量的需要，在渠道选线的同时，应沿渠线附近每隔1～3 km 在施工范围以外布设水准点，构成附合或闭合水准路线。为了统一高程系统，水准点应尽可能与国家等级水准点联测，不得已时，方可采用独立的高程系统。水准测量的施测方法和精度要求，应根据渠线长度、渠道规模和设计渠底比降的大小而定。对于渠线长度在10 km 以内的小型渠道，一般可按四等水准测量进行施测。对于大型渠道，应按三等或二等水准测量施测。

任务二　中线测量

渠道中线测量的任务主要是把渠道中心线在地面上标定出来，测定渠线长度，用里程桩标定渠线经过的位置，主要包括交点测设、转折角测设、直线段里程桩测设和曲线段里程桩测设。

一、交点测设

线路转折点又称交点，工程上用 *JD* 表示，它是中线测量的控制点。对于小型水渠，在地形条件不复杂时，一般根据技术标准，结合地形、地貌等条件，直接在现场标定交点；对于大型水渠或地形复杂的地段，则先在实地布设导线，测绘大比例尺带状地形图，经方案比较后在图上定出路线，然后采用穿线交点法或拨角放线法将交点标定在地面上。

1. 穿线交点法

这种方法是利用测图导线点与图上定线之间的角度和距离关系，将中线的直线段测设于地上，然后将相邻直线延长相交，定出交点。

2. 拨角放线法

这种方法是先在地形图上确定交点的坐标，反算相邻交点间的直线长度、坐标方位角和转角；然后在实地将仪器置于中线起点或已确定的交点上，拨出转角，测设直线长度，依次定出各交点位置。

3. 坐标法

这种方法是先在地形图上确定交点的坐标后，直接在已知点上架设全站仪或者 RTK，利用仪器的坐标法放样功能直接进行点位放样。

二、线路转角测定

线路的转角α又称偏角。工程上通常是以观测线路前进方向的右角β算出α。如图 1.1 所示，右转角为α_y、左转角为α_z，通常用测回法观测一测回，两半测回角值之差一般不应超过$1'$。

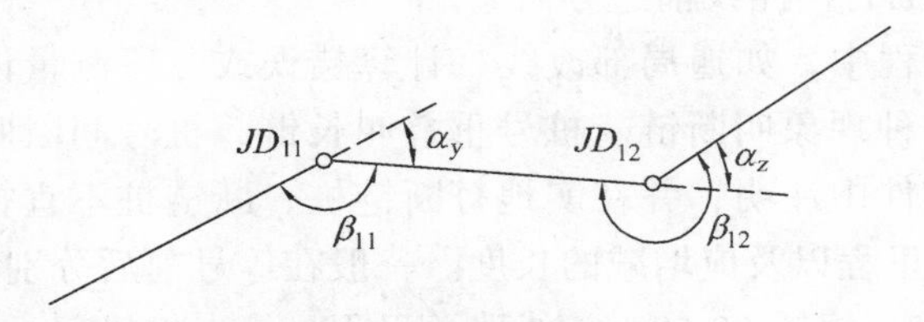

图 1.1　转折角测定

三、中桩测设

线路交点、转点测定之后，线路的方向与位置确定了，但仍不能满足线路设计和施工的需要，还需沿线路中线以一定距离在地面上设置一些桩来标定中心线位置和里程，称为线路中线桩，简称中桩。中桩分为控制桩、整桩和加桩，中桩是线路纵横断面测量和施工测量的依据。

控制桩是线路的骨干点，它包括线路的起点、终点、转点、曲线主点等。

整桩是以线路的起点开始，间隔规定的桩距设置的中桩。桩距对于直线段一般为 20 m、40 m 或 50 m，曲线上根据曲线半径 R 选择，一般为 5 m、10 m、20 m。百米桩、公里桩均为整桩。

加桩分为地形加桩、地物加桩、曲线加桩及关系加桩，具体包括：

（1）中线与横断面交点。

（2）中线上地形有明显变化点。

（3）圆曲线加桩。

（4）拟建建筑物中线位置。

（5）中心线与河、渠、堤、沟交点。

（6）中心线穿过已建闸、坝、桥、涵处。

（7）中心线与道路交点。

（8）中心线上及两侧（横断面实测范围以内）的居民地、工矿企业建筑物处。

（9）开阔平地进入山地或峡谷处。

（10）设计断面变化的过渡段两端。

直线段测设方法有很多，包括穿线法、极坐标法、直角坐标法、两点程序法等。

曲线段测设方法有：长偏角法、短偏角法、切支距法、直角坐标法等。

四、里程桩设置

里程桩也称中桩，它标定了中线的平面位置和里程，是线路纵、横断面的施测依据。里程桩是从路线起点开始，边丈量边设置的。常用的丈量工具有电测波测距仪或者 GNSS。

里程桩上标明桩号，它表示自起点到本桩的水平路程。如某桩距起点的路程为 4 578.57 m，则桩号标为 K4 + 578.57。

钉桩时，对于起控制作用的起点、终点、转点、交点、曲线主点、公里桩以及重要的地物加桩均应钉设方桩，并钉至与地面齐平，顶面钉一小钉表示点位。在方桩一侧约 20 cm 处设置板桩，上面写明桩名和桩号，其他的里程桩一律将板桩钉在点位上。一般高出地面 10 cm 左右，露出桩号，字面背向路线前进方向。

在中线测量的过程中，如遇局部改线、计算错误或分段测量误差传递均会造成里程桩号不连续的情况，这种现象叫断链。桩号重叠叫长链，桩号间断叫短链。发生断链时，应在测量成果和有关文件中注明，并在实地打断链桩，断链桩不宜打在圆曲线上，桩上应注明线路来向和去向的里程以及应增减的长度。一般在等号前后分别注明来向、去向的里程，如 3 + 870.42 = 3 + 900，短链 29.58 m。线路总里程 = 终点桩里程 + 长链总和 − 短链总和。

任务三　纵断面测绘

纵断面测绘主要用水准测量（光电测距三角高程测量或 GNSS 高程测量）测定道路中线

各里程桩的地面高程，根据里程桩的桩号和地面高程按一定比例绘制整个线路的纵断面图，用于表示线路纵向地面高低起伏变化、渠道底部标高设计和坡度设计，以及为闸、桥、涵、隧洞位置选择提供地形数据。

渠道纵断面测量首先进行的是基平测量，也就是高程控制测量，即测定沿线水准点的高程；然后进行的是中平测量，也就是中桩高程测量，即以沿线水准点为依据，测定中线各里程桩的高程。

一、纵断面测量要求

根据施工放样的要求，还应测定沿线水准点的高程及联测沿线居民地、建筑物、水系和主要地物的关键性部位高程。

纵断面高程测量的要求如下：

（1）进行纵断面高程测量时，应起闭于基本高程控制点。用间视法观测时，应成像清晰、稳定，所有埋石点和重要建筑物的高程，应作为转点纳入水准路线进行平差计算。

（2）纵断面高程测量，一般由两台水准仪同时施测，其中一台仪器测定标石点及临时水准点高程，另一台仪器观测里程桩及沿线主要地物点高程。这样做较为灵活主动，不会因一台仪器观测超限而全部重测。

（3）穿过沟道、河渠时的加桩. 应联测高程，并结合横断面测量，将河床、沟槽形状展绘在纵断面图上。穿过铁路时，应测出铁轨面高程。穿过公路时，应测路面高程，同时应测出道路宽度。

（4）木桩与地面高差小于 2 cm 时，可以桩顶高代替地面高程；否则，应测出桩旁地面高程。

（5）已建节制闸和和分水闸应测出闸底、闸顶、闸前闸后水位高程，闸孔宽度和孔数。

（6）已建桥应测出桥顶、桥底高程、桥面宽度及跨度。

（7）已建桥（或渡槽）应测出其顶、底高程、桥面（路面）宽度及跨度。

（8）已建涵洞或倒虹吸应测出其跨度和顶部高程。

（9）已建跌水或陡坡应测出其宽度、长度、落差和级数。

二、基平测量

渠、堤高程控制点可根据需要和用途设置永久性或临时性水准点。线路的起点、终点或需长期观测的重点工程以及一些需要长期观测高程的重要建筑物附近应设置永久性水准点。水准点的密度应根据地形和工程建设需要而定，在重丘区和山区每隔 0.5 ~ 1 km 设置一个，平原和微丘 1 ~ 2 km 设置一个。渠道高程系统一般应与国家水准点联测，以获得绝对高程。测量方法以水准测量为主，也可以采用三角高程法测量，一般采用四等水准或等外精度要求。

三、中平测量

中平测量是以相邻水准点为一测段，如图 1.2 所示，从一个水准点开始，逐个测定中桩的地面高程，直至附合于下一个水准点。在每一测站上，相邻两转点间所观测的中桩，称为中间点。由于转点起着传递高程的作用，在测站上应先观测转点（后视与前视），后观测中间点（间视）。转点读数至 mm，视线长不应大于 150 m，标尺应竖立在尺垫、稳固的桩顶或坚石上。各中间点的读数可至 cm，标尺应竖直在紧靠桩边的地面上。

一测段观测结束后，应进行计算检核与高差闭合差的检核，完成表 1.1。按现行规范规定容许附合差 $f_{h容}=\pm 40\sqrt{L}$（L 为测线长度，km）。检核合格后方可进行下一测段的观测。

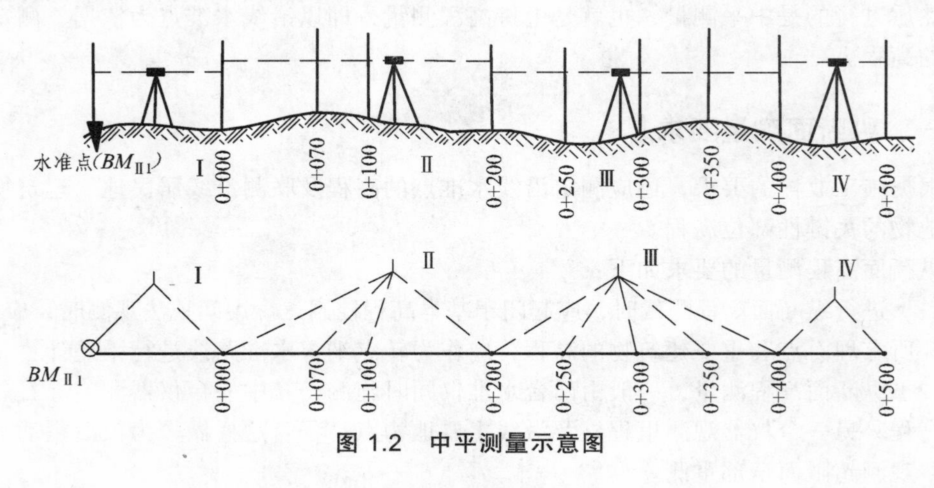

图 1.2 中平测量示意图

表 1.1 中平测量记录表

测站	测站桩号	后视读数	视线高	前视读数	间视	高程	说明
1	2	3	4	5	6	7	8
Ⅰ	$BM_{Ⅱ1}$	1.123	73.246			72.123	已知
Ⅱ	0+000	2.113	74.158	1.201		72.045	
	0+070				0.98	73.18	
	0+100				1.25	72.91	
	0+200	2.653	74.826	1.985		72.173	
Ⅲ	0+250				2.70	72.173	
	0+300				2.72	72.11	
	0+350				0.85	73.98	
	0+400	1.424	74.562	1.688		73.138	
Ⅳ	0+500	1.103	74.224	1.441		73.121	
Ⅴ	$BM_{Ⅱ2}$			1.087		73.137	已知
检核		$\sum a=8.416$		$\sum b=7.402$		$\sum a-\sum b=1.014$	
$H_{理}=73.140-72.123=1.017$							
$f_h=1.014-1.017=-0.003$（m） $f_{h容}=\pm 40\sqrt{L}=28$（mm）							

在地形比较复杂的地区中桩高程测量也可以利用全站仪或利用 RTK 进行，因此可以和中线测量同时进行。

四、纵断面图绘制

纵断面是在以中线桩的里程为横坐标、以高程为纵坐标的直角坐标系中绘制的，为了明显地表示地面起伏，一般取高程比例尺比里程比例尺大 10 倍或 20 倍。纵断面图一般自左至右绘制在毫米方格纸上。为了节省纸张和便于阅读，坐标轴的高程，可以不从零开始，而从某一合适的数值起绘。根据各桩点的里程和高程再绘标出相应的位置，依次连接各点绘出地面线，再绘出渠底设计线。根据起点（0 + 000）的渠底设计高程、渠道比降和离起点的距离，均可以求得相应点处的“渠底高程”。然后，根据各桩点的地面高程和渠底高程，即可算出各点的挖深或填高数，分别填在图中相应位置，如图 1.3 所示。

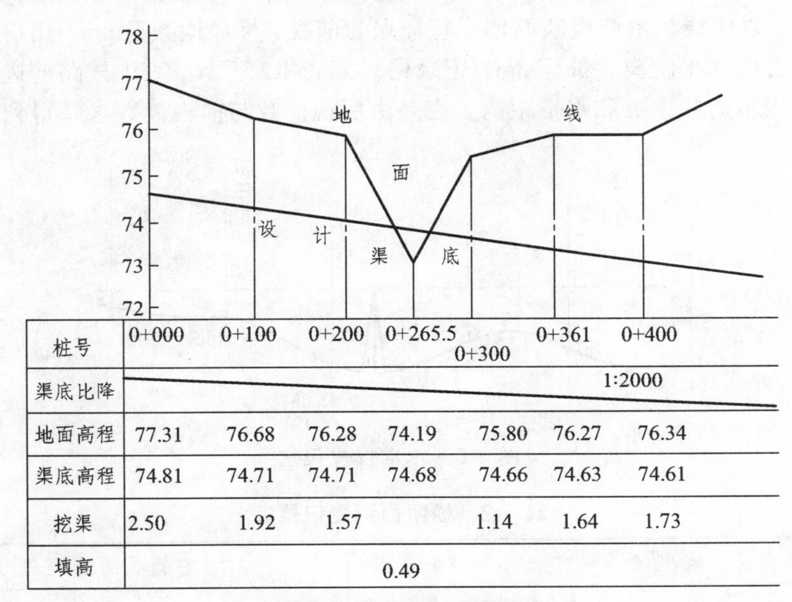

桩号	0+000	0+100	0+200	0+265.5	0+300	0+361	0+400
渠底比降	1:2000						
地面高程	77.31	76.68	76.28	74.19	75.80	76.27	76.34
渠底高程	74.81	74.71	74.71	74.68	74.66	74.63	74.61
挖渠	2.50	1.92	1.57		1.14	1.64	1.73
填高				0.49			

图 1.3 渠道纵断面图

纵断面图绘制方法有 AutoCAD 等绘图软件绘制、用坐标方格纸手工绘制、利用 CASS 专用软件自动生成等。

任务四 横断面测绘

垂直于线路中线方向的断面称为横断面，路线所有里程桩一般都应测量其横断面。横断面测量的主要任务是测量断面的地面高低起伏情况，并绘制出横断面图。横断面图是确定横向施工范围、计算土石方数量的必要资料。

一、横断面测量

横断面测量的宽度，根据实际工程要求和地形情况而定。横断面上中线桩的地面高程已在纵断面测量时测出，只要测出各地形特征点相对于中线桩的平距和高差，就可以确定其点位和高程。平距和高差，均用下列方法测定：

1. **标杆皮尺法**

如图 1.4 所示，*A*、*B*、*C*、…为断面方向上选定的变坡点（高程关键点），将标杆置于 *A* 点，从中桩地面将皮尺拉平，量出 *A* 点距离，皮尺截于标杆的高度即两点间高差。同法可测得 *A* 至 *B*、*B* 至 *C*、…测段的距离与高差，直至所需宽度为止。中桩另一侧宽度也按同法进行。

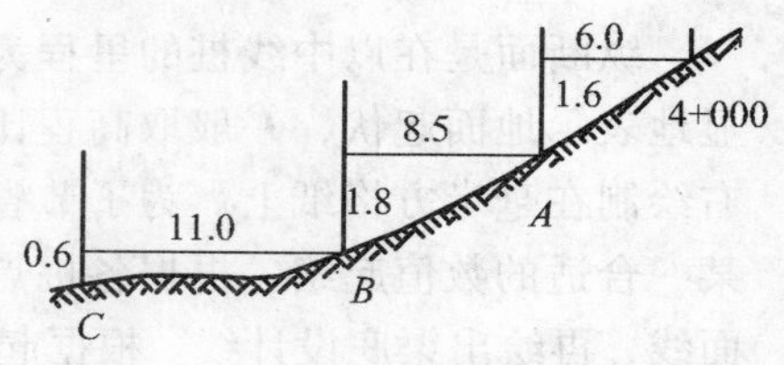

图 1.4 标杆皮尺法

2. **水准仪皮尺法**

此法适用于施测横断面较宽的平坦地区。如图 1.5 所示，安置水准仪后，以中线桩地面高程点为后视，以中线桩两侧横断面地形特征点为前视，标尺读数至 cm。用皮尺分别量出各特征点到中线桩的水平距离，量至 dm，记录格式如表 1.2 所示，表中按路前进方向分左右侧记录。以分式表示前视读数和水平距离。高差由后视读数与前视读数求差得到。

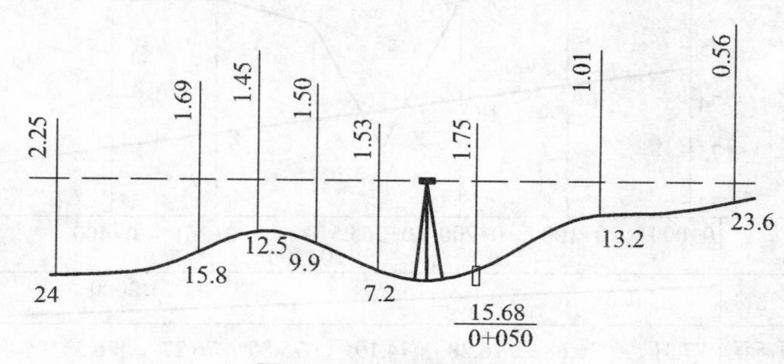

图 1.5 水准仪皮尺法

表 1.2 横断面测量记录表

左侧（高差/平距）					桩号	右侧（高差/平距）					
		8.5	4.8	7.5	5.1	0	4.5	1.8	7.5	10.0		
		−0.6	0.3	0.7	−1.0		0.5	0.2	0.3	0.2		
		6.2	3.6	6.2	4.8	10	5.0	2.0	7.0	8.0		
		−0.2	−0.8	−1.0	−2.0		0.3	0.8	0.5	0.3		

3. **视距法**

安置经纬仪于中线桩上，可直接用经纬仪测定横断面方向高差，用视距法测出各特征点与中线桩之间的平距和高差。此法适用于任何地形。

4. **GNSS 高程拟合法**

利用 RTK 直接根据横断面位置测出离中桩的平距和高程。

二、横断面绘制

横断面也是根据断面测量成果绘制而成的。为了计算方便，纵横比例尺应一致，一般取

1∶100 或 1∶200，小渠道也可采用 1∶50。绘图时，以中线地面高程为准，以水平距离为横坐标，以高程为纵坐标。将地面特征点绘在毫米方格纸上，依次连接各点即成横断面的地面线。

横断面图绘制方法有 AutoCAD 等绘图软件绘制、用坐标方格纸手工绘制、利用 CASS 专用软件自动生成等。

任务五　土方计算

渠道工程必须在地面上挖深或填高，使渠道断面符合设计要求。所挖填的体积以 m^3 为单位，称为土方。土方计算方法虽然简单，但是计算工作量大。土方的多少，往往是总工作量的重要指标，为了编制渠道工程的经济预算，以及安排劳动力，制订合理的施工方案，必须认真做好土方的计算。

一、土方计算原理

土方计算的方法常采用平均断面法，如图 1.6 所示，先算出相邻两中心桩应挖（或填）的横断面面积，取其平均值，再乘以两断面间的距离，即得两中心桩之间的土方量，以式（1.1）表示。

$$V = D(A_1 + A_2)/2 \tag{1.1}$$

式中　V——两中心桩间的土方量，m^3；

A_1、A_2——两中心桩应挖或填的横断面面积，m^2；

D——两中心桩间的距离，m。

若相邻断面均为填方或挖方而面积相差很大，则与棱台更接近，其计算公式为

$$V = \frac{1}{3}(A_1 + A_2)D\left(1 + \frac{\sqrt{m}}{1+m}\right) \tag{1.2}$$

式中　$m = \frac{A_1}{A_2}$，且 $A_2 > A_1$。

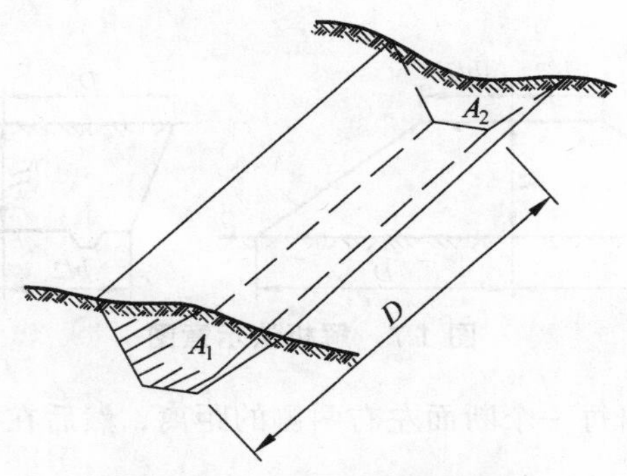

图 1.6　平均断面法示意图

二、确定挖方或填方面积范围

挖方或填方面积一般根据原始横断面套用设计渠道横断的闭合面积来确定。可以用积距法、坐标法、和软件计算法来计算面积。例如，在 CASS 软件中，可以利用“工程应用”菜单中的“查询闭合面积”来计算面积。

三、土方计算

计算土方时，先将纵横断面图上各里程桩的地面高程、设计高程、挖填面积分别填入表内；然后求相邻两断面挖方或填方面积的平均值，填入表中，平均断面面积乘以两断面间的里程差即为挖方或填方量；最后计算出该段总的土方量。

任务六 渠道施工测量

渠道施工测量就是利用测量仪器和设备，按照设计图纸中的各项元素（如渠道平、纵、横元素），依据控制点或路线上控制桩的位置，将渠道的“样子”具体地标定在实地，以指导施工作业。渠道施工测量主要包括施工控制测量、恢复路线中线测量、施工渠堤边桩测设、边坡测设、渠底坡度测设等内容。本部分介绍渠堤边桩测设，其他内容在其他项目介绍。

渠堤边桩测设即设计横断面与原始横断面的交点，测设方法有解析法、图解法、趋近法等。

1. 解析法

如果地面平坦，可以采用解析法（见图 1.7），中桩到边桩的距离为

$$D=\frac{b}{2}+mH \tag{1.3}$$

式中 D——开挖或填方宽度；

b——渠堤顶面或渠底面的宽度；

m——渠堤边坡系数；

H——渠道填挖高度。

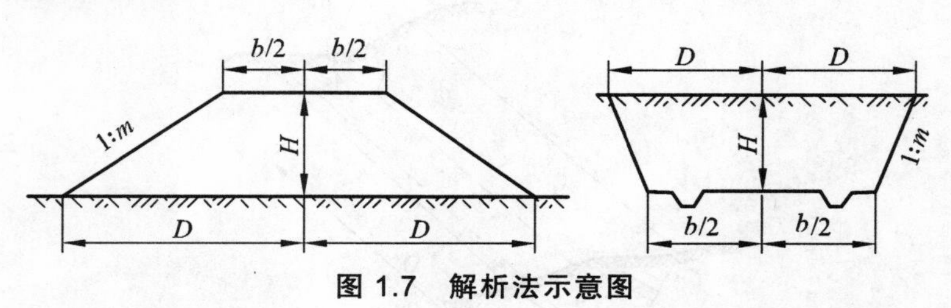

图 1.7 解析法示意图

利用公式（1.3）计算出每一个断面左右两侧的距离，然后在所对应的中桩架设仪器，测设出两侧的坡脚点。

2. 趋近法

地面横向坡度起伏较大，或两侧边桩到中桩的距离相差较大时可以使用趋近法。

如图 1.8 所示，先估计边桩点 1 处的大致位置（上坡），测出水平距离 D_1' 和高差 h_1，渠堤顶面到点 1 的高差为 $H-h_1$，H 为设计提顶高程与原始地面高差，中桩到边桩的水平距离应为

$$D_1=\frac{b}{2}+m\times(H-h_1) \tag{1.4}$$

令 $\Delta D_1=D_1'-D_1$，若 $\Delta D_1>0$，观测点向内移动略小于 ΔD_1 的距离；若 $\Delta D_1<0$，观测点向外移动；当 $\Delta D_1\leqslant 0.1$ m 时，则可认为观测位置就是边桩的位置。下坡一侧由于观测点相对于中桩的高差是负值，式（1.4）仍然适用（移动量略大于 ΔD_1）。渠道开挖边线位置确定方法与渠堤类似。

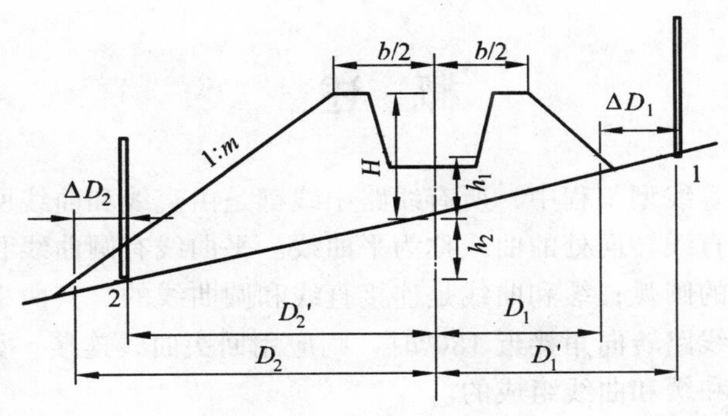

图 1.8 趋近法示意图

思考与练习

1. 渠道测量包括哪些工作内容？
2. 渠道中线测量有哪些内容？何谓里程桩？在什么情况下设置加桩？
3. 间视法水准测量有何特点？为什么观测转点比观测间视点（中间点）的精度要求高？
4. 纵、横断面面绘制各有何要求？它们之间有何区别？
5. 怎样计算土方量？

项目二 曲线测设

【学习目标】

1. 理解平曲线和竖曲线的相关概念。
2. 重点掌握圆曲线、综合曲线测设数据的计算与放样方法。
3. 掌握竖曲线测设数据的计算与放样方法。

概 述

道路、运河、管道等线型工程中，所有线路中线都是由直线和曲线所组成的。在线路方向发生变化地段，连接直线转向处的曲线称为平曲线。平曲线有圆曲线和缓和曲线两种。圆曲线是有一定曲率半径的圆弧；缓和曲线是连接直线和圆曲线的，其曲率半径由无穷大逐渐变化至圆曲线半径。当线路转向角接近 180°时，则应用回头曲线连接，如图 2.1（e）所示，回头曲线也是由圆曲线和缓和曲线组成的。

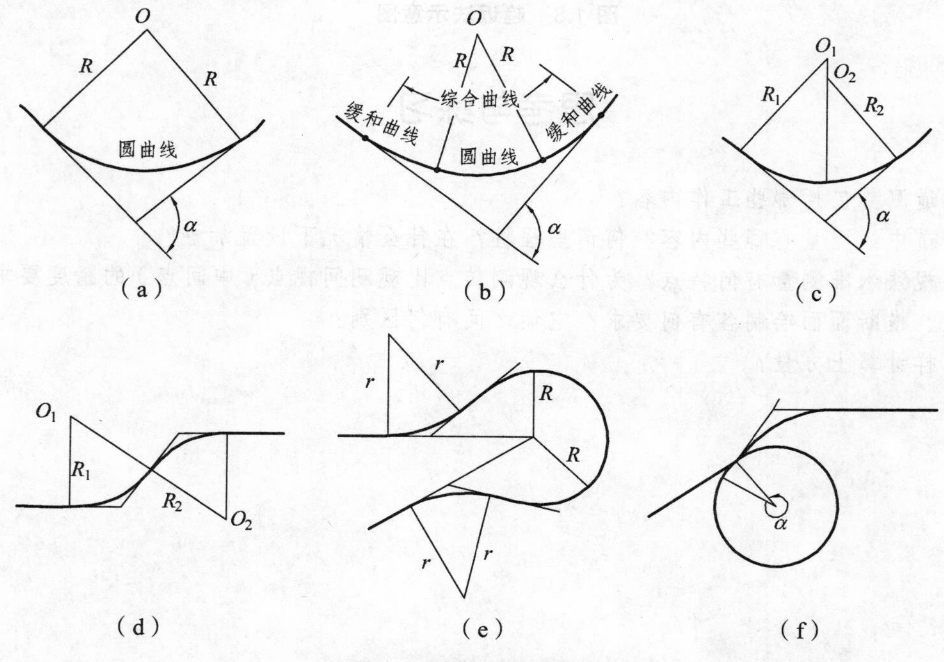

图 2.1 线路平面曲线

圆曲线又分为单曲线和复曲线两种。具有单一半径的曲线称为单曲线，如图 2.1（a）所示。具有两个或两个以上不同半径的曲线称为复曲线，如图 2.1（c）所示，如果两段圆曲线的半径圆心在曲线两侧，称为反向曲线，如图 2.1（d）所示。各工程主管部门在相应的设计规范中，对曲线的形状和曲率半径大小有相应的规定。由圆曲线和缓和曲线组成的曲线称为综合曲线，如图 2.1（b）所示。

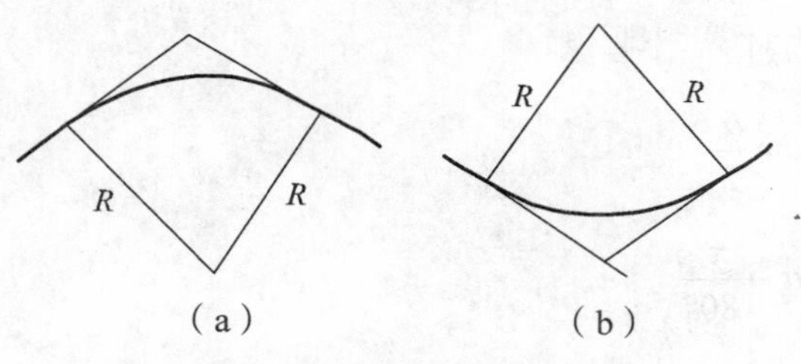

图 2.2　线路竖向曲线

平曲线的作用是改变线路的平面走向。当相邻两直线段存在不同的坡度时，必须有曲线连接。这种连接不同坡度的曲线称为竖曲线。竖曲线分为凸形及凹形两种，如图 2.2 所示。变坡点在曲线之上的为凸形竖曲线［见图 2.2（a）］，变坡点在曲线之下的是凹形竖曲线［见图 2.2（b）］。竖曲线的形式可以是抛物线，也可以是圆曲线。我国普遍采用圆曲线形式。由此可见，所有线型工程的中线，实际上是由空间的直线段和曲线段组合而成的。

任务一　圆曲线测设

当线路由一个方向转到另一个方向时，必须用曲线来连接。曲线的形式较多，其中，圆曲线（即单曲线）是最常用的形式。圆曲线的测设步骤是：先测设圆曲线上起控制作用的点，称为圆曲线的主点，然后根据主点加密曲线其他点（细部点），称为圆曲线的详细测设。

圆曲线的各要素如图 2.3 所示，ZY 点为圆曲线的起点，称为直圆点；QZ 点为圆曲线的中点，称为曲中点；YZ 点为圆曲线的终点，称为圆直点；JD 点为圆曲线起点切线与终点切线的交点。ZY、QZ 和 YZ 点称为圆曲线的主点。在实地测设之前，必须进行曲线要素及里程的计算。

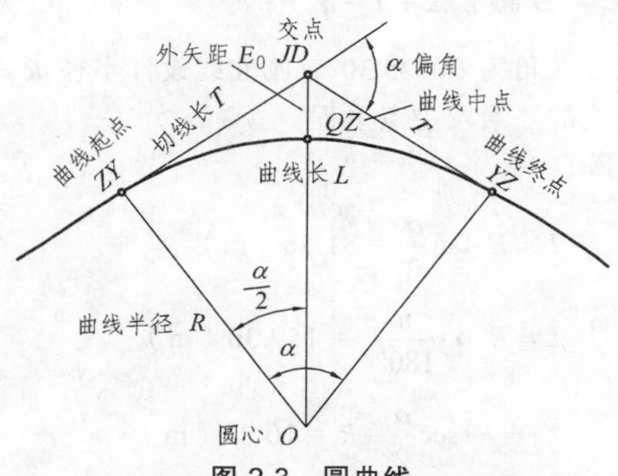

图 2.3　圆曲线

一、圆曲线要素计算

圆曲线的要素有曲线半径 R，偏角（路线转向角）α，切线长 T，曲线长 L，外矢距 E_0（曲线中点到交点的距离）以及切曲差 q（切线长度与曲线长度之差）。圆曲线半径 R 是纸上定线时由路线设计人员确定的，转向角 α 是定测时观测所得。因此 R 和 α 为已知数据，其他要素按式（2.1）~（2.4）计算，即

$$T = R \cdot \tan\frac{\alpha}{2} \tag{2.1}$$

$$L = R \cdot \alpha \cdot \frac{\pi}{180^\circ} \tag{2.2}$$

$$E_0 = R \cdot \sec\frac{\alpha}{2} - R \tag{2.3}$$

$$q = 2T - L \tag{2.4}$$

二、圆曲线主点里程计算

圆曲线的起点 ZY，中点 QZ 和圆曲线的终点 YZ 称为圆曲线的主点。曲线上各点的里程都是从一已知里程的点开始沿曲线主点推算的。一般已知交点 JD 的里程，它是从前一直线段推算而得，然后在由交点的里程推算其他各主点的里程。由于路线中线不经过交点，所以圆曲线的中点、终点的里程必须从圆曲线起点的里程沿着曲线长度推算。根据交点的里程和曲线测设元素，就能够计算出各主点的里程，图 2.3 所示圆曲线主点里程计算如式（2.5）~（2.7）所示。

$$\text{起点 } ZY \text{ 的里程} = \text{交点 } JD \text{ 的里程} - T \tag{2.5}$$

$$\text{中点 } QZ \text{ 的里程} = \text{起点 } ZY \text{ 的里程} + L/2 \tag{2.6}$$

$$\text{终点 } YZ \text{ 的里程} = \text{起点 } ZY \text{ 的里程} + L \tag{2.7}$$

为了避免计算错误，用式（2.8）进行检核：

$$YZ \text{ 的里程} = JD \text{ 的里程} + T - q \tag{2.8}$$

【例 2.1】 已知某交点处转角为 30°25′30″，圆曲线设计半径 $R = 300$ m，交点 JD 的里程为 K4 + 245.36，计算圆曲线的要素及主点里程。

解 （1）圆曲线要素计算

切线长 $T = R \cdot \tan\frac{\alpha}{2} = 81.58$（m）

曲线长 $L = R \cdot \alpha \cdot \frac{\pi}{180^\circ} = 159.30$（m）

外矢距 $E_0 = R \cdot \sec\frac{\alpha}{2} - R = 10.89$（m）

切曲差 $q = 2T - L = 3.86$（m）

（2）主点里程的计算

主点里程计算是根据计算出的曲线要素，由一已知点里程来推算，一般沿里程增加的方向由 $ZY \to QZ \to YZ$ 进行推算。

交点 JD 里程	K4 + 245.36
$-T$	81.58
起点 ZY 里程	K4 + 163.78
$+L/2$	79.65
中点 QZ 的里程	K4 + 243.43
$+L/2$	79.65
终点 YZ 的里程	K4 + 323.08

检验

交点 JD 里程	K4 + 245.36
$+T$	81.58
$-q$	3.86
终点 YZ 点里程	K4 + 324.08

三、圆曲线主点测设

测设时，将经纬仪置于交点 JD 上，如图 2.4 所示；以线路方向定向，即自 JD 起沿两切线方向分别量出切线长 T，即可定出曲线起点 ZY 和终点 YZ；然后在交点 JD 上后视 ZY（或 YZ）点，拨角，取 $\frac{180^\circ - \alpha}{2}$ 得分角线方向，沿此方向量出外矢距，即得曲线中点 QZ。主要点测设后，还要进行检核，在测设曲线主点时，还要计算曲线主点的里程桩号。

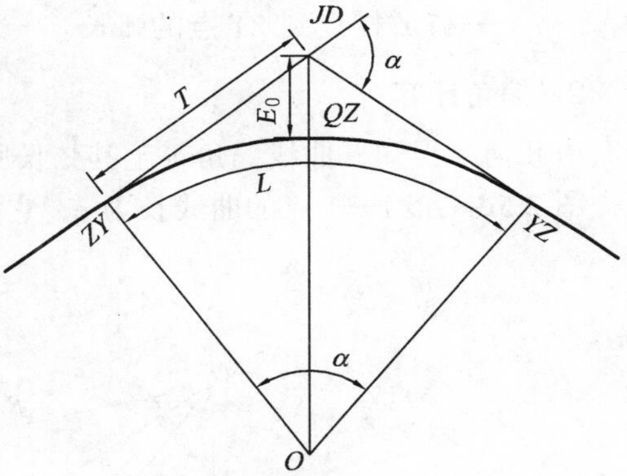

图 2.4　主点测设示意图

四、圆曲线详细测设

在地形平坦、曲线较短时，测设圆曲线的 3 个主点已能满足要求。如果曲线较长、地形变化较大，这时除测设 3 个主点和地形、地物加桩外，为了满足曲线线型和工程施工的需要，在曲线上还需测设一定桩距的细部点，称为曲线的详细测设。对于曲线详细测设的桩距规定，一般为 20 m 测设 1 点。当地势平坦且曲线半径大于 800 m 时，桩距可加大为 40 m；当半径小于 100 m 时，桩距个应大于 10 m；半径小于 30 m 或用回头曲线时，桩距不应大于 5 m。

按桩距在曲线上设桩，通常有以下 2 种方法：

（1）整桩号法。将曲线上靠近起点 ZY 的第 1 个桩的桩号凑整成基本桩距的整倍数，然后按桩距连续向曲线终点 YZ 设桩，这样设置的桩号为整桩号。

（2）整桩距法。从曲线起点 ZY 和终点 YZ 开始，分别以基本桩距连续向曲线中 QZ 设桩。由于这样设置的桩号大都不为整数。

圆曲线的详细测设的方法主要包括偏角法、切支距法、坐标法等方法。

（一）偏角法

偏角法实质上是一种方向距离交会法，偏角即为弦切角。偏角法测设曲线的原理是：根据偏角和弦长交会出曲线点。如图 2.5 所示，由 ZY 点拨偏角 δ_1 方向与量出的弦长 d_1 交于 1 点，拨偏角 δ_2 与由 1 点量出的弦长 d_2 交于 2 点；同样方法可测设出曲线上的其他点。

1．弦长计算

曲线半径一般很大，20 m 的圆弧长与相应的弦长相差很小，如 $R = 450$ m 时，弦弧差为 2 mm，两者的差值在距离丈量的容许误差范围内，因而通常情况下，可将 20 m 的弧长当作弦长看待；只有当 $R<400$ m 时，测设中才考虑弦弧差的影响。

当 R 较小时弦长为

$$d = 2R\sin\frac{\varphi}{2} \tag{2.9}$$

式中 $\varphi = \dfrac{l_i}{R}\cdot\dfrac{180^\circ}{\pi}$；

l_i——待放样点到 ZY 点的弧长。

2．偏角计算

由几何学得知，曲线偏角等于其弦长所对圆心角的一半。

图 2.5 中，ZY—1 点的曲线长为 c，它的偏角为

$$\delta = \frac{\varphi}{2} \tag{2.10}$$

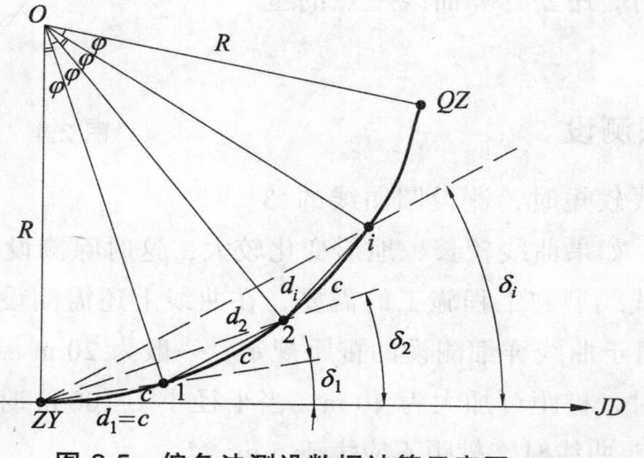

图 2.5 偏角法测设数据计算示意图

ZY—1 点的弦长为

$$d = 2R\sin\frac{\varphi}{2} \tag{2.11}$$

【例 2.2】　已知线路转折角（右偏）$\alpha = 42°36'$，圆曲线半径 $R = 150$，ZY 点里程 K6 + 125.08，设整桩距 $l = 20$ m，在 ZY 点上架设经纬仪运用偏角法放样，计算碎步点测设数据。

曲线要素计算为：$T = 58.48$，$L = 111.53$，$E = 11.0$，$q = 5.43$。

利用 T 解算出 ZY 点桩号，再利用公式（2.10）、（2.11）完成表 2.1 圆曲线测设数据计算。

表 2.1　偏角法测设数据计算表

碎步点号	桩号	到 ZY 点弧长/m	偏角值	到 ZY 点弦长/m
ZY	K6 + 125.08	0	0°00′0″	0
1	K6 + 140	14.92	2°50′58″	14.91
2	K6 + 160	34.92	6°40′09″	34.84
3	K6 + 180	54.92	10°29′20″	54.61
QZ	K6 + 180.84	55.77	10°38′58″	54.44
4	K6 + 200	74.92	14°18′31″	74.14
5	K6 + 220	94.92	18°07′42″	93.34
YZ	K6 + 236.61	111.53	21°18′02″	108.98

（二）切支距法

切线支距法，实质为直角坐标法。它是以 ZY 或 YZ 为坐标原点，以 ZY（或 YZ）的切线为 X 轴，切线的垂线为 Y 轴。X 轴指向 JD，Y 轴指向圆心 O，如图 2.6 所示。

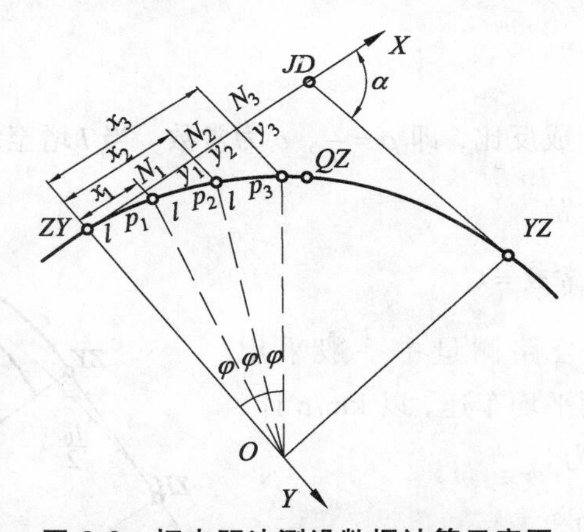

图 2.6　切支距法测设数据计算示意图

曲线点的测设坐标按式（2.12）计算：

$$\left.\begin{aligned} x_i &= R \cdot \sin\varphi_i \\ y_i &= R(1-\cos\varphi_i) \\ \varphi_i &= \frac{c_i}{R}\frac{180°}{\pi} \end{aligned}\right\} \qquad (2.12)$$

式中，c_i 为曲线点 i 至 ZY（或 YZ）的弧长。c_i 一般定为 10 m、20 m、…。已知 R，即可计算出 x_i、y_i。

（三）坐标法

用坐标法进行圆曲线的详细测设，最适合于用全站仪、RTK进行测量。仪器可以安置在任何已知点上，例如已知坐标的控制点以及路线上的交点、转点等。其测设速度快、精度高，而进行坐标法的核心内业计算工作就是计算出曲线详细测设点的坐标，随着测绘软件的发展，坐标计算工作基本上被软件所取代，因此该种方法在道路勘测中已被广泛应用。

任务二　综合曲线测设

车辆在从直线进入圆曲线后，会产生离心力，影响行车的舒适与安全。为减小离心力的影响，在弯道上必须在曲线外侧加高，称为超高。在直线上的超高为0，在圆曲线上的超高为 h。为使车辆在由直线进入圆曲线时不至于突然超高，应有一段合理的曲线逐渐过渡，需在直线与圆曲线间插入一段半径由无穷大渐变化到圆曲线半径的过渡曲线，以适应行车的需要，这段曲线称为缓和曲线。因此综合曲线的测设就是测设缓和曲线加圆曲线段的点位。

缓和曲线可采用回旋曲线（亦称为辐射螺旋线）、三次抛物线等线型。目前在我国公路系统中，均采用回旋曲线作为缓和曲线，如图2.7所示。

一、缓和曲线特点

ρ 与该点至起点的曲线 l 成反比，即 $\rho=\dfrac{c}{l}$，c 为常数。当 l 增至缓和曲线全长 l_0 时，其曲率半径 ρ 等于圆曲线半径 R，故

$$l\rho = l_0R = \text{常数} = C$$

C 与车速有关，我国公路测量中一般采用 $C=0.035V^3$。其中，V 为车辆平均车速，以km/h计。

则相应的缓和曲线长度为

$$l_0 \geqslant 0.035\frac{V^3}{R}$$

故当行车速度 V 小到一定数值或圆曲线半径 R 大到一定数值时，可不必设置缓和曲线。

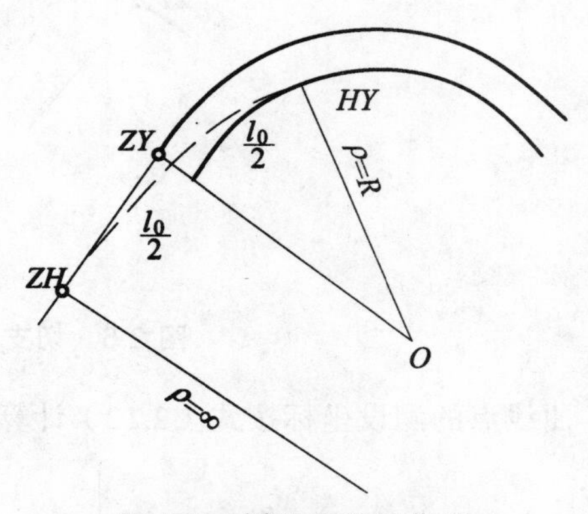

图2.7　缓和曲线示意图

二、缓和曲线方程

在建立缓和曲线方程之前，首先要建立一个独立坐标系，即坐标原点在 ZH 点或 HZ 点，X 轴指向交点，Y 轴垂直于 X 轴指向圆心方向，如图2.8所示。

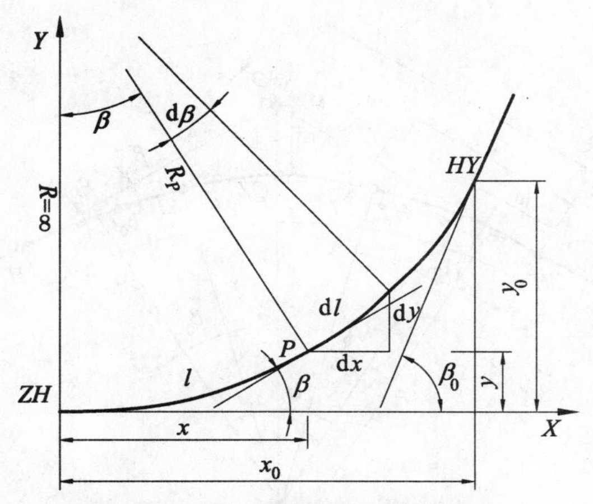

图 2.8　缓和曲线参数计算示意图

按照 $\rho l = C$ 为必要条件导出的缓和曲线方程为

$$\left.\begin{aligned} x &= l - \frac{l^5}{40C^2} + \frac{l^9}{3\,456C^4} + \cdots \\ y &= \frac{l^3}{6C} - \frac{l^7}{336C^3} + \frac{l^{11}}{42\,240C^5} + \cdots \end{aligned}\right\} \tag{2.13}$$

根据测设要求的精度，实际应用中可将高次项舍去，并顾及 $C = Rl_0$，则式（2.13）变为

$$\left.\begin{aligned} x &= l - \frac{l^5}{40R^2 l_0^2} \\ y &= \frac{l^3}{6Rl_0} \end{aligned}\right\} \tag{2.14}$$

式中　x、y——缓和曲线上任一点的直角坐标；

l——缓和曲线上任意一点 P 到 ZH（或 HZ）的曲线长；

l_0——缓和曲线总长度。

当 $l = l_0$ 时，则 $x = x_0$，$y = y_0$，代入式（2.14），得

$$\left.\begin{aligned} x_0 &= l_0 - \frac{l_0^3}{40R^2} \\ y_0 &= \frac{l_0^2}{6R} \end{aligned}\right\} \tag{2.15}$$

式中　x_0、y_0——缓圆点（HY）或圆缓点（YH）的坐标。

三、缓和曲线常数计算

β_0、δ_0、m、p 等称为缓和曲线常数，其几何关系如图 2.9 所示。

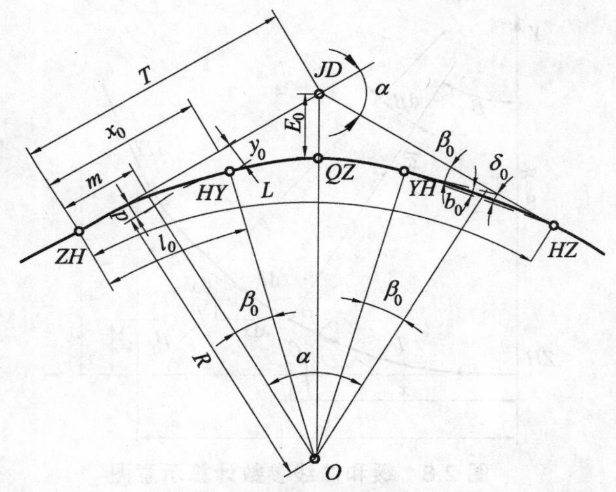

图 2.9 缓和曲线要素示意图

缓和曲线要素物理意义如下：

β_0——缓和曲线的切线角，即 HY（或 YH）点的切线角与 ZH（或 HZ）点切线的交角；亦即圆曲线一端延长部分所对应的圆心角。

m——切线外移量，即 ZH（或 HZ）到圆心 O 向切线所作垂线垂足的距离。

p——圆曲线的内移量，为垂线长与圆曲线半径 R 之差。

x_0、y_0 计算如式（2.15）所示，其他常数的计算公式如式（2.16）~（2.18）所示。

$$\beta_0 = \frac{l_0}{2R} \cdot \frac{180^\circ}{\pi} \tag{2.16}$$

$$m = \frac{l_0}{2} - \frac{l_0^3}{240R^2} \approx \frac{l_0}{2} \tag{2.17}$$

$$p = \frac{l_0^2}{24R} - \frac{l_0^4}{2\,688R^3} \approx \frac{l_0^2}{24R} \tag{2.18}$$

四、综合曲线要素计算

切线长（T）、曲线长（L）、外矢距（E_0）、切曲差（q）称为综合曲线要素，如图 2.9 所示。其计算公式如式（2.19）~（2.22）所示。

$$T = m + (R + p) \cdot \tan\frac{\alpha}{2} \tag{2.19}$$

$$L = 2l_0 + \frac{\pi R(\alpha - 2\beta)}{180^\circ} = l_0 + \frac{\pi R\alpha}{180^\circ} \tag{2.20}$$

$$E_0 = (R + p) \cdot \sec\frac{\alpha}{2} - R \tag{2.21}$$

$$q = 2T - L \tag{2.22}$$

五、曲线主点里程计算和主点测设

1. 曲线主点里程计算

综合曲线的主点有 5 个：

（1）直线与缓和曲线的连接点（ZH），称为直缓点。

（2）缓和曲线与圆曲线的连接点（HY），称为缓圆点。

（3）曲线的中点（QZ），称为曲中点。

（4）圆曲线与缓和曲线的连接点（YH），称为圆缓点。

（5）缓和曲线与直线的连接点（HZ），称为缓直点。

曲线上各点的里程从已知点里程开始沿曲线逐点推算。一般已知 JD 的里程，它是从前一直线段推算而得，然后再从 JD 的里程推算各主点的里程。各里程计算关系如下：

$ZH = JD - T$　　（直缓点里程等于交点里程减去切线长度）

$HY = ZH + l_0$　　（缓圆点里程等于直缓点里程加 l_0 缓和曲线长度）

$QZ = ZH + L/2$　　（曲中点里程等与直缓点里程加上曲线长的一半）

$YH = HY + L'$　　（圆缓点里程等于缓圆点里程加上圆曲线长度）

$HZ = ZH + L$　　（缓直点里程等于直缓点里程加上曲线长度）

检核条件为

$HZ = JD + T - q$　　（缓直点里程等于交点里程加上切线长度再减去切曲差）

2. 曲线主点测设

（1）ZH、QZ、HZ 点的测设

ZH、QZ、HZ 点可采用圆曲线主点的测设方法。经纬仪安置在交点（JD），瞄准第一条直线上的已知点（D_1），经纬仪水平度盘置零。由 JD 出发沿视线方向上量 T，定出 ZH 点。经纬仪向曲线内转动 $\frac{\alpha}{2}$，得到分角线方向，在该方向上沿视线方向从 JD 出发丈量 E_0，定出 QZ 点。继续转动 $\frac{\alpha}{2}$ 在该直线上量出 T 定出 HZ 点。

（2）HY、YH 点的测设

ZH 和 HZ 点测设后，分别以 ZH 和 HZ 点为原点建立直角坐标系，计算出 HY、YH 点的坐标，采用切线支距确定出 HY、YH 的位置。通过计算 HY、YH 点的坐标，在 ZH、HZ 点确定后，可以采用切线支距法进行放样。

【例 2.3】　某综合曲线，已知 $JD = \mathrm{K}3 + 457.68$，$\alpha_{右} = 30°40'$，$R = 400$ m，缓和曲线长 $l_0 = 70$ m。求缓和曲线各常数、曲线主点里程桩号。

① 曲线常数计算。

缓和曲线角

$$\beta_0 = \frac{l_0}{2R}\cdot\frac{180°}{\pi} = 5°00'08''$$

切线外移量

$$m = \frac{l_0}{2} - \frac{l_0^3}{240R^2} \approx \frac{l_0}{2} = 35\ \text{(m)}$$

切线内移量

$$p = \frac{l_0^2}{24R} - \frac{l_0^4}{2\,688R^3} \approx \frac{l_0^2}{24R} = 0.51\ \text{(m)}$$

② 曲线要素计算。

切线长

$$T = m + (R+p)\cdot\tan\frac{\alpha}{2} = 152.36\ \text{(m)}$$

曲线长

$$L = 2l_0 + \frac{\pi R(\alpha - 2\beta)}{180°} = 298.06\ \text{(m)}$$

外矢距

$$E_0 = (R+p)\cdot\sec\frac{\alpha}{2} - R = 17.35\ \text{(m)}$$

切曲差

$$q = 2T - L = 6.66\ \text{(m)}$$

③ 里程桩号计算。

	JD	K3 + 457.68
	$-T$	152.36
	ZH	K3 + 305.32
	$+l_0$	70
	HY	K + 375.32
	$+(L/2)-l_0$	79.03
	QZ	K3 + 454.35
	$+(L/2)-l_0$	79.03
	YH	K3 + 533.38
	$+l_0$	70
	HZ	K3 + 603.38
校核	ZH	K3 + 305.32
	$+2T$	304.72
	$-q$	6.66
	HZ	K3 + 603.38

六、综合曲线详细测设

有缓和曲线的圆曲线的测设，常用的方法有偏角法、切线支距法和直角坐标法。由于目前全站仪和 RTK 已经十分普及，只要解算出放样点的坐标，利用上述两种仪器就能快速而准确地将点位测设出来。因此下面只介绍直角坐标法。

1. 计算第一段缓和曲线坐标

曲线坐标系 $ZH\text{-}XY$ 的原点在 ZH 点，X 轴指向交点，Y 轴垂直于 X 轴指向 X 轴的右侧，如图 2.10 所示。

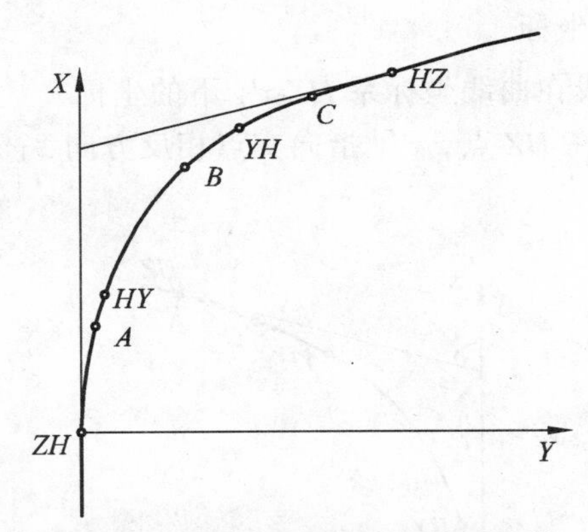

图 2.10　第一段缓和曲线坐标计算

$ZH\text{-}HY$ 段曲线点的坐标直接根据缓和曲线方程得出，即

$$\left.\begin{aligned} x_A &= l_A - \frac{l_A^5}{40R^2 l_0^2} \\ y_A &= \pm\frac{l_A^3}{6Rl_0} \end{aligned}\right\} \tag{2.23}$$

式中，曲线右偏 y_A 为正，曲线左偏 y_A 为负。

2. 计算圆曲线部分在 $ZH\text{-}XY$ 坐标系下的坐标

圆曲线坐标计算图如图 2.11 所示。

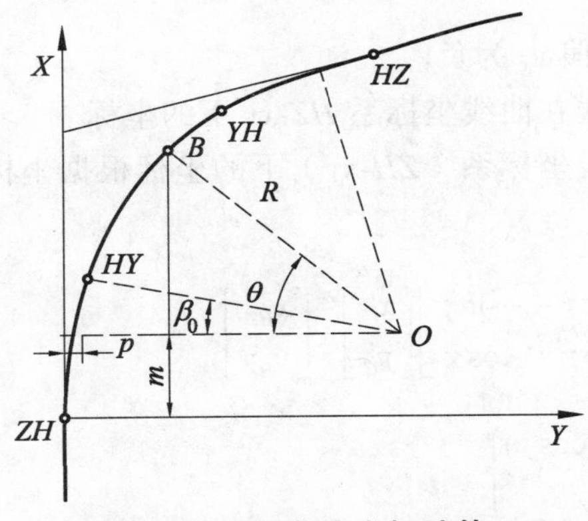

图 2.11　圆曲线坐标计算

B 点坐标和 θ 可由式（2.24）、（2.25）计算：

$$\left.\begin{aligned} x_B &= R\sin\theta + m \\ y_B &= \pm[R(1-\cos\theta)+p] \end{aligned}\right\} \tag{2.24}$$

$$\theta = \frac{K_B - K_{HY}}{R}\cdot\frac{180^\circ}{\pi} + \beta_0 = \frac{K_B - K_{HY} + l_0/2}{R}\cdot\frac{180^\circ}{\pi} \tag{2.25}$$

式中，曲线右偏 y_B 为正，左偏 y_B 为负。

3．计算第二段缓和曲线坐标

（1）计算第二段缓和曲线在曲线坐标系 HZ-$x'y'$ 下的坐标

曲线坐标系 HZ-$x'y'$ 原点在 HZ 点，x' 轴指向交点相反方向，y' 轴垂直于 x' 轴指向 x' 轴的右侧，如图 2.12 所示。

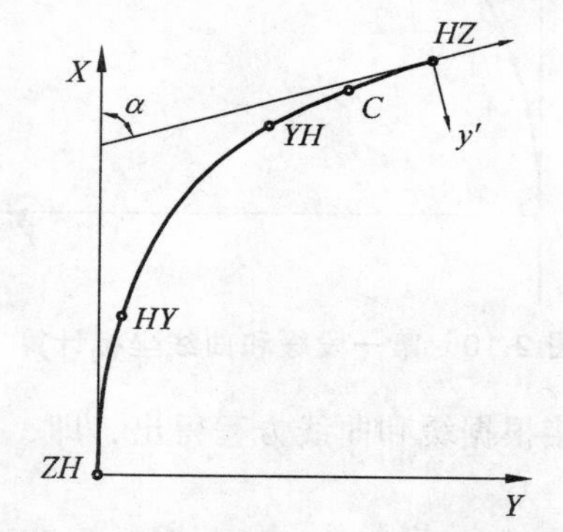

图 2.12　第二段缓和曲线坐标计算

第二段缓和曲线上点 C 的坐标可由式（2.26）计算：

$$\left.\begin{aligned} x_C' &= -\left(l_C - \frac{l_C^5}{40R^2 l_0^2}\right) \\ y_C' &= \pm\frac{l_C^3}{6Rl_0} \end{aligned}\right\} \tag{2.26}$$

式中，曲线右偏 y_C' 为正，左偏 y_C' 为负。

（2）计算第二段缓和曲线在曲线坐标系 HZ-xy 下的坐标

如图 2.13 所示，在曲线坐标系（ZH-xy）下的坐标根据坐标平移旋转公式得出，如式（2.27）、（2.28）所示。

$$\begin{bmatrix} x_C \\ y_C \end{bmatrix} = \begin{bmatrix} \cos\gamma & -\sin\gamma \\ \sin\gamma & \cos\gamma \end{bmatrix}\begin{bmatrix} x_C' \\ y_C' \end{bmatrix} + \begin{bmatrix} x_{HZ} \\ y_{HZ} \end{bmatrix} \tag{2.27}$$

$$\left.\begin{aligned} x_{HZ} &= T(1+\cos\gamma) \\ y_{HZ} &= T\sin\gamma \end{aligned}\right\} \tag{2.28}$$

式中，曲线左偏$\gamma=360°-\alpha_Z$（或$\gamma=-\alpha_Z$），右偏$\gamma=\alpha_Y$。

4. 计算曲线上所有待放样点位在路线统一坐标系 $O\text{-}XY$ 下的坐标

根据 $ZH\text{-}xy$ 坐标系与统一坐标系之间的关系，应用坐标平移、旋转公式，将坐标转换到统一坐标系 $O\text{-}XY$ 下，转换计算图如图 2.14 所示。

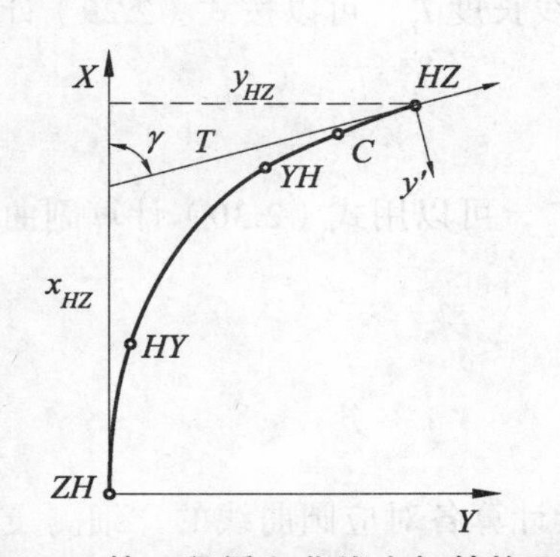

图 2.13　第二段缓和曲线坐标转换示意图

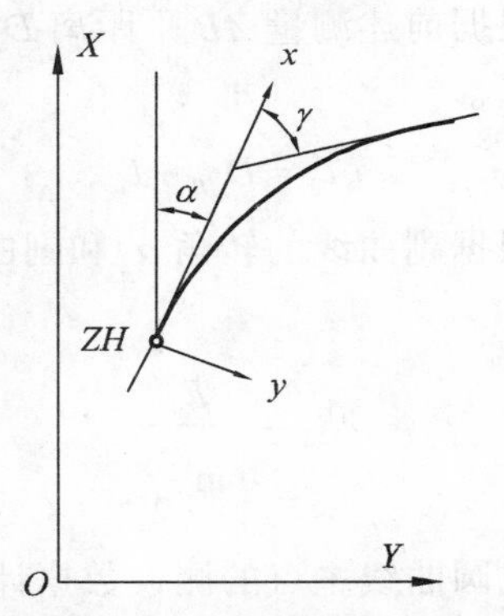

图 2.14　独立坐标到统一坐标转换

任务三　复曲线测设

用两个或两个以上不同半径的同向曲线相连而成的曲线为复曲线。其连接方式分为三种：由圆曲线直接相连而成；两端有缓和曲线，中间用圆曲线直接相连组成；两端有缓和曲线，中间也由缓和曲线连接组成。下面以两个圆曲线组成的复曲线为例，介绍复曲线的测设方法。

简单复曲线是由两个或两个以上不同半径的同向圆曲线组成的圆曲线。在测设时，应该先选定其中一个圆曲线的曲率半径，称为主曲线；其余的曲线称为副曲线。副曲线的曲率半径可以通过主曲线的半径以及测量相关数据求得。

如图 2.15 所示，两个不同曲率半径的圆曲线同向相交，主、副曲线的交点分为 A、B 点，两曲线相切于公切 GQ 点。该点上的切线是两个圆曲线共同的切线，该切线就称为切基线。

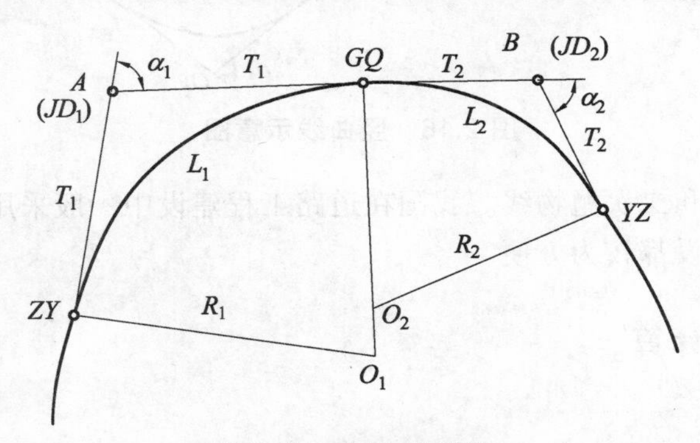

图 2.15　复曲线测设

首先在交点 A、B 分别安置经纬仪，测出两个圆曲线的转角 α_1、α_2；然后测得 A、B 两点之间的水平距离 D_{AB}，显然它是两个圆曲线切线长之和。如果先行选定主曲线的曲率半径 R_1，就可以通过计算得到副曲线的半径 R_2 以及其他测设元素，其具体步骤如下：

（1）根据前述测定曲线的转角和选定主曲线的曲率半径，计算出主曲线的测设元素切线长 T_1、曲线长 L_1、外矢距 E_1。

（2）根据前述测量 AB 平距离 D_{AB} 以及主曲线切线长度 T_1，可以按式（2.29）计算副曲线的切线长 T_2。

$$T_2 = D_{AB} - T_1 \tag{2.29}$$

（3）根据副曲线的转角 α_2 和副曲线的切线长度 T_2，可以用式（2.30）计算副曲线的曲率半径 R_2。

$$R_2 = \frac{T_2}{\tan\dfrac{\alpha_2}{2}} \tag{2.30}$$

在完成圆曲线主点的测设数据计算后，可以继续计算各对应圆曲线的详细测设数据。

任务四　竖曲线测设

竖曲线又称立面曲线。在铁路与公路建设中，它是连接竖直面上相邻不同坡度的曲线。相邻两个不同坡度的坡段线相交时，就出现了变坡点。为了保证车辆平稳安全地通过变坡点，当相邻坡度的代数差超过一定数值时，必须以竖曲线连接，使坡度逐渐改变。按相邻坡度的代数差出现的符号不同，又有凸形与凹形竖曲线之分。当变坡点在曲线上方时，称为凸形竖曲线；反之为凹形竖曲线，如图 2.16 所示。在相邻两坡段之间增设竖曲线，路线的纵断面是由直线坡段和竖曲线所组成的。

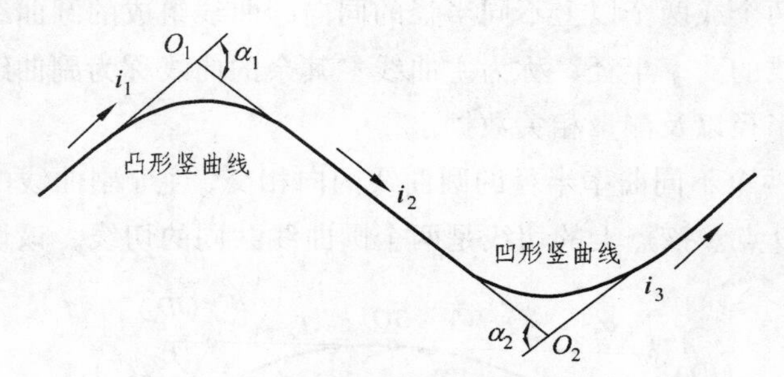

图 2.16　竖曲线示意图

竖曲线可用圆曲线和二次抛物线。我国在道路工程建设中一般采用圆曲线型的竖曲线，因为圆曲线的计算和测设都较为方便。

一、竖曲线要素计算

1．坡角 α

在图 2.16 中，设 O_1 为变坡点，相邻前后纵坡分别为 i_1 和 i_2。由于路线的纵坡一般较小，

纵断面上的变坡角 α 由式（2.31）计算。

$$\alpha = \Delta i = i_1 - i_2 \tag{2.31}$$

若规定上坡为正，下坡为负，当 $\Delta i = i_1 - i_2 > 0$ 时，该处为凸形竖曲线；反之为凹形竖曲线。

2. 竖曲线半径 R

竖曲线半径与路等级有关，不过在不外增加工程量的情况下，竖曲线应尽量采用较大的半径，以改善路线的行车条件。此外，当前、后相邻纵坡的代数差 Δi 很小时，也应采用较大的半径。

3. 切线长度 T

从图 2.17 可知，切线长为

$$T = R\tan\frac{\alpha}{2} \tag{2.32}$$

由于 α 很小，可认为

$$T = R\tan\frac{\alpha}{2} = \frac{1}{2}R(i_1 - i_2) \tag{2.33}$$

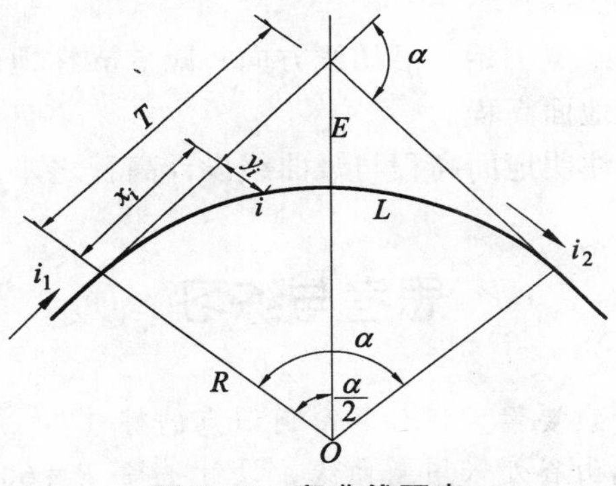

图 2.17　竖曲线要素

4. 曲线长度 L

由于 α 很小，可认为 $L = 2T$。

5. 外矢距 E

以竖曲线的起点（或终点）为直角坐标系的原点、坡段的方向（切线方向）为 x 轴，通过起（终）点的圆心方向为 y 轴。由于 α 很小，可认为 y 坐标与半径方向一致，而且把 y 值当作坡段与曲线的高差。由图 2.17 可近似得

$$(R+y)^2 = R^2 + x^2 \tag{2.34}$$

因 $y^2 \ll x^2$，略去 y^2，则

$$2Ry = x^2 \tag{2.35}$$

即 $$y=\frac{x^2}{2R} \tag{2.36}$$

当 $x=T$ 时，y 值最大，即 y_{max} 近似等于外矢距

$$E=\frac{T^2}{2R} \tag{2.37}$$

二、竖曲线测设

测设竖曲线就是根据纵断面图上标注的里程及高程，以附近已放样的某整桩为依据，向前或向后测各点的 x 值（即水平距离），并设置竖曲线桩。施工时，根据已知的高程点进行各曲线点高程的测设。步骤如下：

（1）根据坡度代数差和竖曲线设计半径计算竖曲线要素 T、L 和 E。

（2）推算竖曲线上各点的桩号（计算方法与平面圆曲线点的里程计算方法相同，竖曲线一般每隔 5 m 测设一个点）。

（3）根据竖曲线上细部点距曲线起点（或终点）的弧长（认为弧长等于该点的 x 坐标），求相对应 y 值；然后推算各点的高程。

（4）由变坡点附近的里程桩测设变坡点，自变坡点起沿路线前、后方向测设切线长度 T，分别得竖曲线的起点和终点。

（5）由竖曲线起点（或终点）始，沿切线方向每隔 5 m 在地面标定一个木桩。

（6）观测各个细部点的地面高程。

（7）在细部点的木桩上注明地面高程与竖曲线设计高程之差（即填或挖的高度）。

思考与练习

1. 何谓圆曲线主点？曲线要素如何计算？何谓点的桩号？

2. 已知：某条公路穿越山谷处采用圆曲线，设计半径 $R=600$ m、转向角 $\alpha_{右}=10°20'$，曲线转折点 JD 的里程为 K11＋255。试求：（1）该圆曲线元素；（2）曲线各主点里程桩号；（3）当采用桩距 10 m 的整桩号时，试选用合适的测设方法，计算测设数据，并说明测设步骤。

3. 常见综合曲线由哪些曲线组成？主点有哪些？

4. 某综合曲线为两端附有等长缓和曲线的圆曲线，JD 转折角为 $\alpha_{右}=40°32'$，圆曲线半径为 $R=600$ m，缓和曲线长 120 m，整桩间距 20 m，JD 桩号 K30＋452.35。试求：（1）综合曲线参数；（2）综合曲线要素；（3）主点里程；（4）列表计算独立坐标法测设该曲线的测设数据，并说明测设步骤。

5. 设竖曲线半径＝2 800 m，相邻坡段的坡度 $i_1=2\%$，$i_2=-1\%$，变坡点的里程桩号为 K10＋780，其高程为 205.24 m。试求：（1）竖曲线元素；（2）竖曲线起点和终点的桩号；（3）曲线上每隔 10 m 设置一桩时，竖曲线上各桩点的设计高程。

项目三　水工建筑施工测量

【学习目标】

1. 了解水工建筑物的概念以及与之相关的测量工作。

2. 掌握土石坝的坝轴线测设、坝身控制测量、清基边线测量、起坡线测量、边坡控制测量、修坡桩测设工作。

3. 掌握直线型和拱型混凝土大坝的模板放样方法、水闸与溢洪道的放样方法，以及水库测量的相关工作。

概　述

水利工程的目的是控制或调整天然水在空间和时间的分布，防止或减少旱涝洪水灾害，合理开发和利用水利资源，为工农业生产和人民生活提供良好的环境和物质条件。水利工程包括：农田水利工程（又称排水灌溉工程）、治河工程、防洪工程、跨流域调水工程、水力发电工程、内河航道工程。无论治理水害还是开发水利，都需要通过水工建筑来实现。水工建筑物有3类：

（1）挡水建筑物：以水坝（横跨河道）和河堤（沿水流方向，位于河道两侧）为代表。其作用是阻挡或拦束水流，调节上游水位。水坝有土坝、石坝、混凝土重力坝、混凝土拱坝、溢洪坝以及用于中小型工程的砌石坝。

（2）泄水建筑物：以溢洪道、水闸为代表。其作用是保证能从水库中安全可靠地放泄多余或需要的水量。溢流道为设置在坝体上或其附近河岸的泄洪设施，有河床式和河岸式溢洪道两种，绝大多数的水闸采用钢结构的平面或弧形闸门。

（3）专门水工建筑物：以水力发电站、升（降）船帆和各种输水渠道为代表。水力发电站利用水位落差发电，具有一般工业厂房的性质，但它承受着较大的水压力，另外它的许多部位要采用钢结构。升（降）船机为船只通过水坝时必须设置的构筑物，从上游（高水位处）过往的船只必须进入升（降）船机内，并在升（降）船机内使水位下降。以便船只可以开出升（降）船机驶向下游。升（降）船机一般都用钢结构制成。

水利水电工程施工建设阶段的测量工作包括施工控制测量、测设的准备与选择测设方法、开挖工程测量、立模与填筑测设、金属结构与机电设备安装测量、地下洞室测量、辅助工程测量、施工场地地形测量、疏浚及渠堤施工测量、竣工测量、施工期间的外部变形观测等。在营运阶段，为确保工程的安全运转，对不同的工程构造及运营状况，制订出相应的观测方案，进行变形监测。

水工建筑物土建部分立模放样线填筑轮廓点的精度要求如表3.1所示。

表 3.1 填筑及混凝土建筑轮廓点的施工放样允许误差

建筑材料	建筑物名称	允许误差/mm	
		平面	高程
混凝土	主坝、厂房等各种主要水工建筑物	±20	±20
	各种导墙及井、洞衬砌	±25	±20
	副坝、围堰心墙、面板堆石坝等	±30	±30
土石料	碾压式坝（堤）边线、心墙、面板堆石坝	±40	±30
	各种坝（堤）内设施定位、填料分界线等	±50	±50

建筑物混凝土浇筑及预制构件拼装的竖向测量偏差，不应超过表 3.2 的规定。

表 3.2 建筑物竖向测量的允许误差

工程项目	相邻两层对接中心线的相对允许误差/mm	相对基础中心线的允许偏差/mm	累计偏差/mm
厂房、开关站等建筑物构架、立柱	±3	H/2 000	±20
闸墩、栈桥墩、船闸、厂房等建筑物的侧墙	±5	H/1 000	±30

注：H 为建（构）筑物的高度（mm）。

水工建筑物附属设施安装测量的偏差，不应超过表 3.3 的规定。

表 3.3 水工建筑物附属设施安装测量的允许偏差

设备种类	细部项目	允许偏差/mm		备 注
		平面	高程（差）	
压力管安装	始装节管口中心位置	±5	±5	相对钢管轴线和高程基点
	有连接的管口中心位置	±10	±10	
	其他管口中心位置	±15	±15	
平面闸门安装	轨间间距	−1～+4		相对门槽中心线
弧形门、人字门安装		±2	±3	相对安装轴线
天车、起重机轨道安装	轨 距	±5		一条轨道相对于另一轨道
	平行道轨相对高差		±10	
	轨道坡度		L/1500	

注：① L 为天车、起重机轨道长度（mm）。
② 垂直构件安装，同一垂线上的安装点点位中误差不应大于 ±2 mm。

任务一 土坝施工测量

坝又称拦河坝，俗称水坝，是用来拦截河川水流，壅高水位，形成水库的挡水建筑物。水库是用来调节径流，充分利用水资源的，如发电、引水灌溉、给水航运以及发展水产事业等。坝的类型很多，可根据不同角度划分。按照筑坝所用材料，可分为土坝、堆石坝、干砌坝、浆砌石坝、混合坝、混凝土坝、钢筋混凝土坝等；按照坝的受力情况和结构特点，可分为重力坝、拱坝和支墩坝；根据坝顶过水情况，分为溢流坝和非溢流坝。

土坝是最古老且应用最广泛的一种坝型，主要材料是黏土、砂质黏土、砂土或其他材料。土坝的优点是可就地取材，结构简单，易于修筑，既可人工又可高度机械化施工，能适应地基变化，工作可靠，便于维修和加高扩建。其缺点是坝顶不能过小，不便于施工导流，且工程量相对来说较大。新中国成立以来，兴建高度在 15 m 以上的土坝超过 15 000 座，目前世界上建筑的土坝已高达 300 m 以上。

在土石坝的施工过程中，测量工作主要包括坝身控制测量、清基开挖线放样、坡脚线和坝体边坡放样等。

一、控制测量

建立土坝施工控制网应首先根据基本网确定坝轴线，然后以坝轴线为依据布设坝身控制网，以控制坝体细部的放样。

（一）坝轴线确定

对于中小型土坝的坝轴线，一般是由工程设计人员和勘测人员组成选线小组，深入现场选定。

对于大型土坝以及与混凝土坝衔接的土质副坝，一般经过现场踏勘，图上规划等多次调查研究和方案比较，确定建坝位置，并在坝址地形图上结合枢纽的整体布置，将坝轴线标于地形图上；再根据预先建立的基本控制网用角度交会、极坐标或直角坐标法将将坝轴线端点放样到地面上。

坝轴线的两端点在现场标定后，应用永久性标志标明。为了防止施工时端点被破坏，应将坝轴线的端点延长到两面山坡上。坝轴线是土坝施工的主要依据，但是要进行土坝坡脚线、坡面线、马道等坝体各细部放样时，在施工干扰较大的情况下，只有一条轴线是不能满足施工需要的。因此，在坝轴线确定好以后，还必须进行坝身控制测量。

（二）平面控制网

直线型坝的放样控制网通常采用矩形网或正方形方格网作平面控制。网格的大小与坝体大小及地面情况有关。

1．平行于坝轴线的直线测设

平行于坝轴线的直线测设即在坝轴线的两侧按照一定间距测设若干条平行直线，测设方法如下：在图 3.1 中，M、N 是坝轴线的两个端点，将经纬仪（或全站仪）安置在 M 点，照准 N 点；固定照准部，用望远镜向河床两岸投设 A、B 两点。然后，分别在 A 和 B 点安置仪器，照准坝轴线端点 M（或 N）点；仪器旋转 90°，定出坝轴线的两条垂线 CF 和 DE，在垂线上按所需间距（一般每隔 5 m、10 m 或 20 m）测设距离，定出 a、b、c 和 a'、b'、c'等点。那么 aa'、bb'、cc'等直线就是坝轴线的平行线。为了施工放样，还应将仪器分别安置在 a、b、c 等点，将各条平行线投测到施工范围外的河床两岸，并打桩标定。

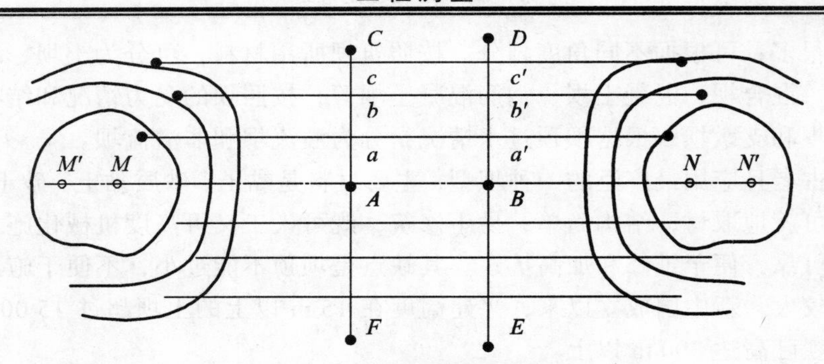

图 3.1 平行于坝轴线的直线

2．垂直于坝轴线的直线测设

通常将坝轴线上与坝顶设计高程一致的地面点作为坝轴线里程桩的起点，称为零号桩。从零号桩起，每隔一定距离分别设置一条垂直于坝轴线的直线。垂直线的间距随坝址地形条件而定。一般每隔 11 ~ 20 m 设置一条垂直线，地形复杂时，间距还可以适当小些。

测设零号桩的方法如下：在坝轴线的 M 点附近安置水准仪，后视已知水准点上的水准尺，得读数为 a，根据求前视尺应有读数的原理，零号桩上的应有读数为

$$b=(H_0+a)-H_{顶} \tag{3.1}$$

式中 H_0——后视点高程；

H_0+a——视线高程；

$H_{顶}$——坝顶的设计高程。

在坝轴线的另一个端点 N 上安置水准仪，照准 M 点，固定照准部。扶尺员持水准尺在坝轴线上向沿山坡上、下移动，当水准仪中丝读数为 b 时，该立尺点即为坝轴线上终点桩的位置。

零号桩的测设也可以用全站仪利用三角高程法进行，在坝轴线的 M 点架设全站仪，后视另一个端点 N，扶镜员持棱镜在全站仪竖丝视线上向沿山坡上、下移动并且随时测出高程，当全站仪测出的高程刚好为 $H_{顶}$ 时，该立棱镜点即为坝轴线上零号桩的位置，如式（3.2）所示。

$$H_{顶}=D\tan\alpha+H_M+i-v \tag{3.2}$$

式中 D——仪器到棱镜的平距；

α——竖直角；

H_M——仪器架设点高程；

i——仪器高度；

v——棱镜高度。

零号桩测设好以后，就可以在零号桩架设仪器，用对岸的 N 点定向，按照一定的距离间隔在坝轴线上定出里程桩。

最后是在各里程桩上测设坝轴线的垂线，在各里程桩上分别安置仪器，照准坝轴线上较远的一个端点 M 或 N，照准部旋转 90°，即可得到一系列与坝轴线垂直的直线。将这些垂线也投测到围堰上或山坡上，并用木桩或混凝土桩标定各垂直线的端点。

（三）高程控制测量

为了进行坝体的高程放样，需在施工范围外测设水准基点。水准基点要埋设永久性标志，并构成环形路线，还要用三等以上精度测定它们的高程。此外，还应在施工范围内设置临时性水准点，这些临时性水准点应靠近坝体，以便安置1~2次仪器就能放出需要的高程点。临时水准点应与水准基点构成附合水准路线，按四等精度施测。临时水准点一般不采用闭合路线施测，以免用错起算高程而引起事故。

二、清基开挖线放样

清基开挖线就是坝体与自然地面的交线，即自然地表上的坝脚线。为了使坝体与地面紧密结合，增强大坝的稳定性，必须清除坝基自然表面的松散土壤、树根等杂物。在清理基础时，测量人员应根据设计图纸放出清基开挖线，以确定施工范围。可以通过图解法来进行测设。

如图 3.2 所示，B 点在坝轴线上的里程为 0 + 80。A、C 两点为里程为 0 + 80 桩坝体的设计断面与原地面上、下游的交点，通过 0 + 80 断面的设计横断面套合原始横断面，就可以在设计图纸上量取图上 AB、BC 的水平距离 d_1、d_2，即为放样数据。

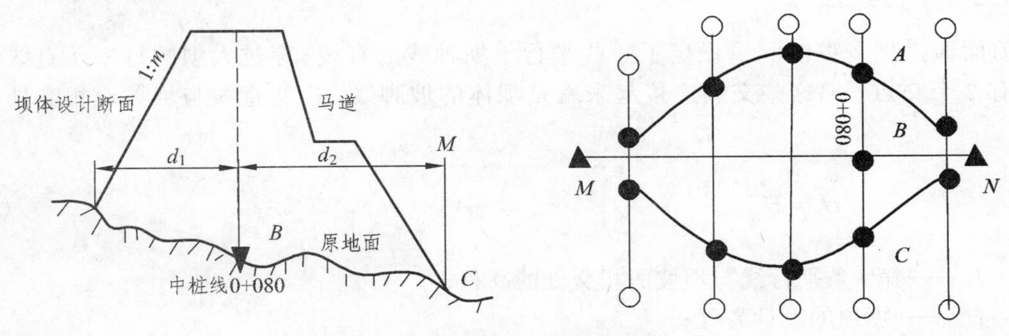

图 3.2 图解法求清基开挖点的放样

在 B 点安置经纬仪（或全站仪），照准坝轴线的一个端点，照准部旋转 90°定出横断面方向；从 B 点分别向上、下游方向测设 d_1、d_2，标出清基开挖点 A、C。同法定出各断面的清基开挖点，各开挖点的连线，即为清基开挖线。由于清基开挖有一定的深度和坡度，所以，应按估算的放坡深度和坡度确定清基开挖线。应根据施工现场的具体情况按深度和坡度加上一定的放坡长度。

三、坡脚线放样

基础清理完毕后，坝体与地面的交线称为坡脚线（亦称起坡线）。坡脚线是填注土石和浇筑混凝土的边界线。坡脚线的测设常用以下方法。

（一）趋近法

清基完工后，首先恢复坝轴线上各里程桩的位置，并测定各里程桩的地面高程。如图 3.3 所示，将经纬仪（或全站仪）分别安置在里程桩上，以坝轴线端点为起点定出各断面方向，然后根据设计断面估算的距离，沿断面方向测定坡脚线上点的轴距 d'（里程桩至坡脚点的水平地离）及高程 $H_{A'}$。图中里程桩 P 点到坡脚线上 A 点的轴距 d 为

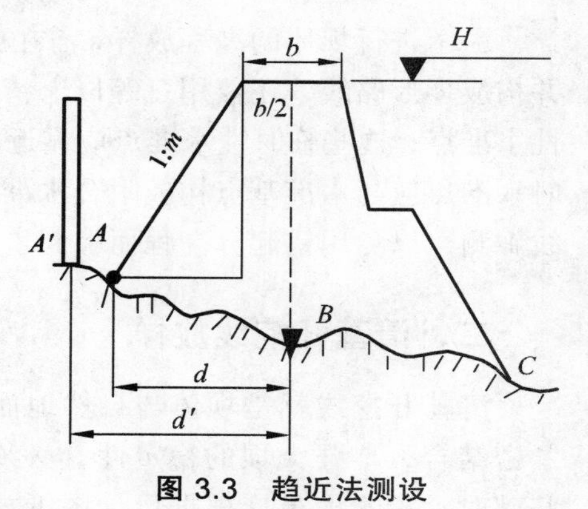

图 3.3　趋近法测设

$$d=\frac{b}{2}+m(H_{顶}-H_{A'}) \tag{3.3}$$

式中　b——坝顶设计宽度；

m——坝坡面设计坡度的分母；

$H_{顶}$——坝顶设计高程；

$H_{A'}$——立尺点 A' 的高程。

若所测的轴距 d' 与计算的轴距 d 不等，说明立尺点 A' 不是按断面设计的坡脚点 A。则应沿断面方向移动立尺的位置，反复试测，直至实测的轴距与计算的轴距之差在容许范围内为止，这时的立尺点即为设计的坡脚点。按此方法测得其他断面的坡脚点，用白灰线将各坡脚点连接起来，即成为坝体的坡脚线。

（二）平行线法

前面通过坝身控制测量设定了一些平行于坝轴线的直线，穿过大坝的每一条直线都与地面有 2 个交点，把这些交点连接起来就是坝体的坡脚线。这些直线与坝坡面相交处的高程为

$$H_i=H_{顶}-\frac{1}{m}\left(d_i-\frac{b}{2}\right) \tag{3.4}$$

式中　H_i——第 i 条平行线与坝坡面相交处的高程；

$H_{顶}$——坝顶的设计高程；

d_i——第 i 条平行线与坝轴线之间的距离，即轴距；

b——坝顶的设计宽度；

m——坡面设计坡度的分母。

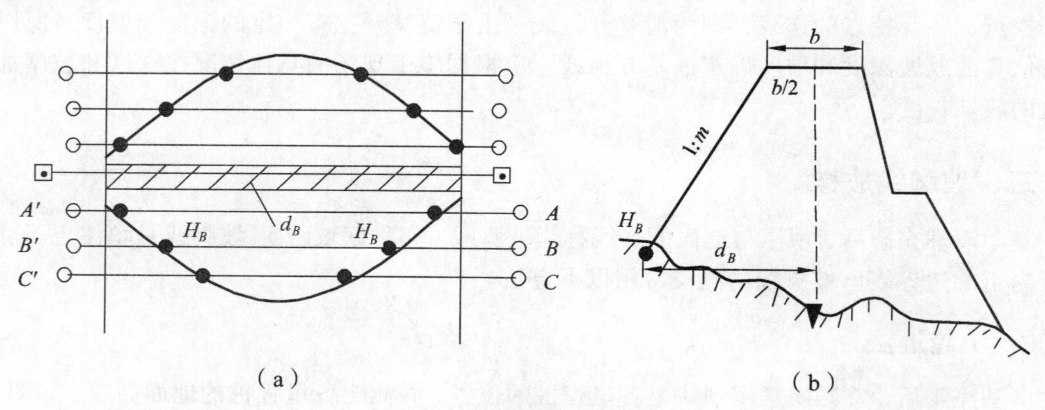

图 3.4　平行线法示意图

如图 3.4 所示，以 BB'轴线为例，在 B 点架设全站仪，并定向对准 B'后，指挥扶镜员使棱镜在全站仪竖丝视线上向沿山坡上、下移动。当所测的地面高程为 H_B［按公式（3.4）计算出来］时，该立镜点即为该轴线与地面的一个交点。接着继续指挥扶镜员将该轴线上与地面另一个交点测设出来。然后按同样的方法在每一条轴线上架设仪器，测设出所有的交点。

在实际坡脚线的测设中，为了保证靠近坡边的填料达到设计压实度和有富余的边坡，以方便以后修坡，坡脚线的位置要比现场标定的坡脚线范围要大一些。多余的填土部分称为余坡，余坡的厚度取决于土质和施工方法。

四、坝体边坡放样

土坝边坡放样很简单，通常采用坡度尺法或轴距杆法。混凝土坝的边坡放样必须装置模板，模板的斜度用坡度尺确定。

（一）坡度尺法

按设计坝面坡度 1∶m 特制一个大三角板，使两直角边的长度分别为 1 市尺和 m 市尺；在长为 m 市尺的直角边上安一个水准管。放样时，将小绳一头系于起坡桩上，另一头系在坝体横断面方向的竹杆上，将三角板斜边靠着绳子，当绳子拉到水准气泡居中时，绳子的坡度即等于应放样的坡度（见图 3.5）。

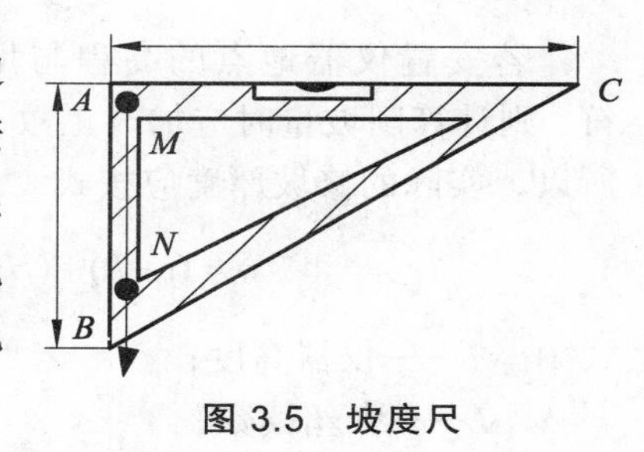

图 3.5　坡度尺

（二）轴距杆法

根据土坝的设计坡度，算出不同层高坡面点的轴距，编制成表。此表按高程每隔 1 m 计算一值。由于坝轴里程桩会被淹埋，必须以填土范围之外的坝轴平行线为依据进行量距。为此，在这条平行线上设置一排竹杆（称轴距杆），如图 3.6 所示。设平行线的轴距为 D，则上料桩（坡面点）离轴距杆为 $D-d$，据此即可得出上料桩的位置。随着坝体增高，轴距杆可逐渐向坝轴线靠近。上料桩的轴距是按设计坝面坡度计算的，实际填土时应超出上料位置，即应留出夯实和修整的余地，如图 3.6 中虚线所示。超填厚度由设计人员提出。

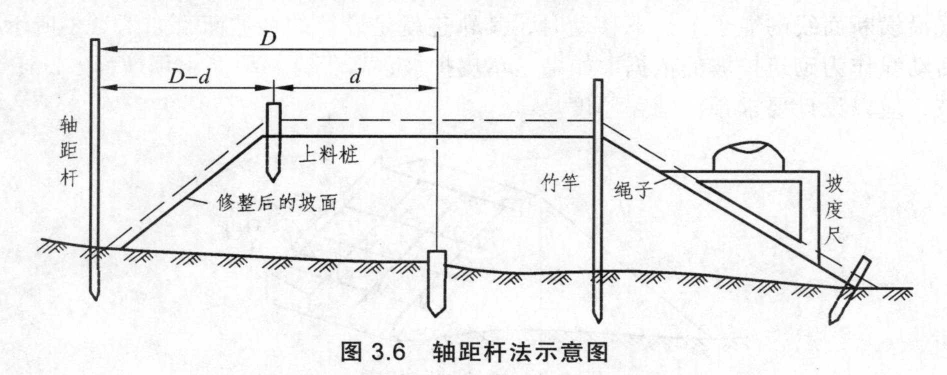

图 3.6　轴距杆法示意图

五、修坡桩测设

当坝体填筑至一定高度且坡面压实后，还应进行坡面的修整，使其符合设计要求。因此需要在大坝坡面按照一定间隔埋设一些修坡桩，来标明该处削去厚度。

修坡桩的测设通常使用的是经纬仪法，即通过调节仪器使其视线刚好与设计坡度平行来测设修坡桩。

首先要根据坡面的设计坡度计算出坡面的倾角，即

$$\alpha = \arctan\frac{1}{m} \tag{3.5}$$

在填筑的坝顶边缘上安置全站仪（经纬仪），量取仪器高度 i。将望远镜视线向下倾斜 α 角，固定望远镜，此时视线平行于设计坡面。然后沿着视线方向每隔几米竖水准标尺，设中丝读数为 L，则该立尺点的修坡厚度为

$$\Delta d = i - L$$

若安置仪器地点的高程与坝顶设计高程不符，则计算削坡量时应加改正数，如图 3.7 所示。所以，实际的修坡厚度应按式（3.6）计算。

$$\delta = (i - L) + (H_i - H_{顶}) \tag{3.6}$$

式中 i——仪器高度；

L——中丝读数；

H_i——安置仪器点的高程；

$H_{顶}$——坝顶的设计高程。

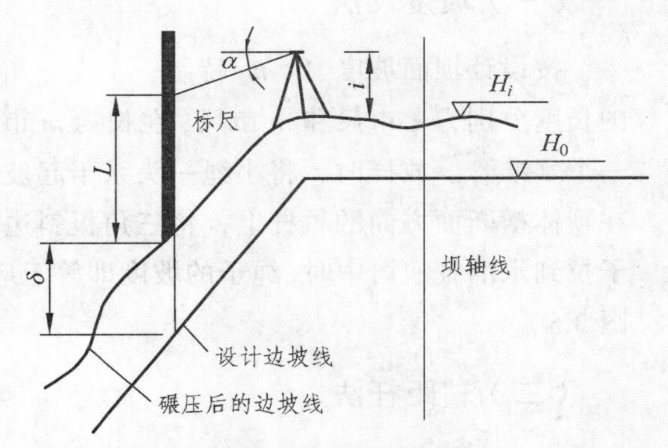

图 3.7 修坡桩测设示意图

六、护坡桩标定

坝坡面修整后需要护坡，为此应标定护坡桩。护坡桩从坝脚线开始，沿坝坡面高差每隔 5 m 布设一排，每排都与坝轴线平行。在一排中每 10 m 钉一木桩，使木桩在坝面上构成方格网形状，按设计高程测设于木桩上。然后在设计高程处钉一小钉，称为高程钉。在大坝横断面方向的高程钉上拴一根绳子，以控制坡面的横向坡度；在平行于坝轴线方向系一活动线，当活动线沿横断面线的绳子上、下移动时，其轨迹就是设计的坝坡面，如图 3.8 所示。因此可以用活动线作为砌筑护坡的依据。如果是草皮护坡，高程钉一般高出坝坡面 5 cm；如果是块石护坡，应以设计要求预留铺盖厚度。

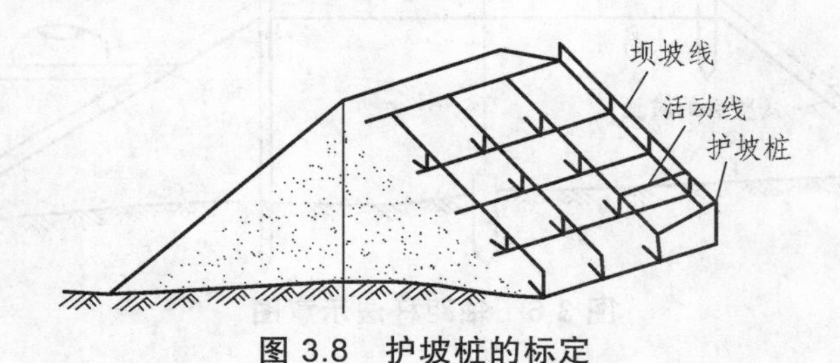

图 3.8 护坡桩的标定

任务二　混凝土坝施工测量

用混凝土浇筑，主要依靠坝体自重来抵抗上游水压力及其他外荷载并保持稳定的坝，叫做混凝土重力坝。

我国的三峡工程混凝土重力坝，坝顶高程 185 m，最大坝高 181 m（坝基开挖最低高程为 4 m）；坝顶宽度（亦称坝顶厚度）15 m，底部宽度（亦称底部厚度）一般为 124 m；从右岸非溢流坝段起点至左岸非溢流坝段终点，大坝轴线全长 2 310 m。

混凝土重力坝的放样精度比土坝要求高。一般在浇筑混凝土坝时，整个坝体是沿轴线方向划分成许多坝段的，而每一坝段在横向上又分成若干个坝块。浇筑时按高程分层进行，每一层的厚度一般为 1.5 ~ 3 m。混凝土坝施工放样的工作包括坝轴线的测设、坝体控制测量、清基开挖放样和坝体立模等。

一、混凝土坝施工控制测量

混凝土坝的结构和建筑材料相对土坝来说较为复杂，其放样精度比土坝要求高。施工平面控制网一般按两级布设，不多于三级；精度要求最末一级控制网的点位中误差一般不超过 ± 10 mm。

（一）基本平面控制网

基本网作为首级平面控制，一般布设成三角网，并应尽可能将坝轴线的两端点纳入网中作为网的一条边。根据建筑物重要性的不同，一般按三等以上三角测量的要求施测。为了减少安置仪器的对中误差，三角点一般建造混凝土观测墩，并在墩顶埋设强制对中设备，以便安置仪器和觇标。

（二）坝体控制网

混凝土坝采取分层施工，每一层中还分跨分仓（或分段分块）进行浇筑。坝体细部常用方向线交会法放样。坝体放样的控制网有矩形网和三角网两种，前者以坝轴线为基准，按施工分段分块尺寸建立矩形网，后者则由基本网加密建立三角网作为定线网。

图 3.9 为直线型混凝土重力坝分层分块示意图，图 3.10 为以坝轴线 AB 为基准布设的矩形网，它由若干条平行和垂直于坝轴线的控制线所组成，格网尺寸按施工分段分块的大小而定。

测设时，将经纬仪安置在 A 点，照准 B 点；在坝轴线上选甲、乙两点，通过这两点测设与坝轴线相垂直的方向线，由甲、乙两点开始，分别沿垂直方向按分块的宽度定出 e、f、g、h、m 以及 e'、f'、g'、h'、m'等点。最后将 ee'、ff'、gg'、hh'及 mm'等连线延伸到开挖区外，在两侧山坡上设置Ⅰ、Ⅱ、…、Ⅴ和Ⅰ′、Ⅱ′、…、Ⅴ′等放样控制点。

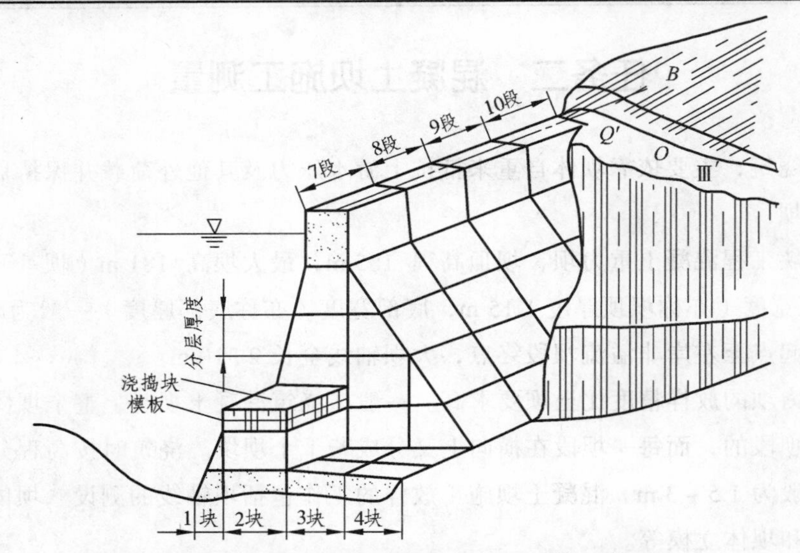

图 3.9 直线型混凝土重力坝分层分块示意图

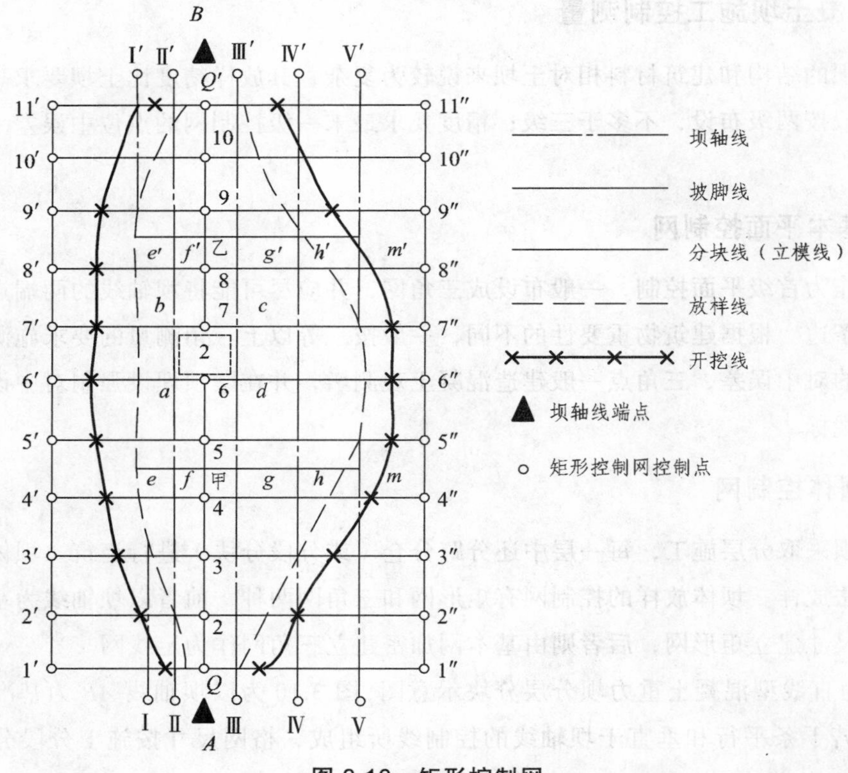

图 3.10 矩形控制网

（三）高程控制网

高程控制网分两级布设，基本网是整个水利枢纽的高程控制。视工程的不同要求按二等或三等水准测量施测，并考虑以后可用作监测垂直位移的高程控制。作业水准点或施工水准点随施工进程布设，尽可能布设成附合水准路线。

二、混凝土重力坝坝体立模放样

（一）直线型重力坝立模放样

在坝体分块立模时，应将分块线投影到基础面上或已浇好的坝块面上，模板架立在分块线上，因此分块线也叫立模线，但立模后立模线被覆盖，还要在立模线内侧弹出平行线，称为放样线（见图 3.10 中虚线），用来立模放样和检查校正模板位置。放样线与立模线之间的距离一般为 0.2 ~ 0.5 m。

1. 方向线交会法

如图 3.10 所示的混凝土重力坝，已按分块要求布设了矩形坝体控制网，可用方向线交会法，先测设立模线。如要测设分块 2 的顶点 *b* 的位置，可在 7′点安置经纬仪，瞄准 7″点，同时在Ⅱ点安置经纬仪，瞄准Ⅱ′点，两架经纬仪视线的交点即为 *b* 的位置。在相应的控制点上，用同样的方法可交会出这分块的其他三个顶点的位置，得出分块 2 的立模线。利用分块的边长及对角线校核标定的点位，无误后在立模线内侧标定放样线的四个角顶，如图 3.10 中分块 *abcd* 内的虚线。

2. 坐标法

每个坝块的四个角点，可以利用图纸上已知坐标点的坐标直接计算出来，这样就可以在一个已知点上架设仪器，后视另一个已知点，直接利用全站仪坐标法放样功能进行放样。

（二）拱坝立模放样

拱坝有单曲拱坝和双曲拱坝两种类型。单曲拱坝的坝面弧线采用统一圆心，双曲拱坝坝面弧线的圆心随高度变动。单曲拱坝的放样比较简单，和双曲拱坝中放样一个拱圈的方法相同。

现以图 3.11 为例，说明重力式单曲拱坝测设放样线时，求放样点设计坐标的方法。

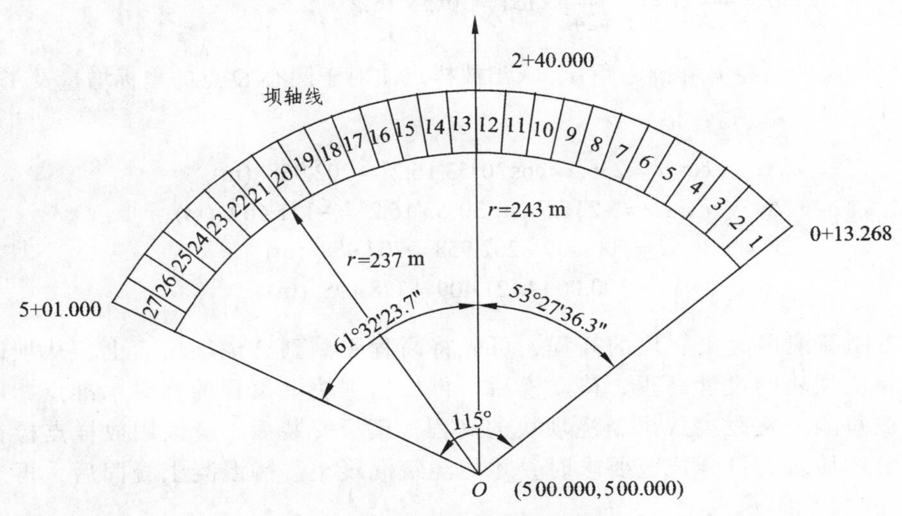

图 3.11　重力拱坝平面图

图 3.11 为水利枢纽工程某拦河坝的平面图，该大坝系重力式空腹溢流坝，圆弧对应的夹角为 115°，坝轴线半径为 243 m（拱坝坝轴线为坝顶上游面在水平面上的投影，即图中的外圆弧），坝顶弧长为 487.732 m，里程桩号沿坝轴线计算。圆心 O 的施工坐标（$x = 500.000$，$y = 500.000$），以圆心 O 与 12 ~ 13 坝段分段线的连线为 X 轴，其里程桩号为（2 + 20.00），该坝共分 27 段，施工时分段分块浇筑。

图 3.12 为大坝第 20 段第 1 块（上游面），高程为 170 m 时的平面图。为了使放样线保持圆弧形状，放样点的间距以 4 ~ 5 m 为宜。根据以上有关数据，可以计算放样点的设计坐标。现以放样点 1 为例，说明其计算过程与方法，如图 3.13 所示。

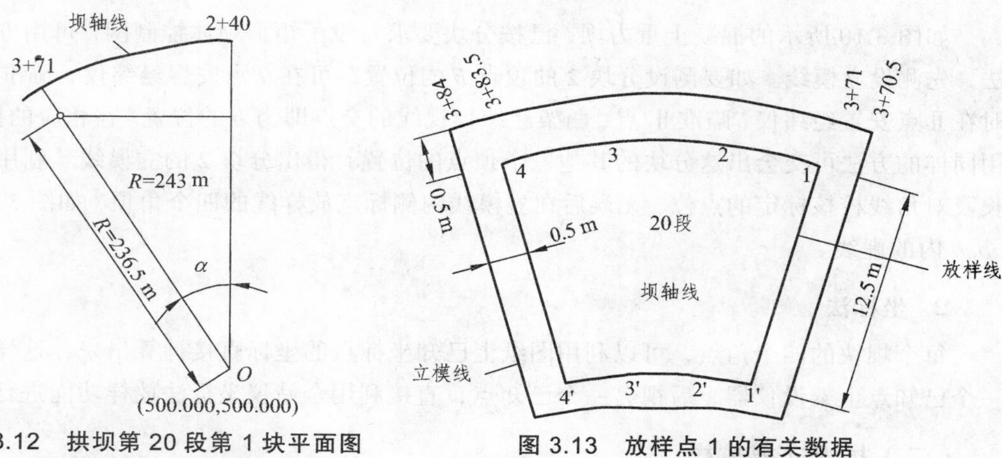

图 3.12 拱坝第 20 段第 1 块平面图　　**图 3.13 放样点 1 的有关数据**

放样点 1 的里程桩号为（3 + 71），当高程为 170 m 时，该点所在圆弧的半径 $r = 236.5$ m。根据放样点的桩号，可求出坝轴线的弧长 L 和相应的圆心角。

$$L = 371 - 240 = 131 \ \text{(m)}$$

$$\alpha = \frac{180°}{\pi R} L = \frac{180°}{\pi \times 242} \times 131 = 30°53'16.2''$$

根据放样点的半径 R 和圆心角 α，求出放样点 1 对于圆心 O 点的坐标增量及 1 点的设计坐标 (x_1, y_1)，即

$$\Delta x = r\cos\alpha = 236.5 \times \cos 30°53'16.2'' = 202.958 \ \text{(m)}$$

$$\Delta y = -r\sin\alpha = -236.5 \times \sin 30°53'16.2'' = -121.409 \ \text{(m)}$$

$$x_1 = x_0 + \Delta x = 500.000 + 202.958 = 702.958 \ \text{(m)}$$

$$y_1 = y_0 + yx = 500.000 - 121.409 = 378.195 \ \text{(m)}$$

为了控制新浇混凝土坝块的高程，可先将高程引测到已浇坝块面上，从坝体分块图上，查取新浇坝块的设计高程；待立模后，再根据坝块上设置的临时水准点，用水准仪在模板内侧每隔一定距离放出新浇坝块的高程。模板安装后，应该用放样点检查模板及预埋件安装的质量，符合规范要求时，才能浇筑混凝土。待混凝土凝固后，再进行上层模板的放样。

任务三 水库测量

一、基本任务

为兴修水库而进行的测量称之为水库测量。在水库设计阶段，要确定水库蓄水后的淹没范围，计算水库的汇水面积和水库的库容，应实测水库淹没界线，设计库岸加固和防护工程等。为此应搜集或测绘 1∶50 000～1∶100 000 的各种比例尺地形图，局部区域还应测绘 1∶5 000 比例尺的地形图。

（一）平面控制测量

在水库的规划设计阶段，若要布设平面控制网，则可采用 GNSS 静态测量的方法进行布设，亦可采用常规方法分二级进行布网，即首级控制网和图根控制网。当测区需要进行 1∶1 000 或更大比例尺的测图时，其控制点的点位中误差应小于 ±5 cm。

若测区内或附近有国家控制点时，应与其进行联测，如果没有国家控制点，则可采用独立坐标系。当采用独立坐标系时，其起算数据可从国家地形图上获取，也可采用 GNSS 静态单点定位的方法获取；或者假定平面控制网中某一点的坐标，用罗盘仪测定某一边的磁方位角，但同一工程不同设计阶段的测量工作应采用同一坐标系统。

（二）高程控制测量

高程控制测量通常分为三级，即基本高程控制、加密高程控制和测站点高程。

基本高程控制为四等以上水准测量，或采用三角高程法。高程起算数据应从国家水准点上引测，当引测路线的长度大于 80 km 时，应采用三等水准，小于 80 km 时，可采用四等水准，但引测时应进行往返观测。

（三）地形测量

在进行水库地形测量时，地物、地貌的测绘应满足以下要求：

1. 详细测绘水系及相关建、构筑物

对河流、湖泊等水域，除测绘陆上地形图外，还应测绘水下地形图。对于大坝、水闸、堤防和水工隧洞等构筑物，除测绘其平面位置外，还应测绘坝、堤的顶部高程；对于隧洞和渠道，应测出其底部高程；对于过水建、构筑物如桥、闸、坝等，当空口面积大于 1 m^2 时，需注明孔口尺寸。根据规划要求，为了泄洪或施工导流，对于干涸河床及能利用的小溪、冲沟等，均应详细进行测绘。

2. 详细测绘居民地、工矿企业

在水库蓄水前必须进行库底清理，如果漏测居民地的水井，就不能在库底清理时把井填塞。在水库蓄水后，可能发生严重的漏水现象，将直接影响工程的质量和效益。如果漏测有价值的文物古迹，在库底清理时，可能漏掉这些文物，对文化遗产造成损失。对于居民建筑和工矿企业，应认真测绘，以确保根据平面位置及高程确定拆迁项目的准确性。

3. 正确表现地貌特征

在描绘各种地貌元素时，不仅应用等高线反映地面起伏，而且应尽量表现地貌发育的阶段特征，如冲沟横断面是V形还是U形。不仅要表现鞍部长度及宽度，还应测定鞍部最低点的高程，以便规划设计时考虑工程布局。对于喀斯特地貌，特别应详细测绘，以防止溶洞漏水或塌陷。

二、水库淹没界线测量

（一）水库淹没调查测量

水库淹没调查测量是在可行性研究阶段或初步设计阶段进行的，在个别情况下，规划阶段也应在某种特殊地区进行淹没调查测量，并埋设各类界桩。具有较高经济价值或对淹没面积有争议的地区，应测量大比例尺的“土地详查”地形图，且在图上应绘出地类界和以村、镇为单位的行政界限。

（1）在外业测量之前，应做好以下准备工作：

① 详细了解测量范围、对象、使用仪器的工作起讫时间，确定测量淹没线的种类、条数及每条淹没线测设的高程、范围和水库末端的位置。

② 确定水库中平水段与回水段的分界线，并将各段界线的高程，逐段注绘到水库地形图上。

③ 将测区原有基本高程控制点展绘在水库地形图上，如库区无基本高程控制点，则应拟定基本高程控制的路线位置、等级和埋石点的位置。

④ 拟定移测或新测的基本高程控制点和图根级临时水准点，并应逐一标定在水库地形图上，以便安排测设淹没界桩的路线。

（2）水库淹没调查测量应符合下列规定：

① 水库淹没调查和淹没线测量的高程系统应和设计所用水库地形图及纵横断面图的高程系统一致。

② 重要调查对象的高程和对水库正常蓄水位的选定起决定作用的测点，其高程测量误差不得大于 ± 0.1 m。

③ 平地或坡度较小地区的调查对象，高程应用水准仪施测，最弱点的高程中误差不得大于 ± 0.3 m，作为水准测量的起讫点，必须是基本高程控制点。

④ 山地的调查对象可用全站仪测量，最弱点高程中误差不得大于 ± 0.5 m，且应用基本高程控制点进行检核。

（二）水库淹没界线测量

在水库设计时，若大坝溢洪道起点高程已定，则被溢洪道起点高程所围成的面积将全部被淹没。水库的回水线是从大坝向上游逐渐升高的曲线，其末端与天然河流水面比降一致。在准备的测绘资料中，应将回水曲线及淹没线的高程分段标记于库区地形图上。

根据分段高程，在库区内选择几条典型的横断面，各段可依其上游横断面高程作为本段的测设高程。如图 3.14 所示，从坝轴线至回水线末端将库区分成 *AB*、*BC*、*CD* 三段，各段的起点与终点、各段间距离及各段高程可作为测设时的基本数据。

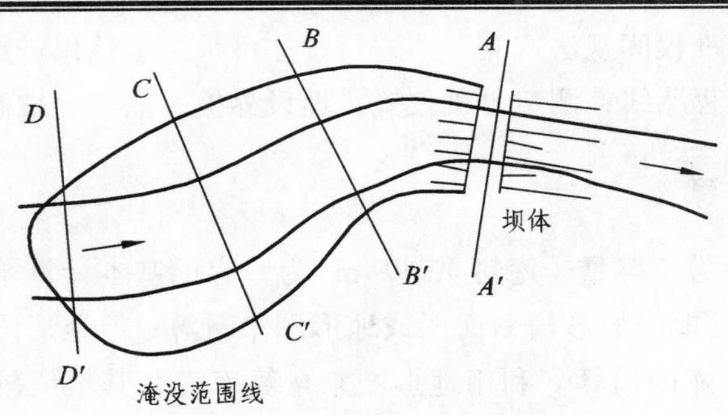

图 3.14 水库淹没界限

1. 界桩布设

界桩应结合库区沿岸的经济价值和地形坡度的具体情况布设，凡是在居民地比较集中、工矿企业、文物古迹、军事设施地区，或耕地、大面积的森林等经济价值较高以及地形比较平缓地区，须每隔 2 ~ 3 km 布设永久性界桩，且在永久性界桩之间每隔 20 ~ 200 m 布设加密桩。

在大片沼泽地、水洼地、地面坡度超过 20° 或永久性冻土区、荒凉或半荒凉等地区，可根据库区地形图目估标定界线，并将其绘制于库区地形图上，作为今后库区管理的基本资料。

2. 高程控制测量

各种界桩高程应与水库设计地形图及计算回水曲线所依据的河道纵横断面图的高程系统相同。界桩测量就是按水库淹没界线的高程范围，根据布设的高程控制点，在实地测设出已知高程的界桩。高程控制路线的要求如下：

（1）基本高程控制测量应根据淹没界线的施测范围和水准路线的容许长度来确定其等级，一般是在二等水准点的基础上布设三、四等水准路线。

（2）加密高程控制点是在四等以上水准点上布设等外附合水准路线，其线路长度不得大于 30 km。

（3）在山区水库测设Ⅲ类界桩和分期利用的土地及清库等界线时，可在等外水准点上采用全站仪导线高程，其附合路线长度应小于 5 km，路线高程闭合差应小于 $0.45\sqrt{L}$，L 的单位为 km。

（4）凡处于淹没区以内的国家水准点，均应移测至居民线高程以上。为了便于测设界桩，可每隔 1 ~ 2 km 利用稳固岩石或地物作临时标志，并用等外水准测定其高程。

3. 界线放样

界桩高程相对基本高程控制点的高程中误差不得大于表 3.4 中的规定。

表 3.4 各类界桩高程中误差表

界桩类别	内容说明	界桩高程中误差/m²
Ⅰ	居民地、工矿企业、名胜古迹、重要建筑物及界线附近地面倾斜角度小于 2°的大片耕地	±0.1
Ⅱ	界线附近地面倾角为 2° ~ 6°的耕地和其他有较大经济价值的地区	±0.2
Ⅲ	界线附近的地面倾角大于 6°的耕地和其他具有一定经济价值的地区。如一般价值的森林或竹林	±0.3

界桩放样可采用水准仪间视法或支站法进行，亦可采用全站仪进行放样。其程序为：根据界桩类别选择布设高程路线；测定界桩位置；埋设界桩；测定界桩高程。

三、水库库容计算

水库的蓄水量称之为库容量（库容），以 m^3 为库容的基本计算单位，在实际应用中是以亿 m^3 为单位。库容可根据地形横断面图或地形图来量算，但地形横断面图的量算精度较低，一般适用于小型水库的概算。利用地形图来量算库容，其精度较高，通常适用于大、中型水库。

水库的汇水面积可直接在地形图上进行量算，而库容则根据截柱体的体积来计算。水库是在江河上筑坝所形成的，因此水库往往是一个狭长的盆地，其边缘因支流、河沟形成不规则的形状，但大致为一个椭圆截面体。

如图 3.15 所示，首先判断大坝 *MN* 处四周的地形起伏形态，分析降雨的流向及范围，并于图上标出降雨流向范围线。所谓汇水面积就是由分水线所围成的范围，因此，勾绘分水线是确定汇水面积的关键。勾绘分水线应特别注意以下两点：分水线应通过山顶和鞍部；与山脊相连和分水线应同等高线正交。

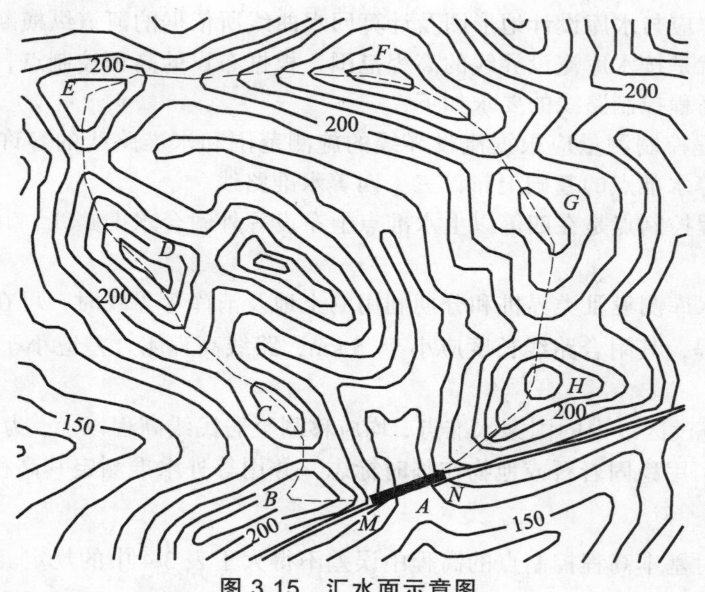

图 3.15 汇水面示意图

根据以上两点，从大坝 *MN* 的一端开始，沿着山脊线（分水线）并经鞍部和山顶，用垂直于等高线的曲线连接到大坝的另一端，形成一个封闭的曲线，该曲线所围成的面积即为汇水面积。

当大坝的溢洪道高程确定后，即可确定水库的淹没面积，淹没面积以下的蓄水量（体积）即为水库的库容。库容计算通常采用等高线法。首先求溢洪道高程以下各条等高线所围成的面积。然后计算各相邻两等高线之间的体积，最后将其汇总，即为库容。

任务四　水闸放样

水闸具有挡水和泄水的作用，一般由闸室段和上、下游连接段三部分组成。闸室是水闸的主体，这一部分包括底板、闸墩、闸门、工作桥和交通桥等。上、下游连接段有防冲槽、消力池、翼墙、护坦、海漫、护坡等防冲设施。水闸的施工放样，应先放出主轴线和整体基础开挖线；在基础浇筑时，为了在底板上预留闸墩和翼墙的连接钢筋，应放出闸墩和翼墙的位置；最后是水闸细部放样。

一、水闸轴线放样

水闸主轴线由闸室中心线 AB（横轴）和河道中心线 CD（纵轴）两条相互垂直的直线组成，如图 3.16 所示。在主轴线放出后，应在其交点检测是否相互垂直；一般情况下，当误差超过 10″ 时，则应以闸室中心线为准，重新放样出一条与其垂直的纵向主轴线。在主轴线定位后，应将其延长至施工影响区之外，每端各埋设两个固定标志以表示其方向，具体放样步骤如下。

（1）在水闸设计图中获取横轴线端点 A、B 的坐标，并将其换算成测图坐标，计算出放样所需数据，再根据控制点将 A、B 两点放样到实地。

（2）精确测量出 AB 的长度，并标定中点 O 的位置。

（3）在 O 点安置仪器，采取正倒镜的方法放样出 AB 的垂线 CD。

（4）将 AB 向两端延长至施工影响区外（A'、B'），并埋设固定标志，作为检查端点位置及恢复端点的依据。在有条件的情况下，将轴线 CD 也延长至施工影响区之外（C'、D'），并埋设固定标志。

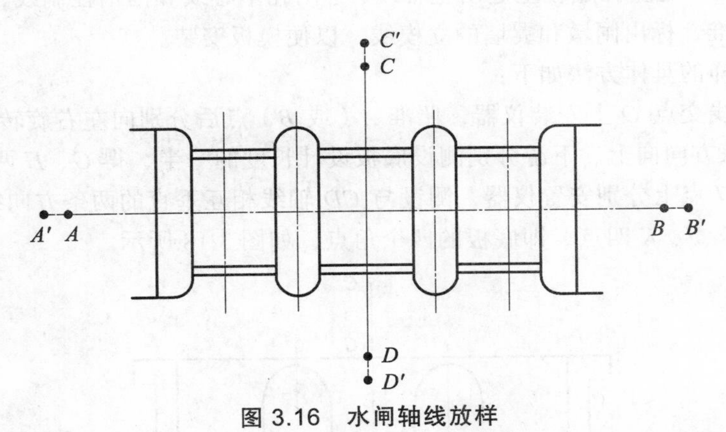

图 3.16　水闸轴线放样

二、基础开挖线放样

水闸基础开挖线是由水闸底板、翼墙、护坡等与地面的交线决定的，在此可采用土坝施工方样的方法来确定开挖线的位置。具体的放样步骤如下：

（1）从水闸设计图上获取底板各拐点至闸室中心线的平距，并在实地沿纵向轴线标定出这些点的位置，测定其高程和测绘相应的河床横断面图。

（2）根据设计的底板高程、宽度、翼墙及护坡的坡度在河床横断面图上套绘出相应的水闸断面，如图 3.17 所示。然后量取两断面交线点至纵轴的距离，即可在实地标定出这些交点位置，并将其连成开挖线。

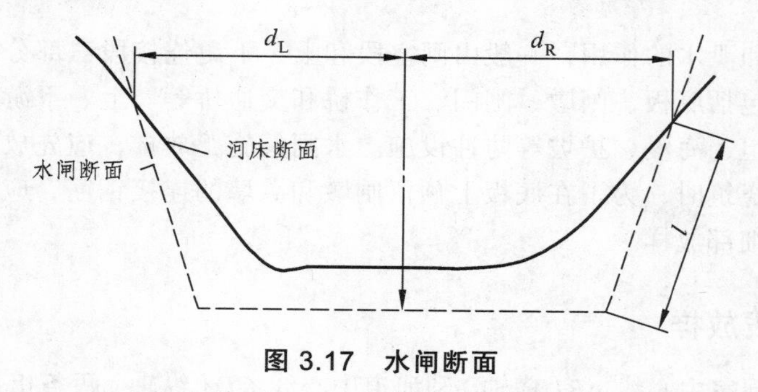

图 3.17 水闸断面

（3）在实地放样时，于纵轴相应的位置安置仪器，以 *C*（或 *D*）点为后视，向左或向右旋转 90°，并量取相应的距离即可得断面线交点位置。为了控制开挖高程，可将斜高注记于开挖桩上。当开挖接近底板高程时，应预留 0.3 m 左右的保护层，待其底板浇筑时再挖去，以免间隙时间过长，使清理后的地基受雨水冲刷而变化。在最终开挖保护层时，应用水准测定底面高程，其测量误差不得大于 10 mm。

三、水闸底板放样

水闸底板是闸室和上、下游翼墙的基础，闸孔较多的大中型水闸底板是分块浇筑的。底板放样的任务为：标定立模线和控制装模高度；放出每块底板立模的位置，以便立模浇筑；在底板浇筑完成后，还应在底板上定出主轴线、各闸孔中心线和门槽控制线，并应弹墨标明；以闸室轴线为基准，标出闸墩和翼墙的立模线，以便模板安装。

水闸底板放样的具体方法如下：

（1）在主轴线交点 *O* 上安装仪器，照准 *A*（或 *B*）点后分别向左右旋转 90°以确定方向（*CD* 方向），沿该方向向上、下游分别测设底板设计长度的一半，得 *G*、*H* 两点。

（2）在 *G*、*H* 点上分别安置仪器，测设与 *CD* 轴线相互垂直的两条方向线，并分别与边墩中线交于 *E*、*F*、*I*、*K* 四点，即底板的四个角点，如图 3.18 所示。

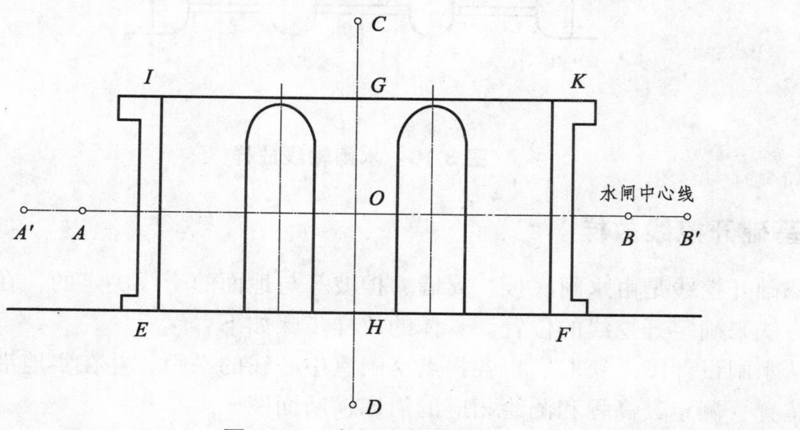

图 3.18 水闸底板放样

水闸底板高程应根据临时水准点，用水准仪测设出闸底板的设计高程，并将其标注于闸墩上。

四、闸墩放样

根据计算出的放样数据，以轴线 AB 和 CD 为依据，在现场定出闸孔中线、闸墩中线、闸墩基础开挖线、闸底板的边线等。当水闸基础的混凝土垫层打好后，在垫层上精确地放样出主要轴线和闸墩中线，再根据闸墩中线测设出闸墩平面位置的轮廓线。

为使水流通畅，通常闸墩上游设计成椭圆曲线。因此，闸墩平面位置轮廓线的放样分为直线和曲线两部分。

直线部分的放样是根据平面图上的设计尺寸，采用直角坐标法放样。曲线部分放样如图 3.19 所示，一般采用极坐标法进行放样。

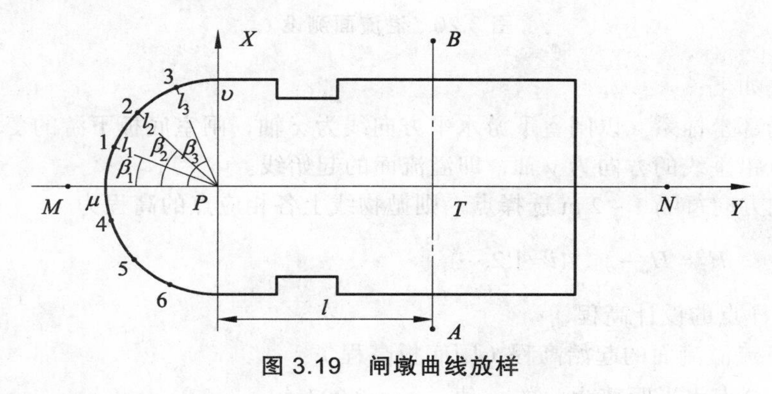

图 3.19 闸墩曲线放样

1. 计算放样数据

根据椭圆对称中心点 P 的坐标及被放样点坐标计算出放样数据 β_i 和 l_i 并计算出曲线上相隔一定距离点（如图 3.19 中 1、2、3 点）的直角坐标，具体计算如下：

（1）设 P 为闸墩椭圆曲线的几何中心，以 P 为原点建立直角坐标系，则可从设计图量取 P_μ 和 P_υ、的距离。若取 $a = P_\mu$，$b = P_\upsilon$，则椭圆方程为

$$\frac{x^2}{b^2}+\frac{y^2}{a^2}=1 \tag{3.7}$$

（2）假定 1、2、3 点的纵坐标 x_1、x_2、x_3 均确定，代入式（3.7）计算出对应的横坐标 y_1、y_2、y_3。

（3）用坐标反算法计算出 α_{P1}、α_{P2}、α_{P3} 及 l_1、l_2 和 l_3，则有

$$\beta_i=\alpha_{Pi}-270°,\ (i=1,2,3) \tag{3.8}$$

2. 放样方法

根据 T 点和测设距离 l 定出 P 点，然后在 P 点上安置仪器，以 PM 方向为后视，用极坐标法放样 1、2、3 点。同法亦可放样出 4、5、6 点。

五、下游溢流面放样

为了使水流畅通以保护闸底板的安全，在闸室的下游一般应有一段溢流面，通常立面形状为抛物线，如图 3.20 所示。

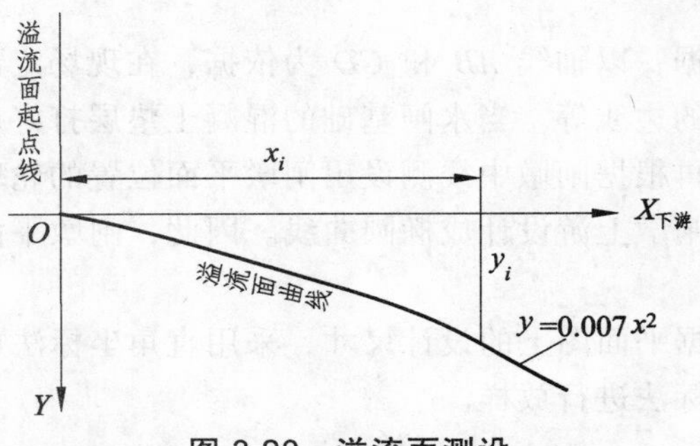

图 3.20 溢流面测设

其放样方法如下：

（1）建立局部坐标系。以闸室下游水平方向线为 x 轴，闸室底板下游的变坡点为溢流面的原点，过原点铅垂线的方向为 y 轴，即溢流面的起始线。

（2）沿 x 轴方向每隔 1 ~ 2 m 选择点，则抛物线上各相应点的高程为

$$H_i = H_0 - y_i ,\ (i = 1, 2, \cdots)$$

式中 H_i——放样点的设计高程；

H_0——下流溢流面的起始高程（闸底板高程）；

y_i——距 O 点水平距离为 x_i 的 y 值，$y_i = 0.007x_i^2$ 。

（3）在闸室下游两侧设置垂直的样板架，根据选定的水平距离为其样板架上一垂线，并用水准仪在各垂线上放样出相应点的位置（即高程）。

（4）连接各高程标志点，可得设计抛物面与样板架的交线，即设计溢流面的抛物线。

思考与练习

1. 如何确定土坝的坝轴线？
2. 说明土坝坝身控制测量的方法。
3. 说明土坝清基线的放样方法。
4. 说明标定修坡桩的方法。
5. 水闸轴线是怎样测设的？
6. 说明闸墩的放样方法。
7. 说明下游溢流面的放样方法。
8. 什么是水库的汇水面积？如何确定汇水范围？

项目四　河道测量

【学习目标】

1. 掌握测深断面和测深点的布设方法，水下地形点平面位置的测定方法，水位及水深观测、水下地形图的绘制等知识内容。

2. 了解测深断面和测深点的布设要求，具有进行水下地形图绘制和河道地形纵、横断面图测绘的能力。

概　述

河道测量是江、河、湖泊等水域测量的总称。为了充分开发和利用水力资源以获得廉价的电力，为了使农民免除旱涝灾害以增加生产，为了整治河道以提高航运能力，在桥梁、沿江河的铁路、公路等工程的建设中，都必须兴建各种水利工程。在这些工程的勘测设计中，除了需要陆上地形图外，还需要了解水下地形情况，测绘水下地形图。其内容不像陆上地形图那样复杂，根据用图目的，一般可用等高线或等深线表示水下地形。

在水利工程的规划设计阶段，为拟定梯级开发方案，选择坝址和水头高度，推算回水曲线等，都应编绘河道纵断面图。在桥梁勘测设计中，为了研究河床的冲刷情况、决定桥墩的类型和基础深度、布置桥梁的孔径，以及在研究河床变化规律和计算库区淤积、确定清淤方案时，都需要施测河道横断面图。

水下地形与陆上地形一样，不同的是水下地形的起伏是看不见的，水下地形包括水下地貌和水下地物两部分。水下地貌是指高低起伏的河（海）底，包括礁石、浅滩和深沟等；水下物是指沉船和其他障碍物。

水下地形测量与陆上地形测量的控制测量方法相同，水下地形图的测绘也要按照“先高级后低级，从控制到碎部，从整体到局部”的原则。水下地形点的高程是由水位（水面高程）减去水深间接求得的。因此，河道测量除有与岸上相同的测量内容和工作方法外，水位观测和水深测量也是水下地形测量及河道横断面测量不可缺少的部分。

所谓水深测量，就是测量水底各点的平面位置及其在水面以下的深度，它包括测深面的设置、水深测量和测深点的定位。它的特点包括以下两点。

（1）水深测量对象的不可见性：必须依靠仪器和工具间接测得点的高程，增加了工作的复杂性。

（2）水深测量的运动性：水深测量主要依靠船艇在水上进行工作，由于水在垂直方向的升降和在水平方向流动，增加了工作的困难性。

测深的方法一般分为两大类：一类是直接测深法，如采用测深杆、测深锤等工具直接丈量水深；另一类是仪器测深法，如采用回声测深仪测量水深。

水下地形点平面位置的测定称为水上定位，水上定位的方法可以分为两大类：一类是采用全站仪等常规测量仪器，应用前方交会法、极坐标法等方法进行定位；另一类是GNSS技术进行水上定位。

测深和定位既是两项相互独立的作业，又是紧密联系在一起的。因为在定位的同时必须进行水深测量，也就是说定位与测深应保持同步。利用船只测量其水深，与此同时，测出该点的平面位置。利用水位观测出的水面高程减去各测深点的水深，便可求得相应测深点的高程。最后，依次将测深点展绘到图上，根据各点的高程勾绘出等高线，就得到水下地形图。

任务一　测深线和测深点布设

在水下地形测量之前，为了保证水下地形测量的成图质量，应根据测区内水面的宽窄、水流缓急等情况，在实地布设一定数量的测深线和测深点。

一、测深线布设

测深线也称测深断面，为了能使测点分布均匀、不漏测、不重复，在实践上常采用散点法或测深断面布设测设点。测深线布设时，应根据测图比例尺和对成图的要求，按规定的断面间距，预先在图纸上设计出测深断面的位置，然后把图上的断面在实地测设出来。

测深线布设时，对于沿海航道测量而言，主测线方向宜垂直于等深线的总方向或航道轴线。特殊地区的测深线方向与等深线之夹角不应小于45°，必要时应平行于岸线布设等深线。对于内河航道测量，测深线应垂直于河流流向、航道中心线或岸线方向；弯曲河段设为扇形；对于流速大，横向测深线布设有困难时，可布设成斜向测深线，如图4.1所示。

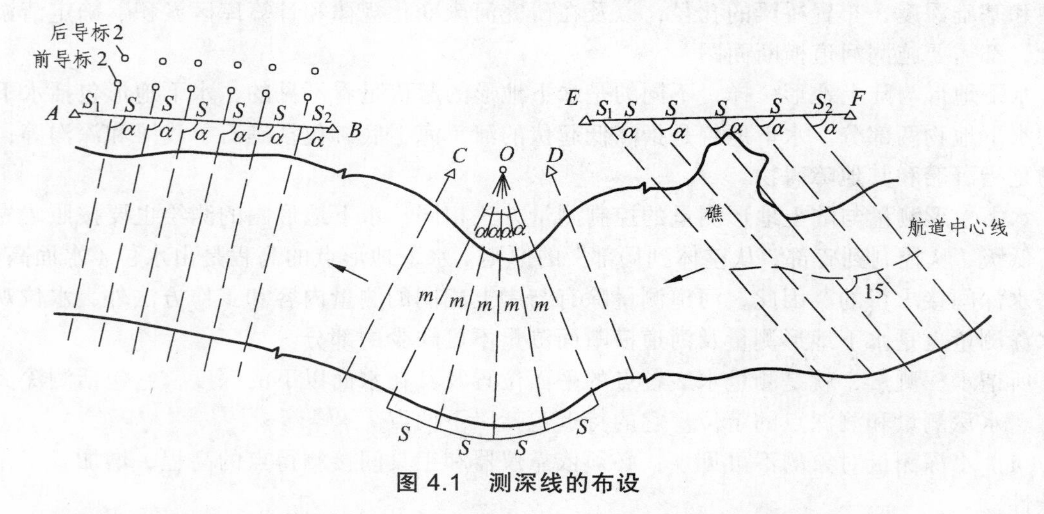

图4.1　测深线的布设

测深线一般规定在图上每隔1～2 cm布设一条，测深点的间距一般在图上为0.6～0.8 cm，如表4.1所示。也可以按照不同的测图比例尺来规定测深线和测深点的间距，但当水下地形较复杂或设计上有特殊要求时，可适当加密测深线和测深点的间距。若测区内水流平缓、河床平坦，可适当放宽上述规定。

表 4.1　测深线和测深点间距表

测图比例尺	测深线间距/m	测深点间距/m	等高距/m	测图比例尺	测深线间距/m	测深点间距/m	等高距/m
1∶1 000	15 ~ 25	12 ~ 15	0.5	1∶5 000	80 ~ 130	40 ~ 80	1
1∶2 000	20 ~ 50	15 ~ 25	1	1∶10 000	200 ~ 250	60 ~ 100	1

测深线的方向可用仪器或目估确定，在所确定的线上设立两个标志（距离尽可能远），以便测船瞄准定向。在施测前应进行试测，以便测定船在点间运行时和岸上与测船之间的协调指挥。

二、水下地形点布设和密度要求

由于不能直接观察水下地形情况，只能依靠测定较多的水下地形点来探测水下地形的变化规律。因此，通常须保证图上陆地部分 1 ~ 3 cm、水下 0.5 ~ 1.5 cm 应施测一点；沿河道纵向可以稍稀，横向应当较密；中间可以稍稀，近岸应当稍密，但必须探测到河床最深点。

水下地形点可用断面法或散点法进行。断面法同上述布设方法。在水流速较大时，一般采用散点法。此时，测船不断往返斜向航行，每隔一定距离测定一点，在每条斜航路线上以较快的观测速度测定一些水下地形点。

任务二　水下地形点平面位置测定

确定测深点平面位置的工作称为测深点的定位，是水下地形测量的一个重要组成部分，常用的方法有：交会定位法、无线电定位法、全站仪定位法和 GNSS 差分定位。

一、交会定位法

我们以经纬仪为例进行阐述。在岸上预先确定的控制点上布置好经纬仪并以其他控制点作后视零方向，后视线的长度应不小于图上 15 cm。当测深的船只驶近预先设计的测深线时，船上发出信号，此时各测站的经纬仪观测人员转动仪器，使经纬仪十字丝竖丝切正旗杆，读出水平角值，直到一条测线测量结束。为提高定位精度，除及时对测船精确照准外，交会距离不宜太远，控制点应尽量靠近测深区域且交会角宜接近 90°。因此，交会定位方法通常适用于测区面积较小的水域，否则因交会距离过长而使误差很大。

二、无线电定位法

在宽阔的河口、港湾和海洋上进行测深定位时，均采用无线电定位仪确定测深点的平面位置。

无线电定位是根据一动点到两定点的距离之差为一定值时，其轨迹为双曲线的原理来定位的，也称双曲线定位。其距离差是由测艇上的无线电定位仪接收岸上两控制点上的发射台发出的电磁波的时间差或相位差来确定，并将其展绘在有时间差或相位差的双曲线倍网图板上，直接定出测艇的位置。

无线电定位法是海测的主要方法。但随着全球定位 GNSS 技术的推广应用，目前基本上为全球定位系统所取代。

三、全站仪定位法

近年来，随着电子经纬仪的普遍使用，传统的光学经纬仪前方交会法定位已很少采用。新的方法是直接利用全站仪，按角度和距离的极坐标法进行定位。观测值通过无线通信可以立即传输到测船上的便携机中，立即计算出测点的平面坐标，与对应点的测深数据合并在一起；也可以存储在岸上测站与全站仪在线连接的电子手簿中或全站仪的内存中。到内业时由测图系统软件，可自动生成水下地形图。这种定位及水下地形图自动化绘制方法，目前在港口及近岸水下地形测量中用得很多。它不但可以满足测绘大比例尺水下数字地形图的精度要求，而且方便灵活，自动化程度高，精度高。

四、GNSS 差分定位法

GNSS 定位技术的应用，可以快速地测定测深仪的位置。由于 GNSS 单点定位精度仅仅为数十米，这对于远海小比例尺水下地形测量来说，可以满足精度要求；但对于大比例尺近海水下地形测量的定位工作就难以达到精度，此时，必须采用差分 GNSS 技术进行相对定位。

测量时将 GNSS 接收机与测深仪器结合，前者进行定位测量，后者同时进行水深测量。利用便携机记录观测数据，并配备一系列软件和绘图仪硬件，便可组成水下地形测量自动化系统。如图 4.2 所示为差分 GNSS 水深测量系统的组成示意图。

定位系统由 RTK 基站、RTK 流动站和便携式电脑组成。基准台的作用是向船台发送系列差分定位改正数。根据不同的定位方式，对接收机和各种状态进行设定，不断收集接收机中的测量数据和来自基准台的差分数据，进行自动收集和更新数据。启动测量软件，该软件提示分别设定：线号、方向、采样方式、采样间隔等。由导航人员引导测量船至测区后开始作业，计算机实时采集定位、水深等数据，显示到图形界面。同时根据预定测线，动态地修正航向、航速，使测量船沿预设测线行驶，实现导航、定位、数据采集自动化。作业过程中导航人员应严密观察 RTK 流动站的卫星信号锁定、固定解情况，并做好相应的记录。

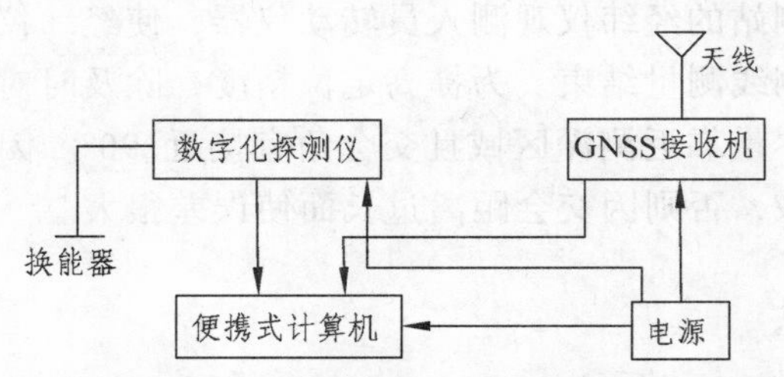

图 4.2　差分 GNSS 水深测量系统的组成

任务三　水位观测

由于水向是不断变化的，所以在测量水深时须进行水位观测，目的是把测深和高程系统联系起来。

一、水位站的设立

水位站分长期站、短期站和临时站三种。长期站是指诸如吴淞、青岛等地长期进行水位观测的水位站。短期站一般进行一月或数月的水位观测。临时站一般进行一天或数天的水位观测。如图 4.3 所示为临时验潮站和长期验潮站。

水位站址的选择应注意以下几点：

（1）选择水位变化不太灵敏的地段。河口的水深一般较浅，有的河口有拦门沙，甚至干土，这些地区都会严重影响水位控制的精度，不宜设站。

（2）选择风浪小，来往船只较少的地方。

（3）能牢固地设置水尺或自计水位计，便于水位观测和水准联测。

在历年最高洪水位以上合适的地方埋设水准点，用以测定每处水尺的零点高程和定期对水尺零点进行校核测量。这些水准点的观测精度在平原地区是按三等水准测量，山区是按四等水准测量的要求进行测量的。

（a）临时验潮站

（b）长期验潮站

图 4.3　临时验潮站和长期验潮站

二、水位观测

（一）观测时间

为计算深度基准面提供水文资料的水位观测，必须昼夜连续观测 30 天以上。水深测量时，水位观测应与测量水深同时进行，水位观测的时间间隔随测区水位变化大小而定，当水位日变化量小于 10 cm 时，每次测深前后各观测一次，取平均值作为测深时的工作水位。在受潮汐影响的水域，一般每隔 10 ~ 30 min 观测一次水位。测深时的工作水位根据测深记录纸上记载的时间通过内插法求得。

（二）观测方法

为保证观测精度，观测员应使观测视线尽量平行于水面，每次均应读出相邻波峰与波谷的水位各两次，取平均值作为最后结果。水位一般读至 cm，山地河流或水急浪高的水域可适当放宽。

另外，若测区附近有水文站，可使观测水位的时间与水文站资料一致。在水位观测中，可根据测区的特点和测量目的选择深度基准面。在沿海港口和内河感潮河段的深度基准面采用理论最低潮面。

三、水位的计算和归化

通常所测的水位是随不同河段及不同的时间变化的，它代表所测位置处水面高程与时间的关系。如果需要了解整条河流水面变化的情况，那么需将分段测定的水位归化成全河流同一时间的瞬时水位，还可将瞬时水位换算成设计所需的某个水位，这些工作称为水位归化。

（一）根据各段水尺的读数归化

当水位变化均匀时，可不考虑河流水面的变化特性，水位的归化也就比较容易。如果已知某河流 3 个河段水位观测值，欲将第Ⅰ段和第Ⅱ段观测的水位换算为以第Ⅲ段为基准的瞬时水位值，归化方法如下。

若 3 河段于 9 月 14 日 10 时测得瞬时水位分别为 H_1'、H_2'、H_3'，而 9 月 10 日 9 时在Ⅲ河段上测得瞬时水位为 H_3''，那么第Ⅲ河段上 9 月 14 日 10 时与 9 月 10 日 9 时的水位差为 $\Delta H = H_3' - H_3''$，即为各河段规划到第Ⅲ河段上 9 月 10 日 9 时的瞬时水位改正值。

（二）由上、下游水位值进行归化

如图 4.4 所示，H_1、H_2、H_m 分别为某一日期在上游水位站Ⅰ、下游水位站Ⅱ和中间任一水位点 m 的观测水位。若假定各点间涨落差改正值的大小与各点间的落差成正比，那么可按式（4.1）计算水位点 m 的落差改正值。

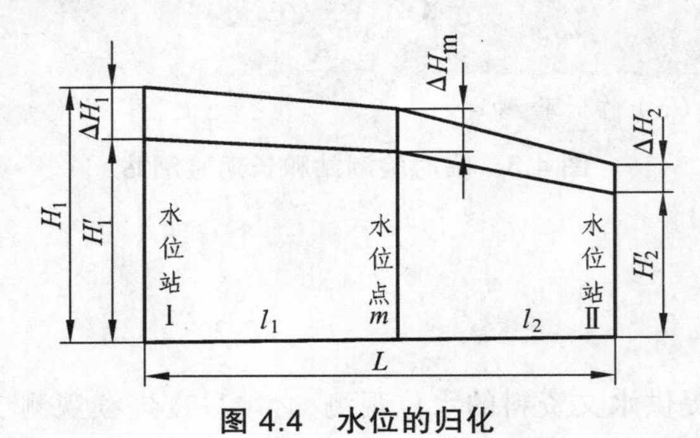

图 4.4 水位的归化

$$\Delta H_m = \Delta H_1 - \frac{\Delta H_1 - \Delta H_2}{H_1 - H_2}(H_1 - H_m) \tag{4.1}$$

或

$$\Delta H_m = \Delta H_2 + \frac{\Delta H_1 - \Delta H_2}{H_1 - H_2}(H_m - H_2)$$

然后计算得 m 点的同时水位：

$$H_m' = H_m - \Delta H_m$$

任务四　水深测量

一、测深杆测深

如图 4.5（a）所示，测深杆适用于水深小于 5 m 且流速不大的浅水区。其测深读数误差不大于 0.1 m。测深杆一般用长度为 1 ~ 8 m、直径为 3 ~ 4 cm 的竹竿、木杆或铝杆制成。从杆底端 1 cm 间隔涂以不同颜色相间的油漆并标以深度数字。

若河底为淤泥，为了防止杆端陷入淤泥中而影响测深精度，可在杆底端装一直径约为 2 cm、重约为 1 kg 的铁盘。测深时，应将测杆斜向测点上游插入水中，当测杆到达与测点位置垂直状态时，读出深度。

测深杆一般适用于水深小于 5 m 且水流速度不大的水域。

二、测深锤（水砣）测深

测深锤由铅砣和测绳组成，如图 4.5（b）所示。它的重量视水流速度的大小而定，重约 3.5 ~ 5 kg，测绳长约 10 ~ 20 m，以 dm 为间隔，系有不同颜色的标志。

测深锤一般适用于 8 ~ 10 m 水深且水流速度不大的水域。

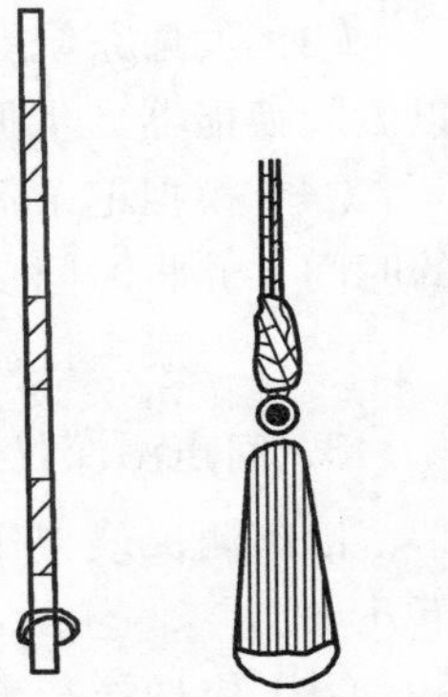

（a）测探杆（b）测深锤

图 4.5　测探杆与测深锤

三、回声测深仪测深

1. 回声测深仪的测深原理

如图 4.6（a）所示，回声测深仪是一种应用回声测深距原理测量水深的仪器。换能器从水面向水底发射声波，声波传到水底被反射，再回到换能器被接收。测定声波从发射，经水底反射，到被接收所需的时间 T，就可以确定水深 $H = CT/2$（其中 H 为水深，C 为声波在水中传播的速度）。若要求水面至水底的深度，则应将测得的水深加上换能器的吃水，如图 4.6（b）所示，$H' = H + h$。

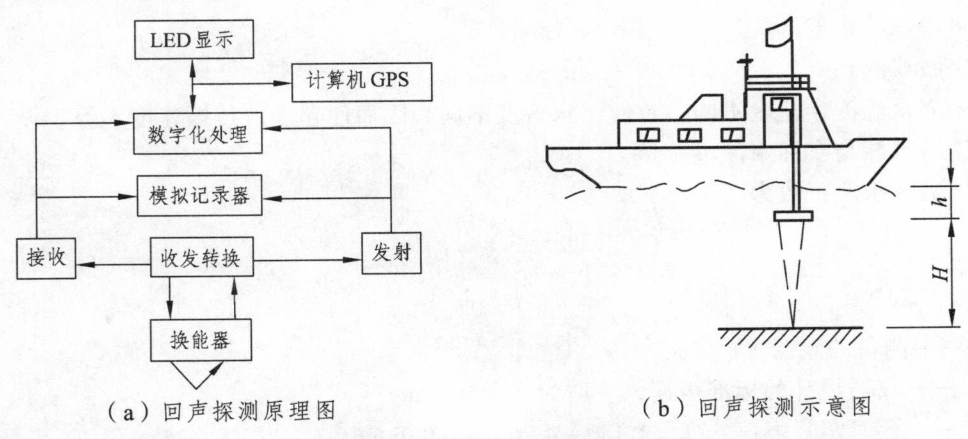

（a）回声探测原理图　　（b）回声探测示意图

图 4.6　回声探测示意图与原理图

声波在海水中的传播速度，随海水的温度、盐度和水中压强而变化。在海洋环境中，这些物理量越大，声速也越大。常温时海水中的声速的典型值为 1 500 m/s，淡水中的声速为 1 450 m/s。所以在使用回声测深仪之前，应对仪器进行率定，计算值要加以校正。

2．回声测深仪的主要组成部分

回声测深仪类型很多，可分为记录式和数字式两类。通常都由振荡器、发射换能器、接收换能器、放大器、显示和记录部分所组成。

（1）换能器。将来自发射系统的电振荡能量转换为机械振动能量而向水底发射超声波脉冲，然后接收回波所激起的机械振动能量将其转换为电振荡能量。

（2）接收系统。将微弱的回波电信号加以放大，达到足够的工作电压后经数字化处理送到显示器。

（3）发射系统。提高发射功率，并以一定时间间隔将储存的电能适时地发送给换能器，以激起换能器产生振荡，向水底发射超声波脉冲。

（4）模拟记录器和数字化处理设备。是测深仪的中枢，其工作是测定声波自发射至接收的时间，并将时间变为深度显示出来。

（5）一般主仪器配有通用数据接口，可连接 GNSS、计算机等外接设备。

3．回声测深仪的安装

回声测深仪工作性能的好坏，与它的安装质量有密切的关系，所以安装时，必须注意以下几点。

（1）应选择杂声干扰最小的地方安装。一般选离船首 1/3 船长的船底平坦处，不许靠近螺旋桨处也不能过于靠近船首。

（2）安装位置的附近不应有排水口以及其他有碍水流平顺的凸出物。

（3）安装要有良好的水密性。

（4）换能器的发（收）面不能涂油漆，一旦发现有油漆，应立即清除干净。

4．回声测深仪测深的改正数

回声测深仪测得的水深值上应加下述三项改正数。

（1）换能器吃水改正数。

（2）声速改正数 $\Delta Z_{声}$。

（3）转速改正 $\Delta Z_{转}$。

由于海水温度、盐度不同，致使海水密度不同，因而使超声波传播速度不等于设计值从而使得测得水深与实际水深不符。

换能器吃水改正数为

$$\Delta Z = S\left(\frac{C_{\mathrm{n}}}{C_{\mathrm{a}}}-1\right) \tag{4.2}$$

式中 S——测得的水深；

C_{a}——仪器设计的标准声速，一般为认 1 500 m/s；

C_{n}——测时实际声速，$C_{\mathrm{n}} = 1\,450 + 4.206\,2t - 0.036\,6t^2 + 1.137(S - 35)$。

测深时仪器电机转速不等于设计转速，使电机所带动的显示、记录装置的转速发生变化，从而影响测深的尺度。转数改正数按式（4.3）计算。

$$\Delta Z_{转}=S\left(\frac{V_a}{V_n}-1\right) \tag{4.3}$$

式中　$\Delta Z_{转}$——转速改正数；

V_a——仪器的设计转速；

V_n——电机的实际转速。

任务五　水下地形图绘制

一、内业检查

水下地形测量的外业工作结束后，应及时进行内业检查。重点查外业观测资料、计算成果、原始数据、绘图资料等。其项目包括以下几项：

（1）水尺零点记录、计算及起始数据。

（2）水位记录、计算及向邻近水位站的比较。

（3）水深断面及测点编号（测站、船上、图上）是否一致，水位（包括比降、内插水位）是否有规律。基面换算及水深高程计算是否正确。

（4）回声记录纸上的深度量取是否正确，换能器入水深度的改正数和最高特征点是否遗漏，在记录纸上判明有无障碍物。

（5）测站后视方向长度应大于图上 15 cm，校核方向线误差图上应在 0.4 mm 以内。

（6）等深线勾绘是否均匀、合理、正确，内插最大误差应不超过图上 1 mm 或 1/5 等深线。

（7）激光仪定位时应检查距离改正的计算。

（8）如发现以下情况：测深系统信号中断（或模糊不清）超过图上 5 mm 时、GNSS 信号中断（或有强干扰）超过图上 5 mm 时、验潮中断时、漏测时等，必须进行补测。

观测成果检查无误后，即可进行内业整理，将水下地形点展绘到图板上，勾绘出等深线，即进行水下地形图的绘制。其主要工作如下：

（1）将同一天观测的角度和水深测量的记录汇总，然后逐点核对。此时应特别注意不要把角度观测与水深测量记录配错。对于遗漏的测点或记录不全的测点应及时组织补测。

（2）根据水位成果进行水位改正，并计算各测点的高程。

（3）在图纸上展绘各控制点和各测点的位置，并注记相应的高程。

（4）根据各测点的高程，勾绘水下等深线，提供完整的水下地形图。

水下地形图是反映水下地物、地貌的地形图。它能反映出水底地面的起伏，海沟、礁石、沉船和其他水下障碍物的位置，供研究河床演变、整治河道、水工建筑物设计与施工以及航运之用。

二、展绘测深点

根据不同的定位方法，可采用下列方法之一展绘测深点：

（一）半圆分度器法

在较小测区范围内，前方交会线长度不超过 30 cm 的情况下，可采用半圆量角器展绘水深点。

如图 4.7 所示，以 AB 两点所测角值，利用两个分度器设置对应角度的方向线相交而得定位点 P。以这种方法展点时，由于半圆分度器刻度较粗略，所以设置角度的精度较低。此外分度器的半径一般仅为 10 ~ 20 cm，在远距离的交会中必须接尺加长，从而使展点误差较大。因此，这种方法虽然简单，但在使用中有一定的局限性。

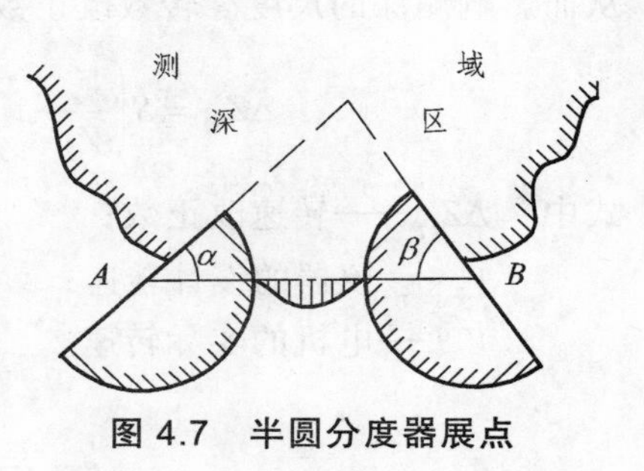

图 4.7　半圆分度器展点

（二）辐射线格网法

由于半圆分度器半径小，当定位点落在半圆以外的范围而采用接尺展点时，将产生较大误差。为克服以上缺点，人们研究了一种利用扩大了的半圆分度器（即格网条）进行定位展点的方法。它是由岸上两控制点绘出的两簇辐射线构成的定位格网，用于前方交会定位。射线的起始方向可取坐标北或某一固定方向。其原理如下：

如图 4.8 所示，设通过控制点 A 的水平线至右边框的距离为 a，此时其方位角为 90°；通过控制点 A 的垂直线至下图框的距离为 b，此时方位角为 0°。根据不同角值 $\alpha_i = 40'$、1°、…，每间隔 20′计算其图边的截距 m_i、n_i 为

$$m_i = a\tan\alpha_i$$

$$n_i = b\tan\alpha_i$$

各截点用其相应的角度每 5°注记，如图 4.9 所示。由各截点至 A 点的连线即为 A 点的各角度辐射线。同理用上述方法可画出 B 点的各角度辐射线。两组辐射线即构成格网，在格网中按照测深点的方位以内插方法即可确定其位置。在选择 a_1 的间距时，应根据辐射线在图上的间距而定，一般为 3 ~ 5 mm 为宜。

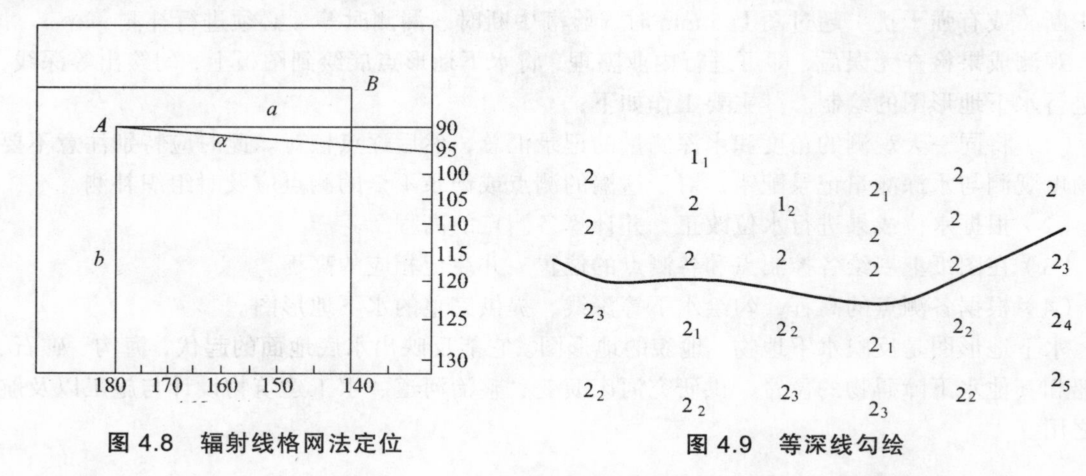

图 4.8　辐射线格网法定位　　图 4.9　等深线勾绘

在展绘控制点时，和在陆地上展点一样；在展完点后，在点的右侧注记上点的高程值，供绘制等高线时使用。

三、勾绘等深线

勾绘等深线的目的，在于了解海底、河底地貌的形状，分析探测的完善性。同时可以发现特殊深度分布情况，分析测深线布设是否合理，从而确定是否需要补测和加密探测等。因此，勾绘等深线时，要尽可能仔细、全面地反映出海、河底地貌的变化情况。

（一）等深线间距

可参照表 4.2 所列的间隔勾绘等深线。

表 4.2 等高线的勾绘间隔

深度/m	等深线间隔/m	深度/m	等深线间隔/m
0 ~ 5	0.2	100 ~ 200	20.0
5 ~ 40	5.0	200 ~ 500	50.0
40 ~ 100	10.0	500 以上	100.0

当海河底坡度不大，根据表 4.2 所列的间隔勾绘出的等深线不能很好地显示水下地貌时，可适当加绘一些补充等深线，以利于发现问题；当坡度较大时，等深线可适当稀些。

（二）勾绘等深线的方法

勾绘等深线的方法与勾绘等高线的方法基本相同，但为了保证航行安全，勾绘时应遵循以下原则。

（1）应将等于或小于等深线数值的深度点划入浅的一边，如图 4.9 所示。

（2）等深线要勾绘平滑、自然。当按上述原则绘出的等深线成锯齿状时，可在该区测深读数精度 2 倍的范围内，稍把等深线向深水的一边移动，从而使所绘的地貌稍微平顺，如图 4.10 中的实线所示，但不得把成片的深水区划入浅水地带。

（3）个别浅滩的深度点要用点线单独勾出，以引起注意。

（4）深水区范围不得扩展到无水深点或可能有浅水深度的空白区域。

四、航道图拼接与整饰

一般河流均是弯弯曲曲的，因此航道图的分幅与大小亦应顺着河流转弯曲折而定，每幅图的大小与纵横宽度均视需要而定，并非是一致的，在 50 ~ 70 cm，如图 4.11 所示。

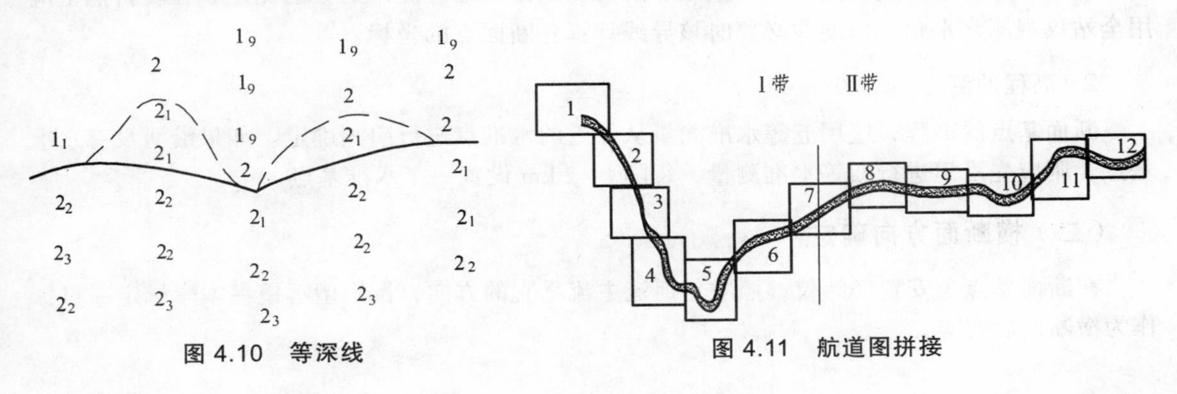

图 4.10 等深线

图 4.11 航道图拼接

为了便于拼接，展绘控制点，在图幅内应按规定的方法和要求，精确绘出坐标格网，进行图幅编号。当河流较长时，往往会遇到跨带（高斯投影带）的问题，应进行坐标换带计算。

在绘制和整饰航道图时，除应根据测图目的和比例，按国家统一规定图式绘制外，还应注明下列内容：图名、比例、坐标系、基准面、航标位置、水深点、等深线、航道中心线、图廓注记、施测单位值和日期等。拼接整饰无误后，即可上墨复制。

任务六　河道纵、横断面图测绘

在河道的纵横断面测量中，主要工作是横断面图的测绘。河道横断面图及其观测成果即是绘制河道纵断面图的直接依据。断面图主要供规划设计阶段的水利、水能计算，河渠的整治与清淤方量和库区淤积方量计算，设计和制作水工实验模型以及研究河床变化规律等使用。

一、河道横断面测量

河道横断面图是垂直于主流方向的河床的剖面图。

（一）断面基点测定

代表河道横断面位置并用作测定断面点平距和高程的测站点，称为断面基点。在进行河道横断面测量之前，首先必须沿河布设一些断面基点，并测定它们的平面位置和高程。

1. 平面位置的测定

断面基点平面位置的测定有两种情况：

（1）专为水利、水能计算所进行的纵、横断面测量，通常利用已有地形图上的明显地物点作为断面基点，对照实地打桩标定，并按顺序编号，不再另行测定它们的平面位置。对于有些无明显地物可作断面基点的横断面，它们的基点须在实地另行选定，再在相邻两明显地物点之间用视距导线测量测定这些基点的平面位置，并按坐标展点法在地形图上展绘出这些基点。根据这些断面基点可以在地形图上绘出与河道主流方向垂直的横断面方向线。

（2）在无地形图可利用的河流上，须沿河的一岸每隔 50 ~ 100 m 布设一个断面基点。这些基点的排列顺序应尽量与河道主流方向平行，并从起点开始按里程进行编号。各基点间的距离可按具体要求分别采用视距、量距、解析法测距和红外测距的方法测定；在转折点上应用全站仪观测水平角，以便在必要时核导线计算各断面点的坐标。

2. 高程的测定

断面基点的高程，应用五等水准测量从邻近的水准点进行引测确定。如果沿河没有水准基点，则应先沿河进行四等水准测量，每隔 1 ~ 2 km 设置一个水准基点。

（二）横断面方向确定

在断面基点上安置经纬仪，照准与河流主流垂直的方向，倒转望远镜在本岸标定一点，作为横断面后视点。

由于相邻断面基点的连线不一定与河道主流方向平行，所以横断面不一定与相邻基点连线垂直，应在实地测定其夹角，并在横断面测量记录手簿上绘上略图、注明角值，以便在平面图上标出横断面方向。

为使测深船在航行时有定向的依据，应在断面基点和后视点插上花杆。

（三）陆地部分横断面测量

在断面基点上安置经纬仪，照准断面方向，用视距法依次测定水边点、地形变换点和地物点至测站点的平距以及高差，并算出高程。在平缓的匀坡断面上，应保证图上 1 ~ 3 cm 有一个断面点。每个断面都要测至最高洪水位以上，对于不可能到达的断面点，可利用相邻断面基点按前方交会法进行测定。

（四）水下部分横断面测量

横断面的水下部分，需要进行水深测量，根据水深和水面高程计算断面点的高程。水下断面点的密度视河面宽度和设计要求而定，通常保证图上 0.5 ~ 1.5 cm 有一点，并且不要漏测测深点。这些点的平面位置可用下述方法测定：

1．视距法

当测船沿断面方向驶到一定位置需测水深时，即将船稳住，树立标尺，向基点测站发出信号，双方各自同时进行有关测量和记录（包括视距、截尺、天顶距、水深），并相互报号对照检查，以免观测成果与点号不符。断面各点水深观测后，须将所测水深按点号转抄到测站记录手簿中。

2．角度交会法

出于河面较宽或其他原因不便进行视距测量时，可以采用角度交会法测定水深点至基点的距离。自基点量出一条基线 b，测定基线与断面方向的夹角α。将经纬仪安置在基线的另一端点 B 上，照准断面点并使水平度盘置数为零。当测船沿断面方向驶到测深点位置 P 时，即发出现测信号，经纬仪便照准测深位置，读取水平角β。然后按照式（4.4）计算测探点至断面基点的距离 D，计算图如图 4.12 所示。

$$D=\frac{b\sin\beta}{\sin(\alpha+\beta)} \tag{4.4}$$

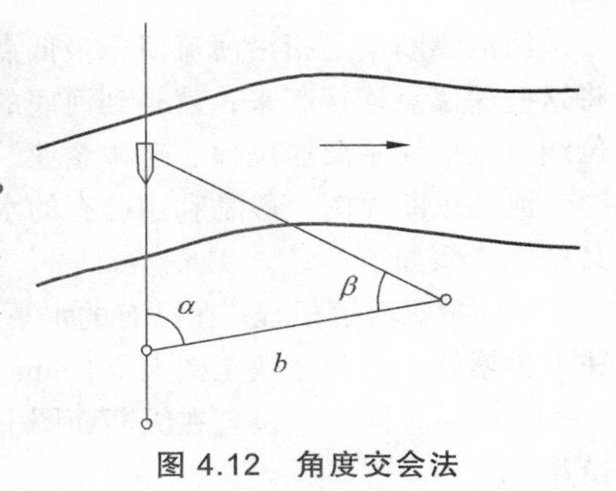

图 4.12　角度交会法

3．断面索法

在断面方向靠两岸边打下定位桩，在两桩间水平地拉一条断面索，以一个定位点作为断面索的零点，从零点起每隔一定间距系一布条，在布条上注明至零点的距离。测深船沿断面索测深，根据索上的距离加上定位桩至断面基点的距离即得水深点至基点的距离。河道横断面测量记录时，要分清断面点的左右位置，以面向下游为准，分为左侧断面点和右侧断面点进行编号。此法精度较低，适用于流速小和宽度不是很大的地区。

4. 全站仪法

将全站仪安置在岸边控制点上，后视另一控制点进行定向；然后利用坐标测量或数据采集直接测定船上棱镜点的坐标和里程；最后根据坐标和高程值进行断面图的绘制。

5. GNSS（RTK）法

GNSS（RTK）是目前断面测量的主要方法，利用动态 GNSS 对方便地进行测船定位，并指示测船的方向，定位和测深数据可进行自动记录，并可输入到计算机进行后处理，测量工作的效率得到了极大提高。

二、河道横断面图绘制

外业结束以后，应对观测成果进行整理。检查和计算各点的起点距，由观测时的工作水位和水深计算各测点的高程。河道横断面图的绘制方法与公路横断面图的绘制方法基本相同。横向表示平距，比例尺为 1∶1 000 或 1∶2 000；纵向表示高程，比例尺为 1∶100 或 1∶200。绘制时应当注意：左岸必须绘在左边，右岸必须绘在右边。

横断面应包括以下内容：

（1）编号或名称及其在河道纵断面图上的里程。

（2）绘出水平、竖直比例尺和高程系统。

（3）工作水位线。

（4）地表线以及地表土壤和植被。

（5）断面通过的建筑物和重要地物。

（6）两个断面基点的坐标。

三、河道纵断面测量

河流纵断面是指沿河流河床最低点剖开的断面。用横坐标表示河长，纵坐标表示高程，将这些深泓点连接起来，就得到河底的纵断面形状。在河流纵断面图上应表示出河底线、水位线以及沿河主要居民地、工矿企业、公路、桥梁等的位置和高程。

河流纵断面图一般是利用已有的水下地形图、河道横断面图及相关水文资料进行编绘的，其基本步骤如下：

（1）量取河道里程。在已有的水下地形图上，沿河道深泓线从上游某一固定点开始起算，往下游累计，量距读数至图上 0.1 mm。在有电子地图时，可直接在电子地图上量取距离。

（2）换算同时水位。在纵断面图上绘出同时水位线位。同时水位一般根据前述方法进行换算。

四、河道纵断面图绘制

1. 编制河道纵断面表

纵断面成果表是绘制纵断向图的主要依据，其主要内容包括：点编号、点间距离、深泓点高程、同时水位及时间、洪水位及时间、堤岸高程等。历史最高洪水位断面测量需在实地调查和测定。

2. 绘制河道纵断面图

纵断面图一律从上游向下游绘制，垂直（高程）比例尺一般为 1 : 2 000 ~ 1 : 200，水平（距离）比例尺一般为 1 : 200 000 ~ 1 : 25 000。目前，纵断面图的绘制一般都利用计算机进行。

思考与练习

1. 为什么要进行水下地形测量？
2. 测深点与测深线布设时有哪些要求？
3. 何谓水位改正？水位改正通常有哪几种方法？
4. 测深点定位的方法有哪几种？各自如何实施？
5. 等深线勾绘的基本原则是什么？
6. 河道横断面图包含哪些内容？

项目五　架空输电线路测量

【学习目标】

1. 了解架空输电线路的整个建设流程和与之对应的相关测量工作，以及线路设计的相关原理。

2. 掌握路径选线原则、测设方法。

3. 掌握纵断面测量与断面图绘制。

4. 掌握施工中的基坑与拉线基坑的放样方法。

5. 掌握导线弧垂的相关概念与施测手段。

概　述

一、输电线路基本知识

电厂发出的电能，是靠导线辅送到用户中心去的。架设在电厂升压变电站和用户中心降压变电站之间的输电导线，一般通过绝缘子悬挂在杆塔上，称为架空输电线路。

（1）输电导线

输电线路采用三相三线制，单回路杆塔上有三根导线，双回路杆塔上有 6 根导线。各导线之间的最小距离与电压等级有关。如 35 kV 线路为 3 m，110 kV 线路为 4 m。架空输电线路采用的导线，是由许多根钢芯铝裹线绞织而成的裸绞线，钢芯用以增加导线的机械强度。这种导线，称为钢芯铝绞线。

（2）绝缘子

绝缘子是用来支持和固定母线与带电导体、并使带电导体间或导体与大地之间有足够的距离和绝缘。绝缘子应具有足够的电气绝缘强度和耐潮湿性能。常用的有针式绝缘子、蝶式绝缘子、悬式绝缘子、瓷横担绝缘子、棒式绝缘子和拉紧绝缘子等。

（3）杆塔

杆塔在地面上的位置，依照地形情况和设计要求，整齐地排列成一条直线或折线。杆塔的形式主要有单杆、门形双杆和铁塔，根据受力情况不同，可以分为直线杆塔和耐张杆塔两种，各有不同的力学结构。

竖立在线路直线部分的杆塔，一般只承受导线和绝缘子等的垂直荷载和水平风压荷载，结构比较简单，称为直线杆塔。竖立在线路转角点上的杆塔，须能承受相邻两档导线拉力所产生的合力，结构比较复杂，是一种耐张杆塔。为了将线路分段，以便施工和控制事故范围，在线路电线部分每隔一定距离，以及线路进出变电所时的第一个杆塔位置（均称为终端），也都使用耐张杆塔。竖立在地面上的杆塔，除自立式铁塔与锥形杆外，一般要靠拉线维持它的稳定。拉线的方向位置是由杆塔受力情况决定的。相邻两杆塔导线悬挂点之间的水平距离，称为档距。相邻两耐张杆塔之间的水平距离，称耐张段长度。例如 110 kV 的线路，档距为 250 m 左右，耐张段长度大约为 3 ~ 5 km。在一个耐张段内，由于各处地形情况不同，各杆塔间的档距互不相等；为了计算导线的应力和弛度，必须选得一个理想的档距，这个档距称为该耐张段的代表档距。导线对地面和其他设施必须保持一定的距离。其允许最小安全距离称为限距。限距的大小与电压等级和地面环境有关，在送电线路规范中有明确的规定，如表 5.1 所示。小于规定限距的地面点称危险点。一般危险点应予铲除，如果不易铲除时，则应提高导线的悬挂高度使之满足限距要求。

表 5.1　导线最大弧垂时对地面及其他设施的安全距离

电压 地物	5 ~ 10 kV	10 ~ 220 kV	220 kV
居民区	6.5	7.0	7.5
非居民地面	5.5	6.0	6.5
行人少的山坡	4.5	5.0	5.5
铁　路	7.5	7.5	8.5
公　路	7.0	7.0	8.0
河流常年洪水位	6.0	6.0	7.0
至通航河流最高船桅	1.5	2.0	3.0
导线摆动时与地物平距	1.5	3.0 ~ 4.0	5.0
与建筑物的垂直距离	3.0	4.0	4.5
与树顶高度	3.0	4.0	4.5
与电力和通讯线路高度		3.0	4.0

二、架空输电线路测量工作内容

（1）规划阶段：要依据地形图确定线路的基本走向，得到线路长度、曲折系数等基本数据，用以编制投资预算，进行工程造价控制，论证规划设计的可行性。

（2）设计阶段：要依据地形图和其他信息进行选择和确定线路路径方案，实地对路径中心进行测定，测量所经地带的地物、地貌，并绘制成具有专业特点的送电线路平断面图，为线路电器、杆塔结构设计、工程施工及运行维护提供科学依据。

（3）施工阶段：要依据上述平面图，对杆塔位置进行复核和定位，要依据杆塔中心桩位准确地测设杆塔基础位置，对架空线弧垂要精确测量。

（4）竣工阶段：对基础、杆塔、架空线弧垂的质量须进行检测，确保施工质量符合设计要求，以保证送电线路的运行安全。

任务一　路径选线

一、选线任务

选择架空输电线所经过的地面，称为路径。要在线路起讫点间选出一个全面符合国家项目建设有关规范的路径，需要解决所涉及与其他建设项目相互地理位置之间的协调关系，充分研究比较线路所经区域的地形、水文、地质条件，在满足上述条件的情况下，选择线路长度最短、施工方便、运行安全、便于维护的路径方案。

二、选线原则

为了节省建设资金和便于施工、运行，在输电线路的起讫点间必须选择一条合理的路径。这条路径的基本要求是短而直、转弯少而转角小、交叉跨越不多，当导线最大弛度时，对地面建筑物具有一定的安全高度（即不小于限距）。此外，在选择路径方案时，还必须考虑以下各点：

（1）当线路与公路、铁路以及其他高压线路平行时，至少应与它们隔开一个安全倒杆距离（等于最大杆塔高度加 3 m）。而与重要通讯线特别是国际线平行时，其最小允许间距必须经过大地导电率测量和通讯干扰计算来确定。

（2）当线路与公路、铁路、河流以及其他高压线、重要通讯线交叉跨越时，其交角应不小于 30°。

（3）线路应尽量设法绕过居民区和厂矿区，特别应该远离油库、火药库等危险品仓库和飞机场。线路离飞机场的允许最小距离应和有关主管部门共同研究确定，并订出协议。

（4）线路应尽量避免穿过林区，特别是重要的经济林区和绿化区。如果不可避免时，应严格遵守有关砍伐的规定，尽量减少砍伐数量。

（5）杆塔附近应无地下坑道、矿井和滑坡、塌方等不良地质现象；转角点附近的地面必须坚实平坦、有足够的施工场地。

（6）沿线应有可通车辆的道路或通航的河流，便于施工运输和维护、检修。

三、选线流程

选线工作一般先在小比例尺地形图上进行。根据图上反映的地貌、地物情况和有关地质资料，全面考虑国家各项建设的利益，选择一条合适的路径方案。然后进行实地勘察，实地勘察时根据线路路径图上已经选取出的初步设计方案到现场踏勘，核实地形的变化情况，插旗标定线路起讫点、转角点和主要交叉跨越点的大体位置。在踏勘过程中，如发现图上的方案有不符合实际情况的地方，可以在进一步调查研究的基础上进行必要的修改，重新选定一条比较合理的路径。综上，路径方案的选择分为室内选线和实地勘查两个步骤。

（一）室内选线

室内选线一般在 1∶50 000 或 1∶10 000 比例尺地形图上进行。先在图上标定线路的起点和终点、中间必经点，将各点连线，得到线路布置的基本方向。再将沿线的工厂、矿山、军事设施、城市规划和农林建设的位置在图上标出，按照前述选择路径方案的各项原则，根据沿线地形地物、地质、交通运输等情况，选择几个路径较短，转角少，施工、运营、维护都较方便的路径方案，经过综合比较，确定几个较优方案，在图上表示出路径的起止点、转角位置及与其他建筑设施接近或交叉跨越的情况，即可去实地进行勘察。

测绘人员的任务包括以下几方面内容。

（1）配合设计人员搜集沿线 1∶50 000 或 1∶10 000 的地形图，当有航摄像片可利用时，宜结合航摄像片选择路径。航摄像片的比例尺，平地、丘陵地区应大于 1∶30 000，山区或高山区应大于 1∶40 000。

（2）了解设计人员室内已选定路径方案的起讫点、邻近路径的城镇、拥挤地段及重要交叉跨越地段。

（3）搜集有关的平面与高程控制资料。

（二）实地勘察

实地勘察是根据室内选线确定的几个路径方案，到现场逐条察看，进行方案比较。一般是沿线调查察看与重点察看相结合，以重点察看为主。对影响路径方案成立的有关协议区，拥挤地段，大跨越、重要交叉跨越以及地形、地质、水文、气象条件复杂的地段，应重点察看。必要时要用仪器测绘发电厂或变电所进出线走廊、拥挤地段、大跨越点、交叉跨越点的平面图或路径断面图。实地勘察后通过经济技术综合比较，应选一两个经济合理、施工方便、运行安全的路径方案，供工程审核时确定。选定路径应标绘在地形图上。

在实地勘察选线的过程中，测绘人员的主要工作包括以下几方面。

（1）配合设计人员进行沿线踏勘，对影响路径方案的规划区、协议区、拥挤地段、大档距、重要交叉跨越及地形、地质、水文、气象条件复杂的地段应重点踏勘，必要时应用仪器落实路径。对一、二级通信线，应实测交叉角，并注明通向及两侧杆号。

（2）当发现对路径有影响的地物（房屋、道路、工矿区、军事设施等），地貌与图面不同时，应进行调绘、修改和补测。

（3）配合设计人员搜集测绘变电所、发电厂进出线平面图。比例尺可为1∶2 000～1∶500。当勘测任务书要求提供平面和高程成果时，应进行联测。

（4）当线路对两侧平行接近的通信线或输电导线构成危险，且设计人员又难以正确判断相对位置时，应配合设计人员进行调绘或施测，并绘出相应图件，图中应注明通信线的等级、杆型、材质、绝缘子数和通向。比例尺可采用 1∶10 000 或 1∶50 000。

路径方案审批后，就可进行选线测量和定线测量。

四、选线测量

选线测量，就是根据初步设计的路径方案，应用仪器实地确定线路起点、转角点和终点的位置，打下转角桩，并测定转角值。当线路通过协议区时，应按协议要求用仪器选定路径或进行坐标放样；当线路跨越一、二级通信线及地下通信电线且交叉角小于或接近限值时，应用仪器测定路径，并施测其交叉角。

转角桩水平角测量精度应符合表 5.2 中规定。

表 5.2　转角桩水平角测量精度表

仪器型号	观测方法	测回数	2c 互差/(′)	读数/(′)	成果取值
DJ_6、DJ_2	方向法	1	1	0.1	(′)

注：当采用 DJ_2 仪器观测时，测角读数至（″）。

任务二　定线测量

前期定出线路的起讫点、转角点和主要交叉跨越点的大体位置后，还应进行定线测量。定线测量的任务，除了正式标定这些点的中心位置外，还必须定出方向桩和直线桩，测定转角大小，并在转角点上定出分角桩。转角桩在图上和实地上都要在编号前冠一个“J”(即“角”字的第一个拼音字母)，一般称为 J 桩。线路转角的大小，以来线方向的延长线（见图 5.1）转至去线方向的角值表示。在图 5.1 中，J_2 是右转一个 a_2 角；J_3 是左转一个 a_3 角。在 J 桩附近要标出来线和去线的方向，表示这个方向的木桩称为方向桩，一般钉在离 J 桩 5 m 左右的路径中线上，并在木桩侧面注上“方向”二字。分角桩钉在 J 桩的外分角线（大于 180°的钝角分角线）上，也离 J 桩 5 m 左右，桩侧注上“分角”二字。分角桩与两边导线合力的方向相反，杆塔竖立以后，要在分角方向打一条拉线，使其与两边导线拉力所产生的合力抗衡，保证杆塔不致偏倒。转折点的角度要用正倒镜观测一测回，记入定线手簿中。

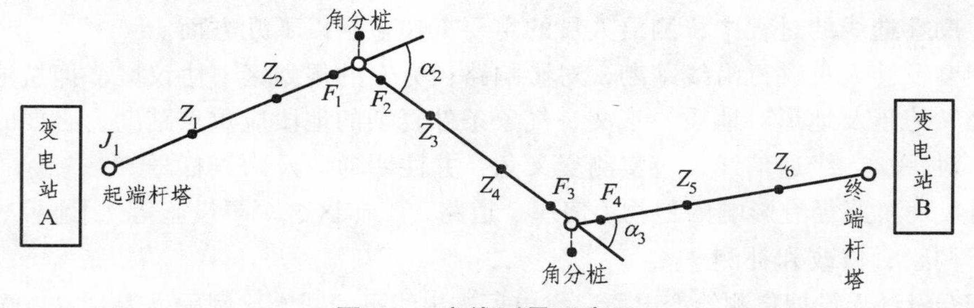

图 5.1　定线测量示意图

一、起讫点、转角点测设

根据设计图纸所确定的起讫点、转角的坐标或者设计文件路径参数计算出转折点坐标，进行极坐标法或者直角坐标法放样。

二、直线桩测设

1. 直接定线

直接定线法采用正倒镜法延长直线如图 5.2 所示，精度要求如表 5.3 所示。

2. 间接定线

在遇到障碍物时采用矩形法（见图 5.3）、三角形法过渡测量等方法，精度要求如表 5.3 所示。

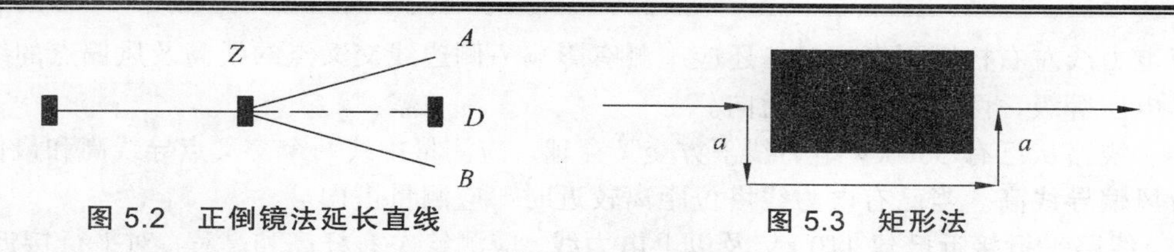

图 5.2　正倒镜法延长直线　　图 5.3　矩形法

表 5.3　定线放样精度要求

定线方式	仪器精度等级	仪器对中误差	管水准气泡偏离值	正倒镜定点差	距离相对误差
直接定线	6″级仪器	≤3 mm	≤1 格	每 100 m 不大于 60 mm	≤1∶2 000
间接定线	6″级仪器	≤3 mm	≤1 格	每 10 m 不大于 3 mm	≤1∶2 000

3. 坐标法定线

通过已知路径设计参数坐标计算公式计算或者直接通过电子设计图纸解析出放样点坐标，在已知点架设全站仪或者利用 RTK 进行直线点放样。

任务三　平断面测量

掌握线路通道的地物、地貌的分布情况，利用这些资料确定杆塔的形式和位置，计算导线与地面的安全距离，为线路的电气设计和结构设计提供基础资料。平断面测量包括平面测量、纵断面测量和横断面测量三个工作。

一、平面测量

线路中心线两侧（高压走廊范围内）要绘制带状平面图（测绘宽度根据电压对照表 5.4 确定），其内容是：需测出线路走廊内建筑物、经济作物、自然地物、沟坎、不良地质地段以及通讯线、电力线等平面位置和高程，测绘方法与带状地形图类似。

表 5.4　平面测量走廊宽度规定表

电压/kV	500	330	220	66～110	35
高压走廊宽度/m	60～75	35～45	30～40	15～25	12～20

平面测量按以下要求进行测绘：

（1）送电线路与河流、铁路、公路、电力线、弱电线路、管线及其他建筑物交叉时，为了选择跨越杆塔，要在交叉处进行交叉跨越测量。交叉跨越测量可采用视距、光电测距及直接丈量等方法测定距离和高差。对一、二级通信线，10 kV 及以上的电力线，或危险影响的建构筑物，宜就近桩观测一侧回。

（2）跨越弱电如通信线时，应测量出中线交叉点的上线高。中线或边线跨越电杆时，应施测杆顶高程。当左右杆不等高时，还应选测有影响一侧的边线交叉点高程，并注明杆型及通向。对设计要求的一、二级通信线，应施测交叉角（注记锐角值）。

（3）线路从已有超高压、高压电线上方交叉跨越，应测量中线与地线两个交叉点的线高。

当已有电力线左右杆塔不等高时，还应施测有影响一侧边线交叉点的线高及风偏点的线高。注明其电压等级、两侧杆塔号及通向。

（4）线路从已有 500 kV 电力线下方交叉穿越，应测量中线两个交叉点导线高和最低一侧边线及风偏导线高。当已有电力线塔位距离较近时，应测量塔向。

（5）线路平行接近已建 110 kV 及以上电力线，应测绘左右杆高和高程。对平行接近 20 m 范围内的已建 35 kV 以上电力线，应测绘其位置、高程和杆高，当跨越多条互相交叉的电力线或通信线，又不能正确判断哪条受控制影响时，应测绘各交叉跨越的交叉点、线高或杆高等，并以分图绘示。

（6）线路交叉铁路和主要公路时，应测绘交叉点轨顶及路面高程，注明通向和被交叉处的里程。当交叉跨越电气化铁路时，还应测绘机车电力线交叉点线高。

（7）线路交叉跨越一般河流、水库和水淹区，根据设计和水文需要，应配合水文人员测量洪水位及积水位高程。并注明水文人员提供的发生时间（年、月、日）以及施测日期。当在河中立塔时，应根据需要进行河床断面测量。

（8）线路交叉跨越或接近房屋中心线 30 m 以内时，应测绘房顶高程及接近线路中心线的距离。对风偏有影响的房屋应予以绘示。在断面上应区分平顶与尖顶型式，平面上注明屋面材料和地名。

（9）线路交叉跨越索道、特殊（易燃易爆）管道、渡槽等建构筑物时，应测绘中心线交叉点顶部高程。当左右边线交叉点不等高时，应测绘较高一侧交叉点的高程，并注明其名称、材料、通向等。

（10）线路交叉跨越电缆、油气管道等地下管线，应根据设计人员提出的位置，测绘其平面位置、交叉点的交叉角及地面高程，并注明管线名称、交叉点两侧桩号及通向。

二、纵断面测量

线路纵断面测量是施测线路中心线的地形断面，其目的是绘制纵断面图，以确定杆塔的形式、高度以及位置，从而设计导线的弧垂对地、对被跨越物的垂直距离是否符合规范规定的安全电气距离。

（一）断面点选择

断面点的密度决定了地形起伏的详细程度。断面点测得越多，绘制的断面图就越接近实际，但测量的工作量就越大，因此，根据断面图的目的选择合适的断面点就显得尤为重要。

对于地势比较平坦，或明显不能立杆的地面点可以少测或者不测；对于跨越不同地貌、不同地物时要加测断面点，断面点的间距不宜大于 50 m；地形变化处应适当加测点；独立山头不应少于 3 个断面点；在送电导线的对地距离可能有危险的地段，应适当加密断面点；在线路经过山谷、深沟等不影响送电导线对地距离安全之处，纵断面线可中断；送电导线排列较宽的线路，当边线的地面高出实测中心线地面 0.5 m 时，应施测边线纵断面。总之，断面点的选取应根据纵断面图的用途和地形情况灵活确定。

（二）断面测量

确定了断面点以后，施测方法和渠道纵断面测绘方法类似，平坦地区可以利用水准仪进行中平测量，山区地形可以利用全站仪进行三角高程测量。

（三）纵断面图绘制

为了使排杆定位和相互之间的距离直观明了，测绘人员需要将采集的断面点高程和对应的里程绘制成纵断图，如图 5.4 所示。绘制的方法有方格纸绘制、CAD 绘制、利用软件自动生成；绘制时要注意横向和纵向比例尺，比例尺的选择以能在图纸上清晰反映出高低起伏为标准。

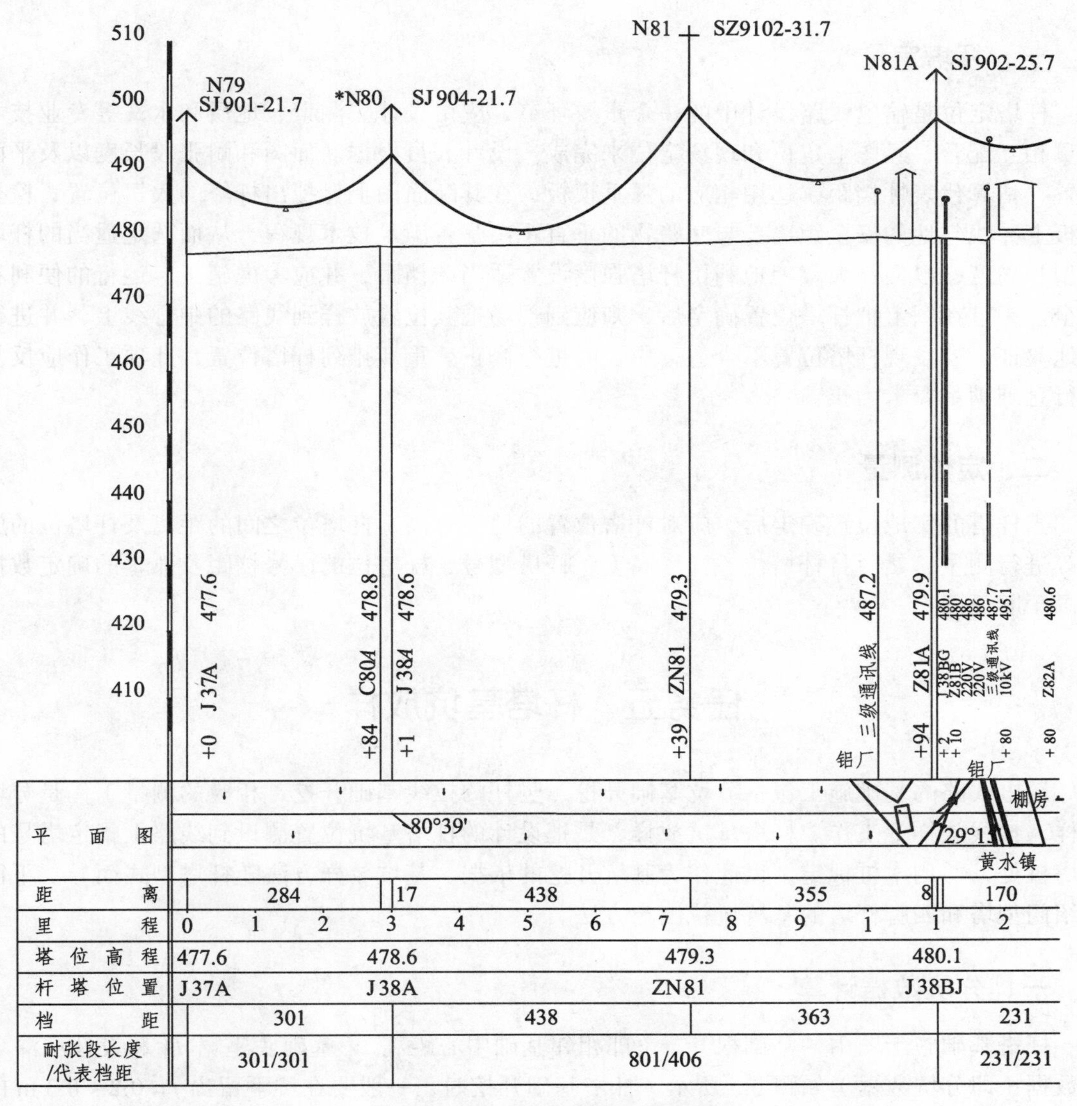

图 5.4　输电线路纵断面设计图

三、横断面测量

横断面测量的主要目的，是为了考虑边导线风偏后对地或突出物的安全距离，因此横断面的选取主要集中在线路通过大于 1∶5 的陡坡或接近陡崖、建筑物等位置。

任务四　杆塔定位测量

杆塔定位测量就是根据测绘出的线路断面图，设计线路杆塔的型号和确定杆塔的位置，然后把杆塔的位置放样到已经选定的线路中心线上，并标定杆塔位置的中心桩。

一、杆塔定位

杆塔定位是输电线路设计中的一个重要环节，应由设计、测量、地质和水文等专业技术人员相互配合，经图上定位和现场定位来完成。设计人员根据断面图和耐张段长度以及平面位置，估算代表性档距，选用相应的弧垂模板，在其断面图上比拟出杆塔的大概位置，检查模板上导线与地的安全距离、与交跨物的垂直距离是否满足技术规程，从而选定适当的杆塔类型和高度，以便最大限度地利用杆塔强度设置适当的档距，并应考虑施工、运行的便利和安全。一旦在图上把杆塔位置确定后，则应到现场把其位置放样到线路的中心线上，并进行实地验证。若发现杆塔位置不合适，应及时进行修正。重新排列杆塔位置，此项工作应反复进行直到满足要求为止。

二、定位测量

当杆塔的实地位置确定后，应对杆塔位置的地面标高、杆塔位之间的距离及杆塔位的施工等进行测量，然后将杆塔位、杆塔高度、杆塔型号、杆塔位的序号档距及弧垂的确定数据标画于断面图上。

任务五　杆塔基坑放样

送电线路的基础施工包括分坑基础开挖、竖杆的拉线基础开挖，相应的测量工作是分坑放样、拉线放样等工作。杆塔基坑放样，是把设计的杆塔基坑位置测设到线路上指定塔号的杆塔桩处，并用木桩标定，以此作为基坑开挖的依据。基坑放样方法随杆塔型式而异。下面介绍门型塔和四脚杆塔的基坑坑位测定方法。

一、分坑数据计算

杆塔基础施工图中的基础根开 x（即相邻基础中心距离）、基础底座宽 D 和设计坑深 H 等数据（即分坑数据）如图 5.5 所示。杆塔基础开挖时，一般要在坑下留出 $f = 0.2 \sim 0.3$ m 的操作空地。为了防止坑壁坍塌，保证施工安全，要根据杆塔土质情况选定坑壁安全坡度 m（如砂砾土 $m = 0.75$，黏土 $m = 0.3$，岩石 $m = 0$），因此，基坑放样数据计算公式为

$$\left.\begin{aligned} b &= D + 2e \\ a &= b + 2mH \end{aligned}\right\} \tag{5.1}$$

式中　b——坑底宽；

a——坑口宽；

D——基础底座宽；

e——坑底施工操作裕度；

H——设计坑深；

m——安全坡度。

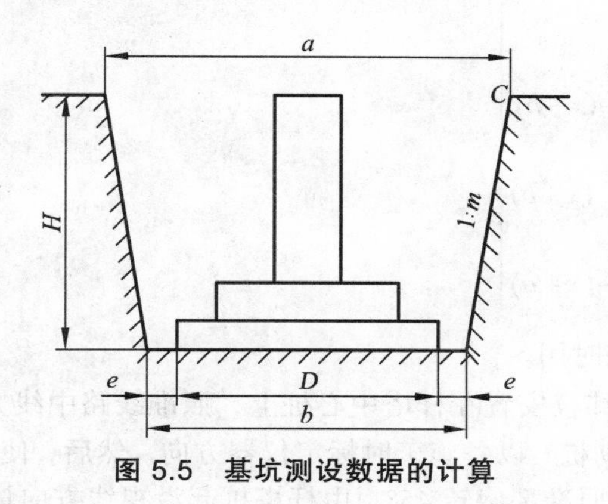

图 5.5　基坑测设数据的计算

二、门型杆塔

门型杆塔由两根平列在垂直于线路中线方向上的杆子构成，如图 5.6 所示。若杆塔基础根开为 x，坑口宽度为 a，坑位放样数据为

$$\left.\begin{aligned} F &= \frac{1}{2}(x-a) \\ F' &= \frac{1}{2}(x+a) \end{aligned}\right\} \tag{5.2}$$

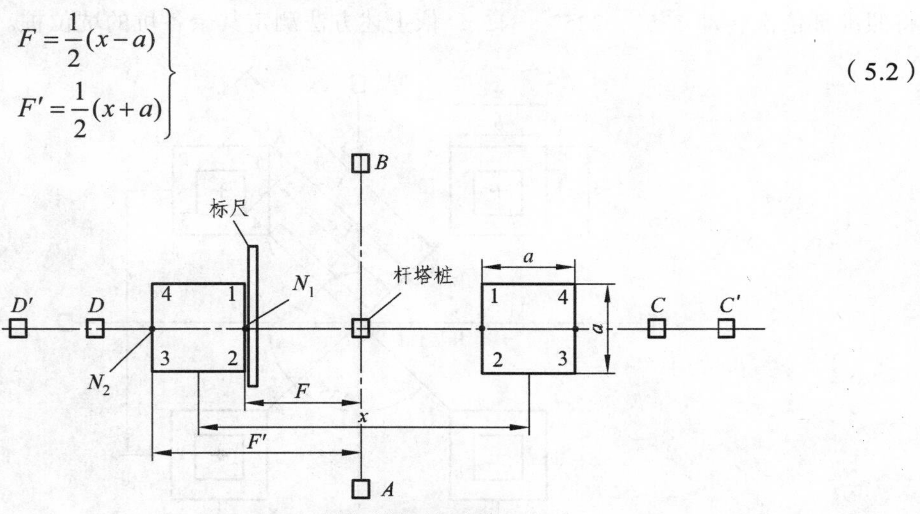

图 5.6　门型杆塔坑位测定

坑位测定前，将经纬仪安置在杆塔中心桩位上，照准前（或后）杆塔桩或直线桩，沿顺线路方向定 A、B 辅助桩。再将照准部转 90°，沿线路中线桩的垂直方向定 4 个辅助桩 C、C'、D、D'。辅助桩到杆塔中心的距离一般为 20 ~ 30 m 或更远，应选择在不易碰动的地方。基础坑位测定时，沿线路垂直方向，用钢尺从杆塔量出距离从而得到 N_1 点，将标尺横放在地上，使尺边缘与望远镜十字重合，从 N_1 点向尺两侧各量距离 $a/2$，定出 1、2 两点桩；再量出距离 F_2，测出 N_2 点，将标尺移至 N_2 点，依法定出 3、4 桩，依上法定另一侧的坑位桩。

三、直线四脚杆塔

直线四脚杆塔的基础一般成正方形分布，如图 5.7 所示，若杆塔基础根开为 x，坑口宽度为 d，坑底宽度为 b，则坑位放样数据为

$$\left.\begin{aligned} E&=\frac{\sqrt{2}}{2}(x-a)\\ E_1&=\frac{\sqrt{2}}{2}(x-b)\\ E_2&=\frac{\sqrt{2}}{2}(x+b)\\ E_3&=\frac{\sqrt{2}}{2}(x+a)\end{aligned}\right\} \tag{5.3}$$

式中，E_1、E_2在检查坑底时用。

测定基坑位时，将经纬仪安置在杆塔中心桩上，照准线路中线方向及线路垂直方向，测设出 A、B、C、D 四个辅助桩，以备施工时标定仪器方向。然后，使望远镜照准辅助桩 A 时，水平度盘读数为 00；再将照准部旋转 45°，由杆塔桩起沿视线方向量出距离 E 、E_3，定下外角桩 P、G。将卷尺零点对照 P 桩，$\frac{\sqrt{2}}{2}a$ 刻划对准 G 桩，一人持尺上 $\frac{\sqrt{2}}{2}a$ 刻划处，将尺向外侧拉紧拉平，卷尺就在 $\frac{\sqrt{2}}{2}a$ 刻划处构成直角，将卷尺分别折向两侧，钉立 K、M 坑位桩。将照准部依次转动 135°、225°、315°，依上述方法测定其余各坑的坑位桩。

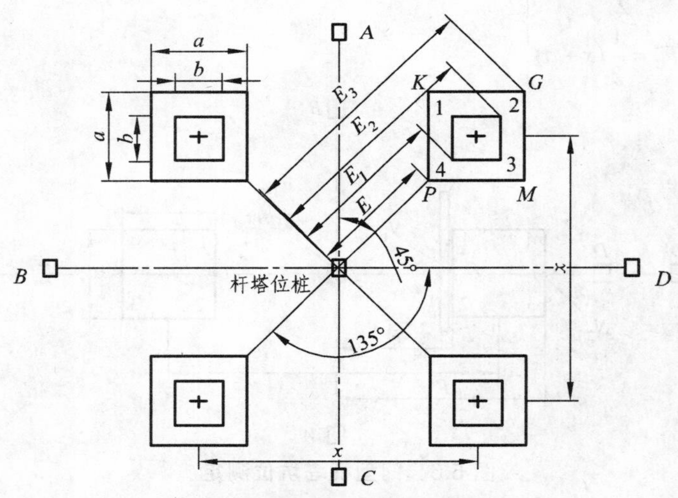

图 5.7 直线四脚杆塔基坑的测定

任务六 拉线放样

拉线是用来稳定杆塔的。这种拉线杆塔可以节省钢材，节约投资，目前在我国送电线路广泛使用。常用的拉线有 V 形拉线和 X 形拉线，如图 5.8 所示。

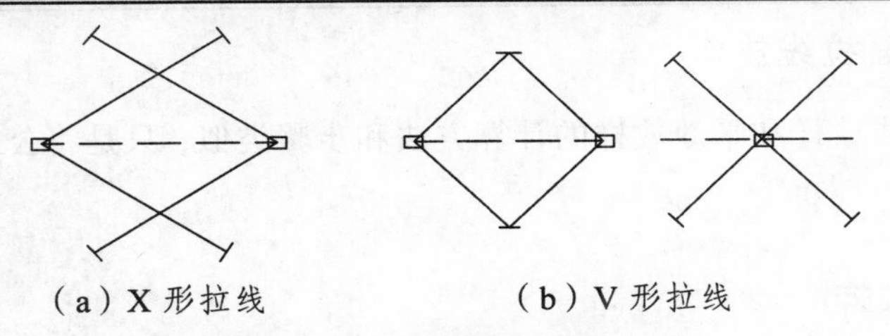

图 5.8　杆塔拉线形式

拉线放样就是要在杆塔组立之前，根据杆塔施工图中的拉线与横担的水平投影之间的水平角，拉线上端到地面的竖直高度 H、拉线与杆身的夹角 β 和拉盘的埋深 h，计算拉线放样数据及拉线长度 L，在杆塔桩附近正确测定拉盘中心桩的位置。由于拉线上端与杆抱箍的金具连接，下端与拉线棒相接，所以拉线全长中包括拉线棒和连接金具的长度。接线放样时，经纬仪一般安置在杆抱箍的水平投影点上，该点至杆位桩的距离可从杆塔施工图中量得。

一、单杆拉线放样

（一）平地拉线放样

如图 5.9 所示，P 为杆位桩，A 为拉线出土桩，M 为拉盘中心桩，N 为拉盘中心，BN 为拉线。

在平坦地面上，$\angle BPA = 90°$。若已知拉线上端垂距 H、拉线与杆身夹角 β、拉盘埋深 h，则可求得拉线出土桩至杆位桩的距离 D，拉盘中心桩至拉线出土点的距离 d 和拉线长度 L，其计算公式如式（5.4）所示。

$$\left.\begin{aligned} D &= H\tan\beta \\ L &= (H+h)\sec\beta \\ d &= h\tan\beta \end{aligned}\right\} \tag{5.4}$$

放样时，将经纬仪安置在杆位桩 P 上，先使水平度盘读数为 00，瞄准横担方向（即直线桩上垂直于线路中线的方向或转角桩上转角的角平分线方向），再将照准部旋转水平角 α，视线方向即为拉线方向。沿拉线方向，从 P 点起量水平距离 D，测定拉线出土桩 A，再向前量距离 d，测定拉盘中心桩 M。

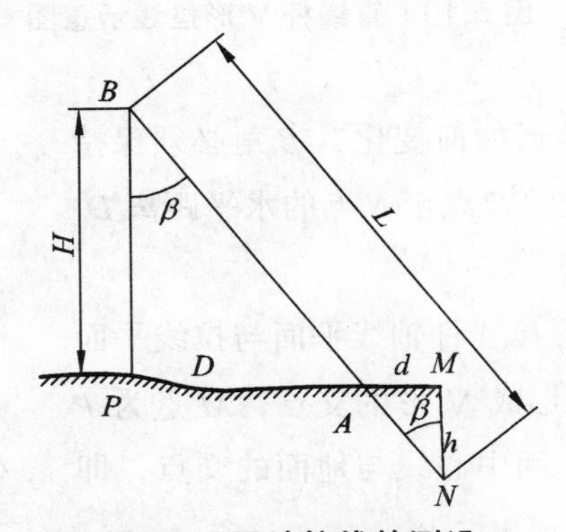

图 5.9　平地拉线的测设

（二）倾斜地面拉线放样

倾斜地面的拉线放样和平地放样的计算方法和步骤类似，只是将公式（5.5）中的 H 换成 $H_B - H_M$ 即可。

二、双拉线放样

（一）V形拉线

如图 5.10（a）、（b）所示是直线杆 V 形接线的正面图和平面布置图。图中，a 为拉线悬挂点与杆塔轴线交点至中心线的水平距离，H 为拉线悬挂点至杆塔轴与地面交点的水平距离，h 为拉线坑深度，D 为杆塔中心至拉线坑中心的水平距离。拉线坑位置分布于横担前、两侧，同侧两根拉线合盘布置，并在线路的中心线上，呈前后、左右对称于横担轴线和线路中心线。由此，对于同一基坑拉线杆，因为 H 不变，若当杆位中心 O 点地面与拉线坑中心地面水平时，图 5.9（b）中的两侧 D 值就相等；当杆位中心 O 点地面与拉线坑中心地面存在高差时，两侧 D 值不相等，则拉线坑中心位置随地形的起伏使线路中心线而移动，拉线的长度也随之增长或缩短。

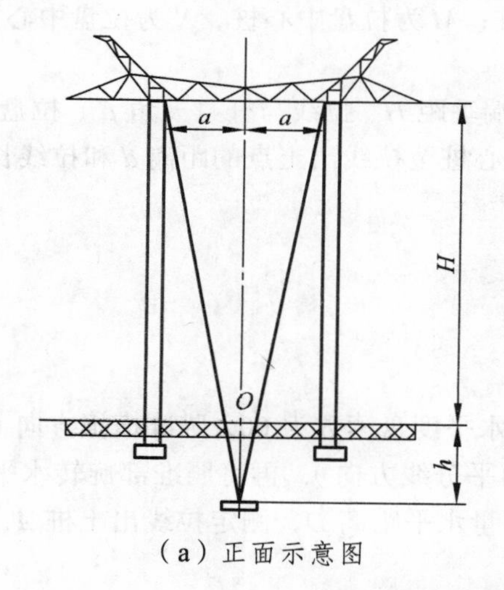

（a）正面示意图

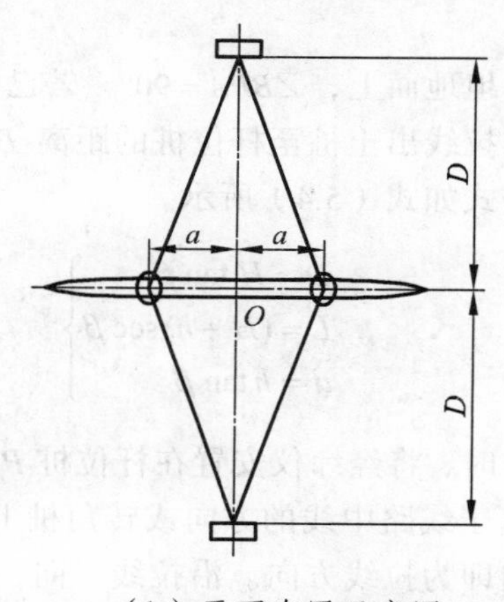

（b）平面布置示意图

图 5.10　直线杆 V 形拉线示意图

与单杆拉线一样，无论地形如何变化，β 角必须保持不变，所以当地形起伏时，杆位中 O 点至 N 点的水平距离 D_0 和拉线长度 L 也随之变化。

如图 5.11 所示，β 是 V 形拉线杆轴线平面与拉线平面之间的夹角，P 点是两根拉线形成 V 形的交点，M 点为 P 点的地面位置，N 点是拉线平面中心线与地面的交点，即拉线出土的位置。由图中可以得出

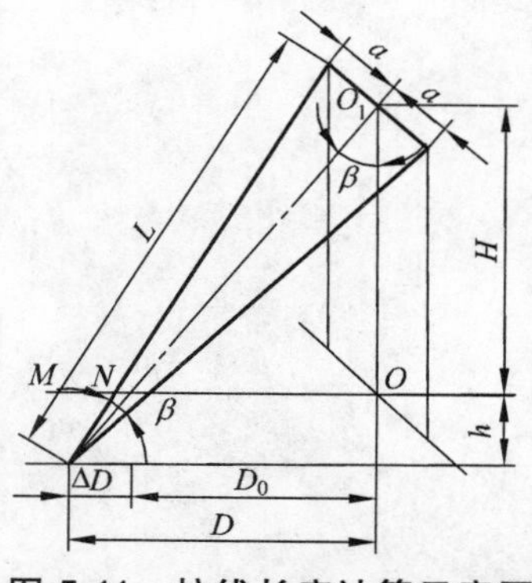

图 5.11　拉线长度计算示意图

$$\left.\begin{aligned} D_0 &= H\tan\beta \\ \Delta D &= h\tan\beta \\ D &= D_0 + D \\ L &= \sqrt{(H+h)^2 + D^2 + a^2} \end{aligned}\right\} \tag{5.5}$$

式中　D_0——杆塔位中心至 N 点的水平距离；

ΔD——拉线坑中心桩至 N 点的水平距离；

L——拉线全长；

H——O_1 与 M 点的高差。

（二）X 形拉线

如图 5.12 所示，X 形拉线的计算与 V 形拉线的计算一样，只是 X 形拉线的平面布置与 V 形拉线有所不同，X 形拉线布置在横担的两侧，且每一侧各有两个呈对称分布的拉线坑。

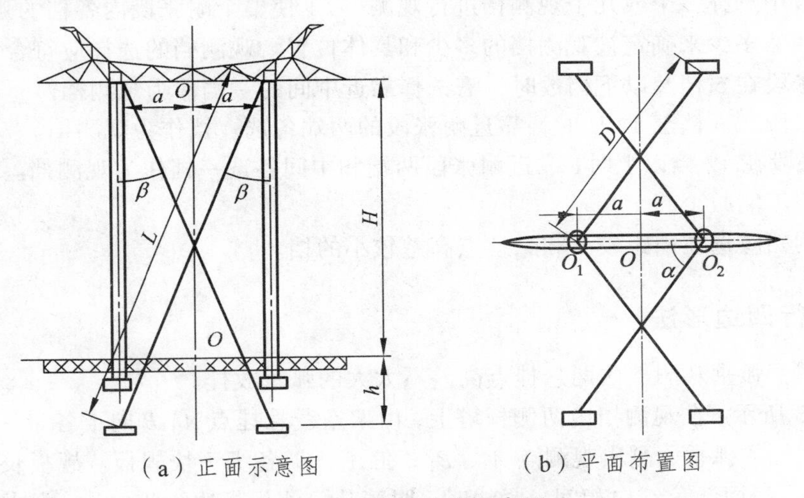

图 5.12　X 形拉线示意图

每根拉线与横担的夹角均为某一定角（设为 α）。

放样时，首先在线路中心桩 O 点安量仪器，在线路的垂直方向量取 $OO_1 = OO_2 = a$，得到 O_1、O_2 两点，然后分别在 O_1、O_2 安置仪器，测设 α 角，测出四条接线的方向，以后的测设方法和单杆拉线一样。

任务七　弧垂观测

所谓导线弧垂是指以杆塔为支持物而悬挂起来的呈弧形的曲线。架空线至两端悬挂点连线的铅垂距离，即称为架空线在该点的弧垂。

在两端悬挂同高时，架空线档距内的最大弧垂将处于档距的中点；当两端悬挂点不同高时，两悬挂点连线与架空线相切的切点到悬挂点连线之间的铅垂距离，即为平行四边形切点弧垂，该切点位于档距中央。所以，架空线最大弧垂亦称中点弧垂。

为了使架空线在任何气象条件下都能保证对地及其他跨越物的安全距离，同时架空线对杆塔的作用力也能满足杆塔强度条件，设计时应根据当地气象资料及架空线参数、档距、悬挂点高度等条件，通过计算来确定弧垂值。在施工时，应根据设计资料及现场情况，计算出被观测档的弧垂点 f，并应进行精确的弧垂观测，以保证线路的安全性。

一、弧垂观测档选取

施工人员在紧线前应根据线路塔位明细表中耐张段的技术参数、线路平断面定位图及现场情况，选择弧垂观测档。并结合耐张段的代表档距在不同温度下的弧垂值，计算出被观测档的弧垂值。

一条输电线路是由若干个耐张段构成的，每个耐张段至少有一个或多个档组成，若仅有一个档的耐张段，即称为弧立档；若由多个档组成的耐张段，则称为连续档。弧垂档可按设计所提供的安装弧垂数据观测该档；在连续档中，并不需要对每个档都进行弧垂观测，而是从一个耐张段中选择一个或几个观测档进行观测。为了使整个耐张段内各档的弧垂达到平衡，应根据连续档的多少来确定被观测档的多少和具体位置。观测档的选择应符合以下要求：

（1）耐张段在 5 档及以下档数时，需选择靠近中间的一档作为观测档。

（2）耐张段在 6 档至 12 档时，靠近耐张段的两端各选一档作为观测档。

（3）耐张段在 12 档以上时，靠近耐张段两端和中间各选一档作为观测档。观测档的档数可以增多，但不能减少。

（4）观测档应选在档距较大和悬挂点高差较小的档。

二、平行四边形法

本法适用于弧垂观测档内两悬挂点高差不太大的弧垂放样。

如图 5.13 所示，在观测挡内两侧杆塔上，由架空线悬挂点 A、B 向下各量一段长度 a、b，使其等于观测挡的孤垂，测出观测点 A_1、B_1。在 A_1、B_1 各绑一块觇板。觇板长度约为 2 cm，宽 10 ~ 15 cm，板面颜色红白相间。紧线时，眼睛从一侧觇板边缘瞄向另一侧觇板的上边缘，当导线稳定后恰好与视线相切时，架空导线弧垂等于观测挡距弧垂 f。

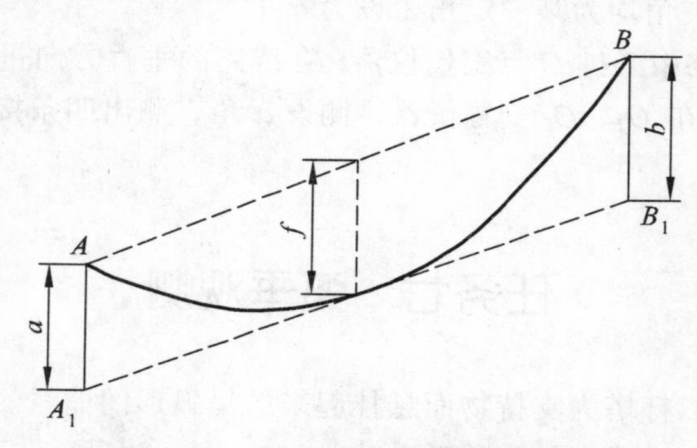

图 5.13 平行四边形法观测弧垂

因为在平行四边形法中，取 $a=b=f$，故本法又称为等长法。当弧垂观测挡两杆塔高度不等，而弧垂最低点不低于两杆塔基部连线时，可用异长法进行弧垂放样。这时，先根据架空线悬挂点的高差情况，计算出观测档弧垂 f，然后选定一个适当的 a 值，计算出相应的 b 值，如式（5.6）所示。

$$b=(2\sqrt{f}-\sqrt{a})^2 \tag{5.6}$$

观测弧垂时，自 A 向下量 a 得 A_1，自 B 向下量得 B_1，在 A_1、B_1 点绑上觇板，紧线时用目测进行弧垂放样。

三、中点天顶距法

此法适用于平原或者丘陵地区的弧垂放样，精度较高。

如图 5.14 所示，A_2、B_2 为导线的悬挂点，D 为 A_2、B_2 连线中点，过 D 点的铅垂线交导线于 C_2，DC_2 就是导线的弧垂 f。导线上 A_2、B_2、C_2 点在假定水平面上（为简化计算，可以经过仪器中心的水平面）的位置为 A_1、B_1、C_1，在地面上的投影位置是 A、B、C。A_2、B_2、C_2、D 点由假定水平面起算的高程为 H_A、H_B、H_C、H_D。其计算方法如式（5.7）所示。

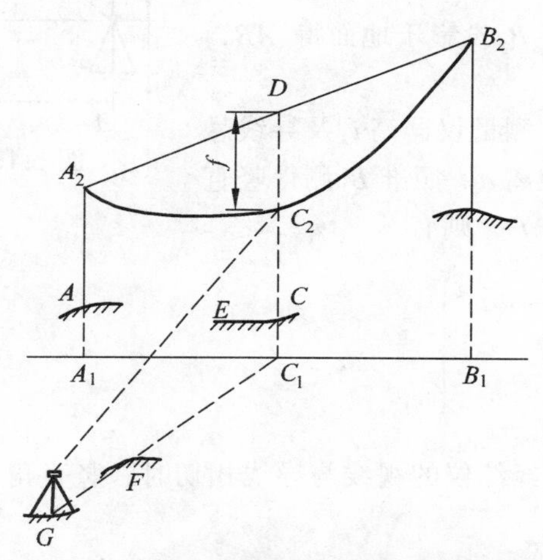

图 5.14　中点天顶距法放样弧垂示意图

$$\left.\begin{aligned} &H_A=A_1A_2, H_B=B_1B_2, H_C=C_1C_2\\ &H_D=\frac{1}{2}(H_A+H_B)\\ &f=H_D-H_C=\frac{1}{2}(H_A+H_B)-H_C \end{aligned}\right\} \tag{5.7}$$

中点天顶距法放样弧垂的方法如下：

（1）将导线两端的悬接点投影于地面上，如图中的 A、B。

（2）找出 A、B 点的中点 C，在 C 点安置全站仪，测设 AB 的垂线段 $CE=b$ 于 E 点。

（3）在 G 点安置全站仪，测定距离 EA、EB 及导线悬挂点的垂直角 α_A、α_B，由此可计算出悬挂点相对于全站仪的高差，亦即相对于经过仪器中心水平面的高程 H_A、H_B，并且计算出中点 C_2 的天顶距（高度角）Z_C（左盘位置）。

$$\left.\begin{aligned} H_A &= EA \times \tan\alpha_A \\ H_B &= EB \times \tan\alpha_B \\ \alpha_C &= \arctan\frac{(H_A + H_B) - 2f}{2 \times EC} \\ Z_C &= 90° - \alpha_C \end{aligned}\right\} \tag{5.8}$$

（4）在 E 点上保持仪器高度不变，在左盘位置照准 C 点后固定照准部，纵转望远镜，当天顶距读数为 Z_C 时固定望远镜。当导线稳定后恰好与望远镜的十字丝中丝相切时，架空导线弧垂等于 f。

四、角度法

在线路架设中，还可用角度法进行弧垂的放样，如图 5.15 所示，方法如下。

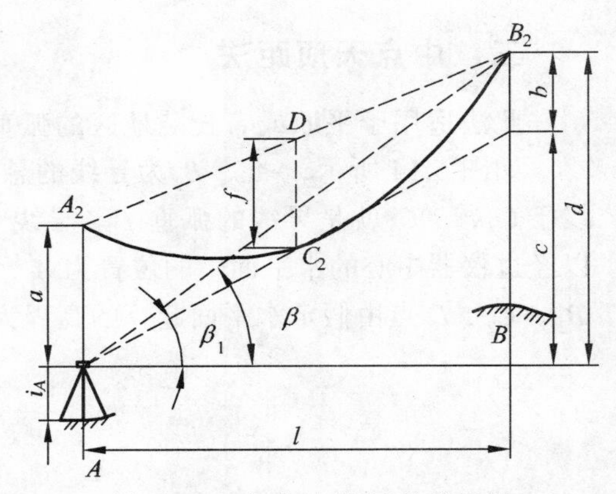

图 5.15 角度法进行弧垂放样

（1）将导线悬挂点 A_2、B_2 投影于地面得 AB，并测定 AB 的水平距离 l。

（2）架设仪器于 A 点，测量仪器高 i_A 及导线悬挂点 A_2 至仪器横轴的竖直距离 a，照准 B_2 测得竖直角 β。若导线观测档弧垂为 f，则有

$$\left.\begin{aligned} b &= (2\sqrt{f} - \sqrt{a})^2 \\ d &= l\tan\beta \\ c &= d - b \end{aligned}\right\} \tag{5.9}$$

当导线弧垂正好为 f 且经纬仪的视线与导线相切时，竖直角 β_1 应为

$$\beta_1 = a\tan\frac{c}{l} \tag{5.10}$$

（3）紧线时，经纬仪安置于 A 点，量仪器高度 i_A，转动照准部，使望远镜对准紧线方向且视线的竖直角为 β_1。待导线恰好与视线相切时，导线弧垂就是观测档的弧垂 f。

思考与练习

1. 输电线路选线测量和定线测量的主要任务是什么？
2. 在什么情况下要施测边线断面？如何施测？
3. 怎样进行平面的拉线放样？放样 V 形拉线与 X 形拉线时有什么不同？
4. 在架设导线的工程中，紧线时为什么要进行弧垂放样？怎样用角度法进行弧垂放样？

项目六　道路测量

【学习目标】

1. 了解道路建设的整个流程以及所对应的测量工作。

2. 掌握带状地形图的测绘方法与要求、中线测量的原理与方法、纵断面测量与纵断面图绘制、横断面测量与横断面图绘制和土方计算方法。

3. 掌握施工控制网布设、坡脚线放样、坡度控制、高程控制方法，以及竣工测量的相关内容。

概　述

铁路、公路工程建设、维护及运营管理等阶段所进行的测量工作统称道路工程测量。铁路、公路工程包括新建或扩建复线及改建工程。特别是高速铁路、公路项目投资巨大，工程内容复杂，工程量大，需要进行踏勘选线、控制测量、地形测量和施工测量等工作。

道路工程建设过程中需要进行的测量工作，称为道路工程测量，简称线路测量。

道路测量的任务和内容：道路测量是为各等级的公路和各种铁路设计及施工服务的。它的任务有两方面：一是为线路工程的设计提供地形图和断面图，主要是勘测设计阶段的测量工作；二是按设计位置要求将线路敷设于实地，其主要是施工放样的测量工作。

整个线路测量工作包括下列内容：

（1）收集规划设计区域内各种比例尺地形图、平面图和断面图资料，收集沿线水文、地质以及控制点等有关资料。

（2）根据工程要求，利用已有地形图，结合现场勘察，在中小比例尺图上确定规划路线走向，编制比较方案等初步设计。

（3）根据设计方案在实地标出线路的基本走向，沿着基本走向进行控制测量，包括平面控制测量和高程控制测量。

（4）结合线路工程的需要，沿着基本走向测绘带状地形图或平面图，在指定地点测绘工地地形图（例如桥位平面图）。测图比例尺根据不同工程的实际要求参考相应的设计及施工规范选定。

（5）根据设计图纸把线路中心线上的各类点位测设到地面上，称为中线测量。中线测量包括线路起讫点、转折点、曲线主点和线路中心里程桩、加桩等。

（6）根据工程需要测绘线路纵断面图和横断面图。比例尺则依据不同工程的实际要求选定。

（7）根据线路工程的详细设计进行施工测量。

（8）工程竣工后，按照工程实际状况测绘竣工平面图和断面图。

线路测量的基本特点：

（1）全线性：测量工作贯穿于整个线路工程建设的各个阶段。以公路工程为例，测量工作开始于工程之初，深入于施工的各个点位，公路工程建设过程中时时处处离不开测量技术工作；当工程结束后，还要进行工程的竣工测量及运营阶段的稳定监测。

（2）阶段性：这种阶段性既是测量技术本身的特点，也是线路设计过程的需要。体现了线路设计和测量之间的阶段性关系。反映了实地勘察、平面设计、竖向设计与初测、定测、放样各阶段的对应关系。阶段性有测量工作反复进行的含义。

（3）渐近性：线路工程从规划设计到施工、竣工，经历了一个从粗到细的过程，线路工程的设计是逐步实现的。良好的设计需要勘测与设计的完美结合。

任务一 道路新线初测

初测工作包括：插大旗、导线测量、高程测量、地形测量。初测在一条线路的全部勘测工作中占有重要地位，它决定着线路的基本方向。

一、插大旗

根据在小比例尺地形图上所选线路位置，在野外用“红白旗”标出其走向和大概位置，并在拟定的线路转向点和长直线的转点处插上标旗，为导线测量及各专业调查指出进行的方向。大旗点的选定，一方面要考虑线路的基本走向，故要尽量插在线路位置附近；另一方面要考虑到导线测量、地形测量的要求，因为一般情况下大旗点即为导线点，故要便于测角、量距及测绘地形。插大旗是一项十分重要的工作，应考虑到设计、测量各方面的要求，通常由技术负责人来做此项工作。

二、导线测量

初测导线是测绘线路带状地形图和定测放线的基础。导线测量在《控制测量》的教材里有详细介绍，此处仅介绍线路测量中导线的检核计算方法。

（一）导线联测及限差要求

《铁路测量技术规则》（以后简称《测规》）规定，导线起终点不远于 30 km 时，应与国家大地点（三角点、导线点、I级军控点）或其他单位不低于四等的大地点联测；有条件时，也可采用 GNSS 全球定位技术加密四等以上大地点。其限差要求如表 6.1 所示。

表 6.1　导线测量限差

<table>
<tr><td rowspan="4">水平角</td><td colspan="3">检测时较差/(″)</td><td>30</td></tr>
<tr><td rowspan="3">闭合差/(″)</td><td colspan="2">附合和闭合导线</td><td>$\pm30\sqrt{n}$</td></tr>
<tr><td rowspan="2">延伸导线</td><td>两端测真北</td><td>$\pm30\sqrt{n+10}$</td></tr>
<tr><td>一端测真北</td><td>$\pm30\sqrt{n+5}$</td></tr>
<tr><td rowspan="5">长度</td><td rowspan="2">检测较差</td><td colspan="2">光电测距/mm</td><td>$2\sqrt{2}M_D$</td></tr>
<tr><td colspan="2">其他测距方法</td><td>1/2 000</td></tr>
<tr><td rowspan="3">相对闭合差</td><td rowspan="2">光电测距</td><td>水平角平差</td><td>1/4 000</td></tr>
<tr><td>水平角不平差</td><td>1/2 000</td></tr>
<tr><td colspan="2">其他测距方法</td><td>1/2 000</td></tr>
</table>

注：n——置镜点总数；M_D——光电测距仪标称精度。

（二）导线长度的两化改正

当初测导线与国家大地点联测时，首先应将导线测量成果改化到大地水准面上，然后再改化到高斯平面上，才能与大地点坐标进行比较检核，为此要进行导线的两化改正。特别是导线处于海拔较高或位于投影带的边缘时，必须进行两化改正。

设导线在地面上的长度为 s，则改化到大地水准面上的长度 s_0，可按式（6.1）计算。

$$s_0 = s\left(1-\frac{H_{\mathrm{m}}}{R}\right) \tag{6.1}$$

式中　H_{m}——导线两端的平均标高；

R——地球半径。

其距离改正数为 $-s\dfrac{H_{\mathrm{m}}}{R}$。将 s_0 再改化至高斯平面上，可按式（6.2）计算。

$$s_{\mathrm{g}} = s_0\left(1+\frac{y_{\mathrm{m}}^2}{2R^2}\right) \tag{6.2}$$

式中　y_{m}——导线边距中央子午线的平均距离；

R——地球半径。

其改正数为 $s_0\dfrac{y_{\mathrm{m}}^2}{2R^2}$。

当用 s 代替 s_0 时，其改正数与用式（6.2）计算出的数值相差甚微，故铁路工程测量规范采用简化公式计算。

在初测导线计算中，都是采用坐标增量 Δx、Δy 来求算闭合差，故只需求出坐标增员总和（$\sum\Delta x, \sum\Delta y$），将其经过两化改正，求出改化后的坐标增量总和，才能计算坐标闭合差。

两次改化后的坐标增量总和按式（6.3）计算。

$$\left.\begin{aligned}\sum\Delta x_{s}&=\sum\Delta x\left(1-\frac{H_{m}}{R}+\frac{y_{m}^{2}}{2R^{2}}\right)\\\sum\Delta y_{s}&=\sum\Delta y\left(1-\frac{H_{m}}{R}+\frac{y_{m}^{2}}{2R^{2}}\right)\end{aligned}\right\}\tag{6.3}$$

式中　$\sum\Delta x_{s},\sum\Delta y_{s}$——两化改正后的纵、横坐标增量和，m；

$\sum\Delta x,\sum\Delta y$——导线的纵、横坐标增量和，m；

y_{m}——距中央子午线的平均距离（即导线两端点横坐标的平均值）；

H_{m}——导线两端点的平均绝对高程。

（三）坐标换带计算

在高斯平面直角坐标系中，由于分带投影，使参考椭圆体上统一的坐标系被分割成各带独立的直角坐标系。铁路初测导线与国家大地点联测，有时两已知点会处于两个投影带中，因而，必须先将邻带的坐标换算为同一带的坐标才能进行检核，这项工作简称坐标换带。它包括6°带与6°带的坐标互换、6°带与3°带的坐标互换等。

坐标换带可利用《高斯、克吕格坐标换带表》并按式（6.4）计算。

$$\left.\begin{aligned}x_{2}&=x_{1}+(m+m_{1}\Delta y_{1})\Delta y_{1}+\delta_{x}\\\pm y_{2}&=y_{0}+(n+n_{1}\Delta y_{1})\Delta y_{1}+\delta_{y}\end{aligned}\right\}\tag{6.4}$$

当Δy_{1}大于60 km时，用式（6.5）计算。

$$\left.\begin{aligned}x_{2}&=x_{1}+[m+(m_{1}+m_{2}\Delta y_{1})\Delta y_{1}]+\delta_{x}\\\pm y_{2}&=y_{0}+[n+(n+n_{2}\Delta y_{1})\Delta y_{1}]+\delta_{y}\end{aligned}\right\}\tag{6.5}$$

式中　$\Delta y_{1}=\pm y_{1}-y_{0}$，由西带换至东带时$y_{1}$前取正号，由东带换至西带时$y_{1}$前取负号，$y_{1}$则采用其坐标系中应有的正负号。

x_{1}、y_{1}——换带前的已知坐标值。

x_{2}、y_{2}——换带后的坐标值。由西带向东带换带时y_{2}取负值；由东带向西带换带时y_{2}取正值。

m、n、m_{1}、n_{1}、m_{2}、n_{2}——换带常数，以x_{0}为引数由换带表中查出。

δ_{x}、δ_{y}、σ_{x}、σ_{y}——换带常数，以Δy_{1}为引数由换带表中查出。

y_{0}——换带中辅助点的横坐标，即在带边缘上相应于x_{1}的横坐标，y_{0}恒为正值，可查换带表，并按式（6.6）内插求得：

$$y_{0}=y_{0}'+\Delta x[\delta_{y_{0}}+d(\delta_{y_{0}})]\tag{6.6}$$

其中　$\Delta x=x_{1}-x_{0}$，x_{0}为略小于x_{1}的表列引数；

y_{0}'——与x_{0}对应的横坐标值；

$\delta_{y_{0}}$——每公里的平均变率；

$d(\delta_{y_{0}})$——以$\delta_{y_{0}}$的表差和Δx为引数由表中查得，与$\delta_{y_{0}}$同符号。

三、高程测量

初测高程测量的任务有两个，一是沿线路设计水准点，作为线路的高程控制网；二是测定导线点和加桩的高程，为地形测绘和专业调查使用。

线路水准点一般每隔 2 km 设置一个，重点工程地段应根据实际情况增设水准点。水准点高程按五等水准测量的要求精度施测；水准点高程测量应与国家水准点联测，其路线长度不远于 30 km 联测一次，形成附合水准路线；水准点高程测量可采用水准测量或光电测距三角高程测量方法进行，高程取至 mm。

（一）水准测量

水准仪的精度不应低于 DS_3 级，水准尺宜用整体式；可采用一组往返测或两台水准仪并测。高差较差在限差以内时采用平均值。限差要求如表 6.2 所示。表中 R 为测段长度，L 为附合路线长度，F 为环线长度，均以 km 为单位。

表 6.2 五等水准测量精度

每公里高差中数的中误差/mm	限差/mm			
	检验已测段高差之差	往返测不符值	附合路线闭合差	环闭合差
≤7.5	$\pm30\sqrt{R}$	$\pm30\sqrt{R}$	$\pm30\sqrt{L}$	$\pm30\sqrt{F}$

视线长度应不大于 150 m，跨越深沟、河流时可增至 200 m。前、后视距离应大致相等，其差值不宜大于 10 m，视线离地面高度不应小于 0.3 m，并应在成像清晰稳定时进行。当跨越大河、深沟，其视线长度超过 200 m 时，应按五等跨河水准测量的要求进行。

（二）光电测距三角高程测量

光电测距三角高程测量，可与平面导线测量合并进行。水准点的设置要求、闭合差限差及检测限差应符合水准测量要求。

导线点应作为高程转点。高程转点间的距离和竖直角必须往返观测；斜距应加气象改正；高差可不加折光改正，采用往返观测取平均值；仪器高、棱镜高应在测距前和测角后分别量测一次，取位至 mm，两次量测的较差不大于 2 mm 时，取其平均值。测量的技术要求如表 6.3 所示。

表 6.3 水准点光电测距三角高程测量技术要求

距离测回数	竖直角				边长范围/m
	测回数	最大角值/（″）	测回间较差/（″）	指标差互差/（″）	
往返各一测回	往返各测两测回	20	8	8	200～500

四、地形测量

控制测量完成后，根据控制点来测定中线两侧地物、地貌点的大致平面位置与高程，绘制带状地形图，为最终确定线路中线方向和道路形状设计提供地形数据。

任务二 线路定测测量

新线定测阶段的测量工作主要有：中线测量、线路纵断面测量、线路横断面测量。

一、中线测量

中线测量是新线定测阶段的主要工作，它的任务是把在带状地形图上设计好的线路中线测设到地面上，并用木桩标定出来。

中线测量包括放线和中桩测设两部分工作。放线是把纸上定线各交点间的直线段测设于地面上；中桩测设是沿着直线和曲线详细测设中线桩。

1. 放线测量

放线的任务是把中线上直线部分的控制桩（*JD*、*ZD*）测设到地面，以标定中线的位置。放线的方法有多种，常用的有拨角法、支距法和极坐标法三种。可根据地形条件、仪器设备及纸上定线与初测导线距离的远近等情况，选择一种或几种交替使用。

2. 中线测设

放线工作完成之后，地面上已有了控制中线位置的转点桩 *ZD* 和交点桩 *JD*。依据 *ZD* 和 *JD* 桩，即可将中线桩详细测设在地面上，这项工作通称中线测量。它包括直线和曲线两部分，此节只介绍直线测设，曲线测设在项目二已经介绍。

中线上应钉设公里桩、百米桩和加桩。直线上中桩间距不宜大于 50 m；在地形变化处或按设计需要应另设加桩，加桩一般宜设在整米处。

中线距离应用光电测距仪或钢尺往返测量，在限差以内时取平均值。百米桩、加桩的钉设以第一次量距为准。中桩桩位误差，按《测规》要求不超过表 6.4、表 6.5 中规定。

表 6.4 直线段中线桩位测量限差

线路名称	纵向误差/m	横向误差/cm
铁路、一级及以上公路	（S/2 000）+ 0.1	10
二级及以下公路	（S/1 000）+ 0.1	10

注：S 为转点桩至中线桩距离。

表 6.5 曲线段中线桩位测量闭合差限差

线路名称	纵向相对闭合差		横向闭合差/cm	
	平地	山地	平地	山地
铁路、一级及以上公路	1/2 000	1/1 000	10	10
二级及以下公路	1/1 000	1/500	10	15

定测控制桩——直线转点、交点、曲线主点桩，一般都应用固桩。固桩可埋设预制混凝土桩或就地灌注混凝土桩，桩顶埋入铁钉。

二、线路高程测量

线路初测和定测阶段都要进行高程测量。它包括水准点高程测量和中桩高程测量。

（一）线路水准点高程测量

线路水准点高程测量现场称基平测量。它的任务是沿线布设水准点、施测水准点的高程，作为线路及其他工种测量工作的高程控制点。

1. 水准点的布设

定测阶段水准点的布设应在初测水准点布设的基础上进行。首先对初测水准点逐一检核，其不符值在 $\pm 30\sqrt{K}$ mm 以内时，采用初测成果（K 为水准路线长度，以 km 为单位）；若确认超限，方能更改。其次，若初测水准点远离线路，则重新移设至距线路 100 m 的范围内。水准点的布设密度一般 2 km 设置一个，但长度在 300 m 以上的桥梁和 500 m 以上的隧道两端和大型车站范围内，均应设置水准点。

水准点设置在坚固的基础上或埋设混凝土的标桩，以 BM 表示并统一编号。

2. 水准点高程测量

其测量方法与要求同初测水准点高程测量。

3. 跨河水准测量

在铁路水准点测量中，当跨越河流或深谷时，由于前、后视线长度相差悬殊及水面折光的影响，不能按通常的方法进行水准测量。当跨越大河、深沟视线长度超过 200 m 时，应按跨河水准测量进行。

（二）中桩高程测量

初测时，中桩高程测量是测定导线点及加桩桩顶的高程，为地形测量建立图根高程控制。定测时，则是测定中线上各控制桩、百米桩、加桩处的地面高程，为绘制线路纵断面提供资料。

（1）中桩水准测量。采用一台水准仪单程测量，水准路线应起闭于水准点，限差为 $\pm 50\sqrt{L}$ mm（L 为水准路线长度，以 km 计）。中桩高程宜观测两次，其不符值不应超过 10 cm，取位至 cm；中桩高程闭合差在限差以内时不作平差。

（2）中桩光电三角高程测量。中桩高程可与水准点光电三角高程一起进行；亦可与线路中线光电测距同时进行。若单独进行中桩高程测量或与中线测设同时进行，则应起闭于水准点上，满足限差 = $\pm 50\sqrt{L}$ mm 的要求及检测限差 ± 100 mm 的要求。

（3）直线转点、曲线起终点及长度大于 500 m 的曲线中点，均应作为中桩高程测量的转点。

三、线路纵断面图

按照线路中线里程和中桩高程，绘制出沿线路中线地面起伏变化的图，称纵断面图。

线路纵断面图中，其横向表示里程，比例尺为 1∶10 000；纵向表示高程，比例尺为 1∶1 000，它比横向比例尺大 10 倍，以突出地面的起伏变化。纵断面图上还包括线路的平面位置、设计坡度、地质状况等资料，因此，它是施工设计的重要技术文件之一，如图 6.1 所示。

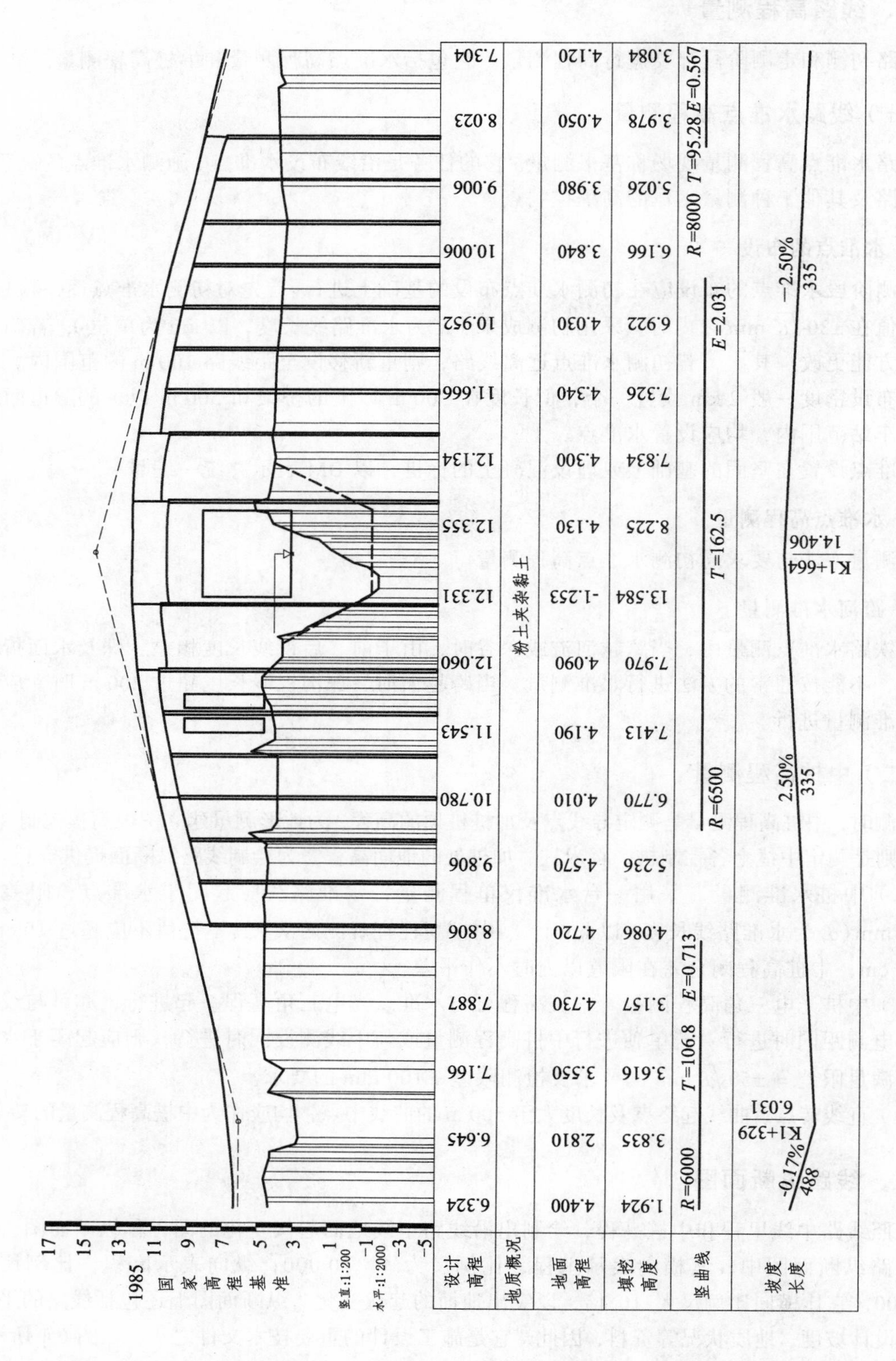
1985国家高程基准
17
15
13
11
9
7
5
3
1
-1
-3
-5
竖直:1:200
水平:1:2000
设计高程
6.324 6.645 7.166 7.887 8.806 9.806 10.780 11.543 12.060 12.331 12.355 12.134 11.666 10.952 10.006 9.006 8.023 7.304
地质概况
粉土夹杂黏土
地面高程
4.400 2.810 3.550 4.730 4.720 4.570 4.010 4.190 4.090 -1.253 4.130 4.300 4.340 4.030 3.840 3.980 4.050 4.120
填挖高度
1.924 3.835 3.616 3.157 4.086 5.236 6.770 7.413 7.970 13.584 8.225 7.834 7.326 6.922 6.166 5.026 3.978 3.084
竖曲线
R=6000 T=106.8 E=0.713
R=6500 T=162.5 E=2.031
R=8000 T=95.28 E=0.567
坡度
长度
-0.17%
488
K1+329
6.031
2.50%
335
K1+664
14.406
-2.50%
335

图 6.1 某公路纵断面图

一般线路纵断面图所包含各项内容及说明如下：

（1）工程地质特征：填写沿线地质情况。

（2）路肩设计标高：是设计路基的肩部标高。

（3）设计坡度：是中线纵向的设计坡度，斜线方向代表纵坡度，斜线上方数字表示坡度的千分率（‰），下方数字表示坡段长度。

（4）地面标高：为中桩高程。

（5）加桩：竖线表示百米桩和加桩的位置，数字表示至相邻百米桩的距离。

（6）里程：表示勘测里程，在百米桩和公里桩处注字。

（7）线路平面：它是线路平面形状示意图，中央实线代表直线段；曲线段向下凸者为左转，向上凸者为右转，斜线代表缓和曲线，斜线间的直线为圆曲线。曲线起终点的里程，只注百米以下里程尾数。

（8）连续里程：表示线路自起点开始计算的里程公里数，短实线表示公里标位置，下面注字为公里数，短线左侧注字为公里标至相邻百米桩的距离。

图的上部按比例绘出地面线及设计坡度线，注明沿线桥涵、隧道、车站等建筑物的形式和中心里程，并注明沿线水准点的位置和高程。

四、线路横断面图

横断面是指沿垂直线路中线方向的地面断面线。横断面测量的任务，是测出各中线桩处的横向地面起伏情况，并按一定比例尺给出横断面图。横断面图主要用于路基断面设计、土石方数量计算、路基施工放样等。

（一）横断面测量密度和宽度

横断面施测的密度和宽度，应根据地形、地质情况和设计需要而定。

一般应在百米桩和线路纵、横向地形明显变化处及曲线控制桩处测绘横断面。在大桥桥头、隧道洞口、挡土墙重点工程地段及地质不良地段，横断面应适当加密。

横断面测绘宽度，应根据地面坡度、路基中心填挖高度、设计边坡及工程上的需要来决定；应满足路基、取土坑、弃土堆及排水沟设计的需要和施工放样的要求。横断面测绘方法很多，基本和渠道横断面测绘类似，在此不再详述。

横断面的测量方法很多，应根据地形条件、精度要求和设备条件来选择。

（二）横断面测量精度要求（见表6.6）

表6.6　横断面精度要求

线路名称	距离/m	高程/cm
铁路、一级及以上公路	$l/100+0.1$	$h/100+l/200+0.1$
二级及以下公路	$l/100+0.1$	$h/50+l/100+0.1$

注：① l 为测点至线路中线桩的水平距离（m）。

② h 为测点至线路中线桩的高差（m）。

任务三　道路施工测量

铁路、公路工程主要包括路基工程、路面基础工程和路面工程，与道路施工相关的测量工作都称为道路施工测量。

铁路、公路工程施工测量的内容如下：

（1）建立施工控制网，搜集沿线水文、地质及控制点等相关资料；对设计时的测图控制网进行复测、加密，从而形成工程施工控制网，并进行平面和高程控制测量；为工程施工放样做准备。

（2）审核设计坐标，计算并检查各交点坐标及各曲线要素；进行中线复测，固定中线主要控制桩，如交点、转点、圆曲线与缓和曲线的起讫点等。

（3）搜集规划设计区域内各种比例尺的地形图、平面图和断面图资料，并对原地表进行复核测量。进行纵、横断面测量，检查纵、横断面的变化情况，校核设计工程量，为清表做好准备。

（4）根据设计图纸，进行工程中心线上各类点位的放样。中线测量包括线路起止点、转折点、曲线主点及线路中心、里程桩、加桩等。

（5）根据工程详细设计进行施工放样，包括中桩、边桩及边坡放样等。

（6）根据工程的施工进度，进行阶段性施工检查、监测和验收。

（7）工程竣工后，测绘竣工平面图和断面图。

（8）工程的变形监测。在施工过程及工程竣工后，应对已完成的工程进行沉降和水平位移观测；特别是在软地基上修筑的高填方路基，在施工及运营阶段，还应监测工程的变形状况，评价工程的安全性。

一、控制网复测

道路工程施工控制网包括平面控制点、路线控制桩和高程控制水准点。平面控制点和线路控制桩是道路施工过程中控制路线线形平面位置的重要依据，水准点是控制施工过程中路线高低的主要依据。

平面控制点及线路控制桩的任务是将设计图上的“工程线形”放样到实地；水准点的作用是把设计图上“工程路线”的高程放样到实地。施工人员根据这些放样点进行施工。由此可见，工程施工控制点对保证施工进度和工程质量有着密切的关系。因此，为了保证工程控制点的精度和可靠性，在施工测量前必须对工程控制点进行复测。

一般而言，从工程的勘测设计到路基正式开工，其间隔的时间都比较长，勘测设计阶段所布设的导线点、交点、转点、水准点在这期间难免损坏丢失。为了确保施工精度，满足施工放样需要，必须对业主提供的控制点进行复测和加密，对于丢失的控制点可进行补测，同时，施工过程中也应妥善保护这些点位，一旦被破坏，应立即进行恢复。

在进行中线恢复测量前应先对控制点进行复测，其主要内容为：导线控制点的复测、补测与加密，水准点的复测与加密，线路控制点的恢复与加固。

（一）导线点复测、补测和加密

1．导线点复测

导线点复测的目的是检查它的实地位置和坐标是否正确。即对原导线点按二级导线的方位角闭合差和全长相对闭合差的精度要求进行控制检查。整个复测亦可采用GNSS测量技术来进行。

2．导线点补测

补测的导线点一般应在原导线点附近，并应尽量将点位选在路线的一侧，且于地势较高处，以免路基施工达到一定高度时影响导线点之间的通视。

在若连续丢失点位的情况下，可采用导线测量的方法进行补测。若想将路基范围内导线点移至路基范围以外，可根据移点的多少分别采用以上两种方法。

3．导线点加密

导线点的加密是为了方便线路平面位置的放样和保证施工精度。因为在铁路、公路施工中，每天都可能因施工使中桩和边桩遭到破坏，所以要不断进行路线桩位的恢复放样；在路基填挖一定高度后，为保证路线的线形，需要重新放样。在施工标段，布设合理的导线点位，即可快速准确地恢复桩位。

（1）导线点加密的原则：施工导线点加密的原则是从整体到局部，从高级到低级。因此导线加密前应对勘测设计阶段所布设的导线点进行复测，且加密导线的起讫点必须是设计单位提供的并经过复测的成果。

（2）导线点的选点要求：施工导线点位应选在通视良好、不易受施工干扰的地方，其密度应能满足施工放样需要。即用导线点放样时应一站到位，且放样距离不宜超过500 m。

（3）测量方案：当施工标段只有一组起始数据时，可用闭合导线；当施工标段有两组以上起始数据时，可采用附合导线；当有特殊需要时，例如，涵洞放样等，可考虑用支导线。

（4）测量精度：其精度要求应根据不同的工程选择相应的精度标准。

（二）水准点复测与加密

1．水准点复测

铁路、公路工程水准点复测应满足各自规范中所规定的限差要求。例如，高速公路和一级公路水准点闭合差按四等水准（$20\sqrt{L}$）控制；二级以下公路水准点闭合差按等外水准（$30\sqrt{L}$）控制（L为水准路线长度，单位为km）。大桥附近的水准点闭合差应符合《公路桥涵施工技术规范》（JTJ 041—2000）的规定。若复测后满足精度要求，则认为点的高程可用。

水准点间距离一般应在1 km以内。但在人工结构物附近、高填挖地段、工程量集中及地形复杂地段还应增设临时水准点。

2．水准点加密

水准点加密的作用是保证放样精度，提高放样效率。

（1）水准点加密原则：施工水准点加密前，必须对勘测阶段所布设的水准点进行复测，且加密水准点的起讫点必须是设计单位提供的水准点。

（2）水准点选点的要求：施工水准点的密度应保证只架设一次仪器即可放样出或测出所需高程，视距一般在 80 m 以内；在重要结构物附近应布设两个以上施工水准点，且点位应埋设在稳固的地方。

（3）水准点测量方案：当施工标段只有一个水准点时，一般应采用闭合水准路线；当施工标段有两个以上水准点时，一般采用附合水准路线；在特殊情况下，例如，涵洞放样等，可采用复测支水准路线。

（4）水准点测量精度：其精度与复测相同，并应满足相应的规范要求。

（三）路线控制桩恢复

路线控制桩是指交点桩、转点桩及曲线主点桩等，若路线控制桩本来就是由导线点坐标放样的，可采用全站仪根据控制桩原始坐标及恢复后的导线点进行放样。

二、路基边桩放样

路基边桩即设计横断面与原始横断面的交点，测设方法有解析法、图解法、趋近法等，具体方法与渠堤边桩放样方法相同。

三、竣工测量

在路基土石方工程完工之后，应当进行线路竣工测量。它的任务是最后确定线路中线位置，作为路面施工的依据；同时检查路基施工质量是否符合设计要求。内容包括中线测量、高程测量和横断面测量。

（一）中线测量

根据护桩将主要控制点恢复到路基上，进行线路中线贯通测量；在有桥、隧的地段，应从桥梁、隧道的线路中线向两端引测贯通。贯通测量后的中线位置，应符合路基宽度和建筑物接近限界的要求；同时中线控制桩和交点桩应固桩。

对于曲线地段，应测出交点，重新测量转向角值；当新测角值与原来转向角之差在允许范围内时，仍采用原来的资料；测角精度与复测时相同。曲线的控制点应进行检查，曲线的切线长、外矢距等检查误差在 1/2 000 以内时，仍用原桩点；曲线横向闭合差不应大于 5 cm。

中线上，直线地段每 50 m、曲线地段每 20 m 测设一桩；道岔中心、变坡点、桥涵中心等处均需钉设加桩；全线里程自起点连续计算，消除由于局部改线或假设起始里程而造成的里程不能连续的“断链”。

（二）高程测量

竣工测量时，应将水准点移设到稳固的建筑物上，或埋设永久性混凝土水准点；其间距不应大于 2 km；其精度与定测时要求相同；全线高程必须统一，消除因采用不同高程基准而产生的“断高”。

中桩高程按复测方法进行，路基高程与设计高程之差不应超过 5 cm。

（三）横断面测量

主要检查路基宽度，侧沟、天沟的深度，宽度与设计值之差不得大于 5 cm；路堤护道宽度误差不得大于 10 cm。若不符合要求且误差超限者应进行整修。

思考与练习

1. 路线中线测量的任务是什么？
2. 简述线路中线测设的方法和步骤。
3. 路线纵断面测量和横断面测量的任务和作用是什么？
4. 简述几种纵断面测绘的方法和步骤。
4. 何谓里程桩？如何设置？

项目七　桥梁施工测量

【学习目标】

1. 了解桥梁的分类与构造。
2. 掌握施工控制网的布设要求与实测方法。
3. 掌握桩基础、桥墩、桥台、支座、模板放样的方法。

概　述

一、桥梁组成部分

桥梁的形式各有不同，大小差别很大，所用材料因桥形式和大小而定。桥梁一般用于跨越江河湖川、山谷、海洋等天然障碍，或者横过铁路、公路、房屋等人为障碍，并且架设在离开水面或者地面的空中，成为道路的一部分。因而可以说桥梁是用于跨越各种障碍的空中道路、或者空中的支撑结构。

各种桥梁有如下共同的构成部分：

1. 上部结构

上部结构是直接承受载重的架空部分，又称为桥跨结构，是桥墩桥台以上部分的总称。

（1）主体大梁：是承受桥上载重的主要构件，常由许多根梁组成（拱桥是拱圈，吊桥则是主缆索），这些梁沿桥的纵向（行车方向）首尾相接，沿桥的横向（河水流向）依次排列，共同组成。为了使各梁之间连接坚固，用多种横梁、系杆、盖板等，使纵横两个方向互相联系结成整体。

（2）桥面部分：大多数桥面是铺筑在主体大梁之上的，通常设有中央车道和两侧的人行道以及栏杆、栏板等。

（3）支座：是在梁端底部和桥墩或桥台顶部设置的联系装置，用以承托桥梁以及用于车辆制动和随气温变化伸缩时的移动，并保证桥梁挠曲时在端部（活动）支承处转动。

2. 下部结构

下部结构包括桥墩、桥台及其下面的基础。

（1）桥墩：它四面临空，两侧都支撑有桥跨。在河中的桥墩，一部分露出水面支撑主梁，一部分浸入水中，下面与基础相连。上部称为墩帽，中部称为墩身，下部称为墩底。

（2）桥台：和桥墩共同构成桥梁的“腿”，它屹立于两岸，将桥与路连接起来，它不仅与桥墩一样具有承受桥跨传来载重压力之功能，而且还承受桥头路堤土的水平力，使岸坡不致向河里崩塌。桥台由上部的台座，中部的台身和底部的台基组成。

（3）基础：为传递上部结构荷载至地基上的结构，一般设置在天然地基上。桥的基础有桩基础、沉箱、沉井、在土层上浇灌墩底混凝土板等形式。通过基础，桥墩（台）能牢固地嵌固在土层之中。

二、桥梁分类

（1）按桥梁全长分（这里桥梁全长是指包括它的两岸桥台在内的全部长度）为：

① 小桥——全长在 30 m 以下的桥梁；

② 中桥——全长在 30 ~ 100 m 的桥梁；

③ 大桥——全长在 100 m 以上的桥梁；

④ 特大桥——全长超过 500 m 的桥梁。

（2）按桥跨结构在承载时静力性质的特征分为：

① 梁式桥——在垂直荷载下，墩台只产生垂直反力的桥梁；

② 拱桥——在垂直荷载时，墩台产生垂直及水平反力的桥梁；

③ 悬桥——桥跨结构主要承载部分由柔性链或缆索构成，锭或缆索在垂直荷载下承受拉力，悬桥也称作吊桥；

④ 刚架桥——墩台与桥跨连成刚性整体，常用钢筋混凝土构成，在垂直荷载下，墩台产生垂直及水平反力。

三、桥梁施工测量任务

在桥梁工程施工开始之前，应根据桥梁的形式、跨度及施工精度要求，在其桥址区域建立统一的施工控制网；在桥梁施工期间，应做好桥梁工程施工中的各项放样工作；当桥梁结构各分项工程结束后，应随时利用工程测量的方法检查施工的桥梁各结构工程，以确保各结构的准确性；整个桥梁工程完工后，应对其进行竣工验收测量，以检查是否满足设计要求，同时，对于大型桥梁的施工过程应进行施工监测，施工结束后对其进行荷载试验和健康运营检测。从而保证大桥在运营期的稳定性和安全性。

四、桥梁施工测量内容

（1）审核设计坐标。对设计单位交给施工单位的坐标进行检查与复测，并对桥轴线进行复测。

（2）施工控制网布设。结合桥梁形式、跨径及设计要求的施工精度，根据已知控制点，通过复测和加密建立施工控制网，或重新布设专用的桥梁施工控制网。

（3）根据工程详细设计进行施工放样，包括下部结构、锥坡和上部结构放样等。

（4）根据工程的施工进度，进行阶段性施工检查、监测和验收。

（5）桥梁竣工测量。施工结束后，测量桥梁工程的中轴线位置、桥梁纵坡度、桥梁的跨径、桥梁与道路的连接等。

任务一 施工控制网布设

一、平面控制网布设及测量

建立平面控制网的目的是测定桥轴线长度和进行墩、台位置的放样；同时，也可用于施工过程中的变形监测。对于跨越无水河道的直线小桥，桥轴线长度可以直接测定，墩、台位置也可直接利用桥轴线的两个控制点测设，无需建立平面控制网。但跨越有水河道的大型桥梁，墩、台无法直接定位，则必须建立平面控制网。

（一）平面控制网布设形式

根据桥梁跨越的河宽及地形条件，平面控制网多布设成如图 7.1 所示的形式。

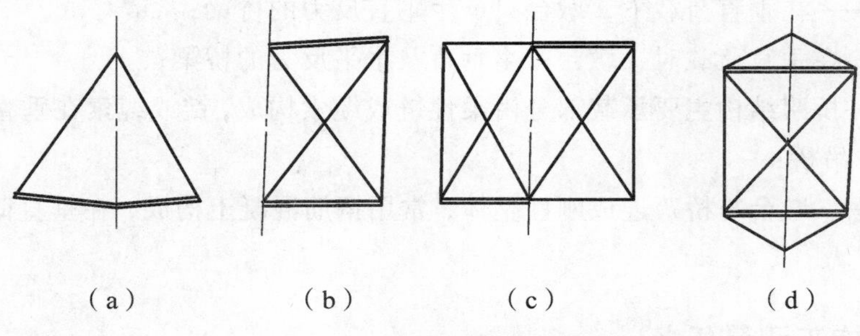

图 7.1 桥梁平面控制网

网型选择：可采用测角网、测边网或边角网。采用测角网时宜测定两条基线；测边网是测量所有的边长而不测角度；边角网则是边长和角度都测。一般地，在边、角精度匹配的情况下，边角网的精度较高。布设要求如下：

（1）图形简单、图形强度良好，地质条件稳定，视野开阔，便于交会墩位，其交会角不大于 120°或小于 30°。

（2）基线应与桥梁中线近似垂直，其长度宜为桥轴线的 0.7 倍，困难时也不应小于其 0.5 倍。

（3）桥的轴线应作为三角网的一个边，并与基线一端相连；如不可能，也应将桥轴线的两个端点纳入网内。如图 7.1（d）所示。

（4）曲线桥至少有一个轴线控制点为桥控网的控制点。

（5）在控制点上要埋设标石及刻有“+”字的金属中心标志。如果兼作高程控制点用，则中心标志宜做成顶部为半球状。

（二）平面控制网精度确定

桥梁施工平面控制网是放样桥台、桥墩的依据，若将其精度定得过高，虽能满足施工要求，但控制网施测困难，既费时又要增加费用；若控制网的精度过低，则难以满足施工的要求。目前常用确定控制网精度的方法有两种：一种是按桥式、桥长（上部结构）来设计，另一种是按桥墩中心点位误差（下部结构）来设计，本部分仅介绍第一种。

按桥式确定控制网精度的方法是根据跨越结构的架设误差（它与桥长、跨度大小及桥式有关）来确定桥梁施工控制网的精度。桥梁跨越结构形式一般分为简支梁和连续梁，简支梁在一端桥墩上设有固定支座，在其余桥墩上设活动支座。在钢梁的架设过程中，其长度误差来源于杆件装配误差和安装支架误差。

在《铁路钢桥制造规则》中规定，钢桁梁节间长度制造容许误差为±2 mm，两组孔距误差为±0.5 mm，则每一节间的制造和拼装误差为$\Delta l = \pm\sqrt{0.5^2 + 2^2} = \pm 2.12$ mm。当杆件长$L = 16$ m时，其相对容许误差为

$$\frac{\Delta l}{L} = \frac{2.12}{16\ 000} = \frac{1}{7\ 550} \tag{7.1}$$

由n根杆件铆接的桁式钢梁的长度误差为

$$\Delta L = \pm\sqrt{n\Delta l^2} \tag{7.2}$$

设固定支座安装容许误差为δ，则每跨钢梁安装后的极限误差为

$$\Delta d = \pm\sqrt{\Delta L^2 + \delta^2} = \pm\sqrt{n\Delta l^2 + \delta^2}$$

在《铁路钢桁拼装及架设施工技术规则》中，δ的值是根据固定支座中心里程的纵向容许偏差大小和梁长与桥式来确定，一般取$\delta = \pm 7$ mm。

根据各桥跨的极限误差，即可求得全长的极限误差：

$$\Delta L = \pm\sqrt{\Delta d_1^2 + \Delta d_2^2 + \cdots + \Delta d_N^2} \tag{7.3}$$

式中　N——桥的跨数。

若大桥为等跨距时，则有

$$\Delta L = \pm\Delta d\sqrt{N} \tag{7.4}$$

在《测量技术规范》里，按照桥轴线的精度要求，将三角网的精度分为五个等级，它们对测边和测角的精度规定如表 7.1 所示。

表 7.1　测边和测角的精度规定

三角网等级	桥轴线相对中误差	测角中误差/（″）	最弱边相对中误差	基线相对中误差
一	1/175 000	±0.7	1/150 000	1/400 000
二	1/125 000	±1.0	1/100 000	1/300 000
三	1/75 000	±1.8	1/60 000	1/200 000
四	1/50 000	±2.5	1/40 000	1/100 000
五	1/30 000	±4.0	1/25 000	1/75 000

上述规定是对测角网而言，由于桥轴线长度及各个边长都是根据基线及角度推算的，为保证桥轴线有可靠的精度，基线精度要高于桥轴线精度 2～3 倍。如果采用测边网或边角网，

由于边长是直接测定的，所以不受或少受测角误差的影响，测边的精度与桥轴线要求的精度相当即可。

由于桥梁三角网一般都是独立的，没有坐标及方向的约束，所以平差时都按自由网处理。它所采用的坐标系，一般是以桥轴线作为 X 轴，而桥轴线始端控制点的里程作为该点的 X 值。这样，桥梁墩台的设计里程即为该点的 X 坐标值，可以便于以后施工放样的数据计算。

在施工时如因机具、材料等遮挡视线，无法利用主网的点进行施工放样时，可以根据主网两个以上的点将控制点加密。这些加密点称为插点。插点的观测方法与主网相同，但在平差计算时，主网上点的坐标不得变更。

二、高程控制点布设及测量

在桥梁的施工阶段，为了作为放样的高程依据，应建立高程控制，即在河流两岸建立若干个水准基点。这些水准基点除用于施工外，也可作为以后变形观测的高程基准点。

水准基点布设的数量视河宽及桥的大小而异。一般小桥可只布设一个；在 200 m 以内的大、中桥，宜在两岸各布设一个；当桥长超过 200 m 时，由于两岸连测不便，为了在高程变化时易于检查，则每岸至少设置两个。

水准基点是永久性的，必须十分稳固。除了它的位置要求便于保护外，根据地质条件，可采用混凝土标石、钢管标石、管柱标石或钻孔标石。在标石上方嵌以凸出半球状的铜质或不锈钢标志。

为了方便施工，也可在附近设立施工水准点，由于其使用时间较短，在结构上可以简化；但要求使用方便，也要相对稳定，且在施工时不致破坏。

桥梁水准点与线路水准点应采用同一高程系统。线路水准点连测的精度不需要很高；当包括引桥在内的桥长小于 500 m 时，可用四等水准联测，大于 500 m 时可用三等水准进行测量。但桥梁本身的施工水准网，则宜用较高精度，因为它是直接影响桥梁各部放样精度的。

当跨河距离大于 200 m 时，宜采用过河水准法连测两岸的水准点。跨河点间的距离小于 800 m 时，可采用三等水准测量；大于 800 m 时则采用二等水准测量。

任务二　桥梁墩、台中心位置放样

桥梁墩、台中心位置放样是桥梁建设的基础，在对其位置进行放样时必须满足相应的精度要求，并经反复检查确认无误为止。

一、直线桥墩、台中心放样

如图 7.2 所示，桥轴线上两岸的控制桩 A、B 间的距离称为桥轴线长度。由于桥轴线长度是精确放样其墩、台位置的基础，因此，必须精确测定桥轴线的长度。

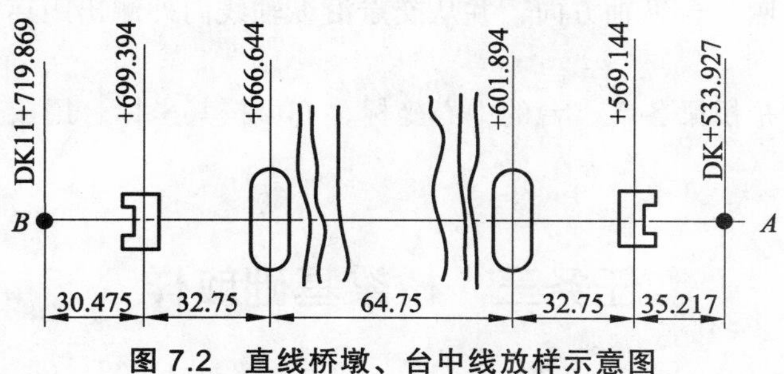

图 7.2　直线桥墩、台中线放样示意图

在条件许可的情况下，可将全站仪安置于 A 点或 B 点上，直接测定桥轴线长度或其坐标；在精确测定桥轴线长度之后，便可由 A 点或 B 点放样各桥墩、台的实际位置。也可以根据设计文件中已给出各墩、台的中心的几何位置关系直接计算出墩、台中心点坐标，并直接利用其坐标进行放样。

二、曲线桥墩、台中心放样

在直线桥上，桥梁和线路的中线都是直的，两者完全重合。但在曲线桥上则不然，曲线桥的中线是曲线，而每跨桥梁却是直的，所以桥梁中线与线路中线基本构成了符合的折线，这种折线称为桥梁工作线，如图 7.3 所示。墩、台中心即位于折线的交点上，曲线桥的墩、台中心测设，就是测设工作线的交点。

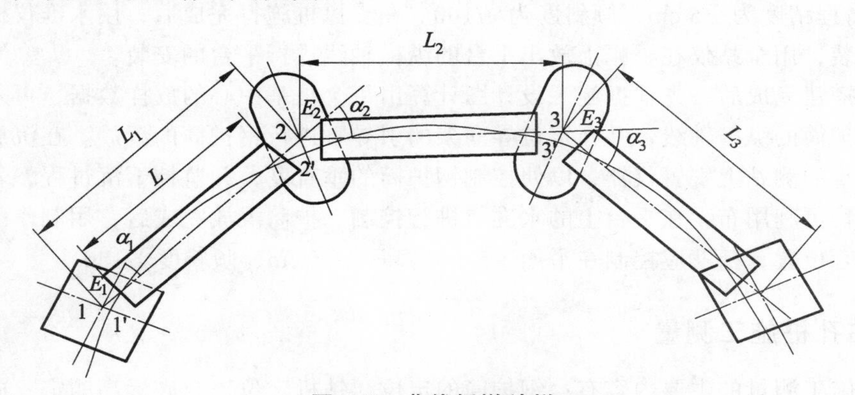

图 7.3　曲线桥墩放样

设计桥梁时，为使列车运行时梁的两侧受力均匀，桥梁工作线应尽量接近线路中线，所以梁的布置应使工作线的转折点向线路中线外侧移动一段距离 E，这段距离称为“桥墩偏距”。偏距 E 一般是以梁长为弦线的中矢距的一半。相邻梁跨工作线构成的偏角 α 称为“桥梁偏角”；每段折线的长度 L 称为“桥墩中心距”。E、α、L 在设计图中都已经给出，根据给出的 E、α、L 即可测设墩位。

极坐标法放样桥墩、台的步骤如下：

（1）利用路线中线坐标按切线支距法或偏角法计算出各墩、台纵轴线与路线中心线的交点坐标，即各墩、台中心坐标，然后通过坐标转换公式，将其转换成控制网下的坐标。

（2）安置全站仪于控制点上，按坐标放样法放样出这些交点的位置。

（3）从交点放出墩、台纵轴方向，并从交点沿纵轴线向外测出距离 z，即可得到墩、台的中心位置。

（4）若计算出的是桥梁各墩、台的中心坐标，亦可按其坐标，用极坐标法直接将墩、台中心位置标定下来。

任务三　桥梁基础放样

一、围堰定位测量

钢板围堰适用于各类土（含强风化岩石）的深水基坑，钢板桩定位一般采用极坐标法。在将钢板桩打入地基前，应在围堰上、下游一定距离及两岸陆地设置全站仪观测站，用以控制围堰长、短边方向的钢板核定位。钢板桩的施打过程中必须有导向设备，以保证其位置的正确性。

二、水中桩基放样

在水中建设桥墩时，首先要搭设钢平台来支撑灌注桩钻孔机的安置。

平台钢管支撑桩的施工方法一般是利用打桩船进行水上沉桩，测量定位的方法采用全站仪极坐标法，施工时将仪器安置于控制点上对其进行三维定位。沉桩的平面精度一般为 ± 10 cm，高程精度为 ± 5 cm，倾斜度为 1/100。在支撑桩施打完成后，用水准仪标出桩顶标高供桩帽安装，用全站仪在桩帽上放出平台的纵横轴线进行平台的安装。

在平台搭建完成后，先根据施工设计图计算出每个桩基中心的放样数据，再采用极坐标法放样出钢护筒的纵横轴线，并在定位导向架的引导下进行钢护筒的沉放。在沉放时，应于两个互相垂直的测站上安置仪器，以便控制钢护筒的垂直度，并监控下沉过程，若有偏差随时校正。高程可利用布设在平台上的水准点进行控制。护筒沉放完成后，用制作的十字架测出其实际中心位置，精度应控制在平面 ± 5 cm、高程 ± 5 cm、倾斜度 1/150。

三、钻孔桩施工测量

钻孔桩施工测量的主要内容有：钢护筒的定位、钻机定位、孔底标高测定、成孔倾斜度测定及封孔测量。

（一）钢护筒定位

为了固定桩位，导向钻头，一般均在钻孔桩孔口设置护筒，钢护筒定位测量的方法可根据施工方法而定。

江河主桥的桥墩一般为深水基础，宜采用整体吊装的方法施工，应在围堰封底前安置好钢护筒。因此，应先将所有的钢护筒按其设计的相对位置固定于护筒固定架上，并通过调整护筒固定架，使护筒一次就位。其测量定位就是测定护筒架中心及四个角点坐标，来控制固定架位，使其准确就位。在护筒就位后，必须准确测定其最终位置。其方法是采用类似于倒垂线法，通过浮在围堰内静水上特制的浮标，获取护筒位置信息，以精密确定各护筒的位置。

（二）孔底标高及倾斜度测量

当钻孔桩的孔底标高达到设计要求后，应进行钻孔检验测量，为推算桩底位置，必须进行钻孔的倾斜度测量。一般钻孔桩可采用简易测孔器来检测成孔的孔径和孔的实际倾斜度，大型钻孔桩可采用超声波孔径测斜仪来检测。在钻孔桩成孔并清理完孔底余渣后，应测定孔底标高，用经过与钢尺比长的测绳和测锤实测，一般测孔底的上、下、左、右及中五个测点，精度应达到 ±5 m。

（三）水封测量

水下混凝土灌注中的测量称之为水封测量。它一般采用直升导管法灌注，导管应插至离孔底 0.3 ~ 0.5 m 处，灌注开始前，在导管上口放一直径微小于管口的砂球，使其卡在管口不致滑落。当漏斗中聚集一定量混凝土时，砂球下滑挤出管内的水，最后挤出管口；混凝土也快速涌出管口，向四周流动，将管口埋没。在此后的灌注过程中，随着混凝土上升，应逐节提升导管，但应保证下端管口埋于混凝土中 2 ~ 6 m，从而使新注入的混凝土与水隔离，保证桩的质量。在此过程中，应及时准确地提供导管底口和混凝土面的标高，保证导管不至于提空。其具体测量是用测绳或皮尺加锤球测定混凝土表面标高，并与通过计算导管长度而确定的管底口高程进行比较。

（四）锥坡底面测设

锥坡底面椭圆曲线放样主要有图解法和坐标法两大类。图解法为近似方法，其思想是：先在图纸上按适当的比例画出四分之一椭圆底面的大样图；在大样图上选择足够多的控制点，用图解法量出其纵横坐标，再按比例尺反算成实地坐标，最后用直角坐标法或极坐标法依次在地面上测设这些控制点，从而标定出锥坡的底面。坐标法与图解法的不同仅在于获得控制点坐标的手段不同。坐标法充分发挥现代测量仪器的解算功能，直接由椭圆的曲线方程求解控制点实地坐标，最后在地面标定锥坡的底面轮廓。常用的图解法包括纵横等分图解法、双点双距图解法、双圆垂直投影图解法等；常用的坐标法有支距法和全站仪直接测设法等。

总的来说，桥梁基础施工测量的偏差，不应超过表 7.2 的规定。

表 7.2　桥梁基础施工测量的允许偏差

<table>
<tr><th>类别</th><th colspan="2">测量内容</th><th>测量允许偏差/mm</th></tr>
<tr><td rowspan="3">灌注桩</td><td colspan="2">基础灌注桩桩位</td><td>40</td></tr>
<tr><td rowspan="2">排架桩桩位</td><td>顺桥纵轴线方向</td><td>20</td></tr>
<tr><td>垂直桥纵轴方向</td><td>40</td></tr>
<tr><td rowspan="4">沉桩</td><td rowspan="2">群桩桩位</td><td>中间桩</td><td>d/5，且≤100</td></tr>
<tr><td>外缘桩</td><td>d/10</td></tr>
<tr><td rowspan="2">排架桩桩位</td><td>顺桥纵轴线方向</td><td>16</td></tr>
<tr><td>垂直桥纵轴线方向</td><td>20</td></tr>
<tr><td rowspan="2">沉井</td><td rowspan="2">顶面中心、底面中心</td><td>一般</td><td>h/125</td></tr>
<tr><td>浮式</td><td>h/125 + 100</td></tr>
<tr><td rowspan="2">垫层</td><td colspan="2">轴线位置</td><td>20</td></tr>
<tr><td colspan="2">顶面高程</td><td>−8 ~ 0</td></tr>
</table>

注：① d 为桩径（mm）。
② h 为沉井高度（mm）。

任务四　桥梁施工细部放样

一、承台测设

首先定位出承台的中心及四个角的位置，承台模板支立完毕后定位出墩柱预埋钢筋位置的纵横向轴线，定位误差控制在 ± 5 mm，在承台模板上测量出承台顶标高，以便控制承台顶混凝土浇筑标高。

二、墩柱施工测量

承台施工完毕后，在承台顶面上放样出墩柱的纵横向轴线，定位误差控制在 ± 5 mm。测量出承台顶面标高，计算出承台顶面与墩柱顶的高差，及时提供给现场技术员，以便准确地计算出墩柱的实际高度，更好地指导施工。墩柱模板垂直度控制采用普通的锤球法，对于高度超过 8 m 墩柱的垂直度控制采用经纬仪，垂直度允许偏差为 1%，墩柱模板支立好后用全站仪复测模板顶的纵横向轴线偏差，偏差控制在 ± 5 mm。墩柱顶混凝土浇筑标高控制，采用常规的倒悬挂钢尺配合水准仪，测量出模板顶标高，或用全站仪三角高程控制。三角高程控制是本工程的主要施工高程测量的控制方法（等级高程控制点除外）。

三、支承垫石、支座施工测量

支承垫石和支座是施工测量的关键控制部位，直接影响到梁的整体质量，支承垫石的顶面标高误差控制在 ± 2 mm，平整度控制在 ± 1 mm；控制支座安装时一定要注意支座的方向，安装误差控制在 ± 2 mm。

四、现浇箱梁施工测量

首先放样出每个墩顶的中心点，复测出墩顶的实际标高，超出规范规定要求的要进行处理。其次采用常规的倒悬挂钢尺配合水准仪或全站仪三角高程，精确测量出墩柱顶标高，以方便箱梁底模标高的控制。然后在现浇支架上测量出箱梁中心线和标高，以便控制枕木的铺设宽度和标高，在枕木标高调整时一定要考虑预拱度（预拱度数值在底模静载沉降预压试验中得出）。待枕木铺设完毕，调整到设计标高并固定好后，在枕木上测量出箱梁的中心线，控制箱梁底模的铺设宽度。在底模上直线每 10 m、曲线每 5 m 间距，测量出箱梁中心线和左右侧模的边线，并检查底模的左、中、右设计标高和平整度，偏差均控制在 ± 10 mm。在翼板底模上测量出桥面边线；放样出桥梁中心线，控制预埋钢筋的位置；浇筑混凝土前，测量出箱梁顶面设计标高，控制箱梁顶标高。放样出接触网支柱预埋螺栓的位置，螺栓预埋位置要准确。

思考与练习

1. 简述桥梁施工测量的基本任务和内容。
2. 简述桥梁施工测量各阶段的特点。
3. 简述桥梁施工控制网与一般工程控制网的区别。

项目八　隧道施工测量

【学习目标】

1. 了解隧道施工的相关知识。
2. 掌握地面控制测量、地下控制测量、联系测量的方法与精度要求。
3. 掌握中线测量、细部放样、贯通测量的相关测量方法。

概　述

隧洞是公路、铁路等线路工程穿越山体等障碍物的通道，或是为地下工程施工所做的地面与地下联系的通道。隧洞施工测量与隧洞的结构形式、施工方法密切相关，一般情况下，隧洞由两端相向开挖，有时为了加快工程进度，采取多井开挖以增加工作面的办法，如图 8.1 所示。a、b、d 为平硐，c 为竖井，e 为斜井。

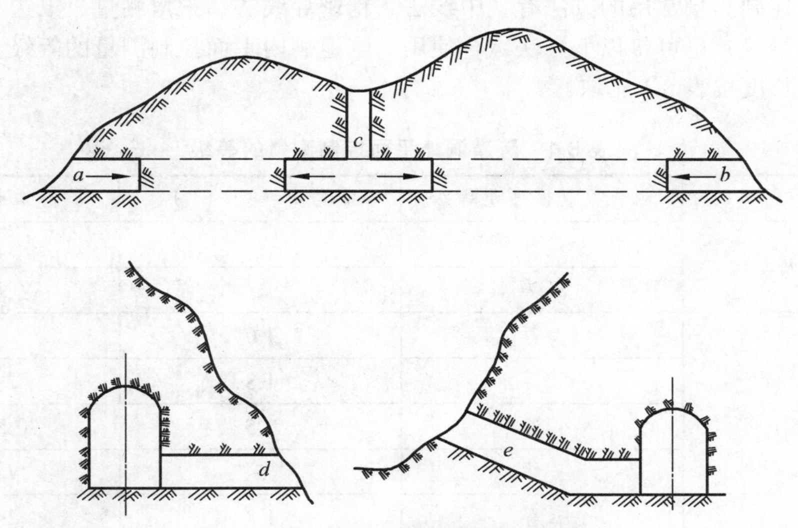

图 8.1　竖井、斜井和平硐示意图

隧洞开挖过程中需要严格控制开挖方向和高程，保证隧洞的正确贯通。因此，隧洞施工测量的主要任务是标定隧洞中心线和腰线，以控制掘进中线的方向和坡度，确保按设计要求贯通。具体地说，隧洞施工测量主要包括：

（1）洞外控制测量：在洞外建立平面和高程控制网，测定各洞口控制点的位置。

（2）进洞联系测量：将洞外的坐标、方向和高程传递到隧道内，建立洞内、洞外统一坐标系统。

（3）洞内控制测量：包括隧道内的平面和高程控制。

（4）隧道施工测量：根据隧道设计要求进行施工放样、指导开挖。

（5）竣工测量：测定隧道竣工后的实际中线位置和断面净空及各建、构筑物的位置尺寸。

任务一　隧道洞外控制测量

隧道的设计位置，一般在定测时已初步标定在地表面上。在施工之前先进行复测，检查并确认各洞口的中线控制桩，当隧道位于直线上时，两端洞口应各确定一个中线控制桩，以两桩连线作为隧道洞内的中线；当隧道位于曲线上时，应在两端洞口的切线上各确认两个控制桩，两桩间距应大于 200 m。以控制桩所形成的两条切线的交角和曲线要素为准，来测定洞内中线的位置。由于定测时测定的转向角、曲线要素的精度及直线控制桩方向的精度较低，满足不了隧道贯通精度的要求，所以施工之前要进行洞外控制测量。洞外控制测量的作用，是在隧道各开挖口之间建立一精密的控制网，以便根据它进行隧道的洞内控制测量或中线测量，保证隧道的准确贯通。

洞外控制测量包括平面控制测量和高程控制测量。

一、平面控制测量

洞外平面控制测量常用的方法有：中线法、精密导线法、三角测量、三边测量、边角测量、GNSS 测量等，也可将以上方法综合使用。隧道洞内平面控制测量的等级，应根据隧道两开挖洞口间长度按表 8.1 选取。

表 8.1　隧道洞外平面控制测量的等级

洞外平面控制网类别	洞外控制网测量等级	测角中误差/（″）	隧道长度 L/km
GNSS 网	二等		$L>5$
	三等		$L\leqslant 5$
三角网	二等	1.0	$L>5$
	三等	1.8	$2<L\leqslant 5$
	四等	2.5	$0.5<L\leqslant 2$
	一级	5	$L\leqslant 0.5$
导线网	三等	1.8	$2<L\leqslant 5$
	四等	2.5	$0.5<L\leqslant 2$
	一级	5	$L<0.5$

按照测绘规范的要求，控制点的布设要满足以下条件：

（1）在每个洞口应测设不少于 3 个平面控制点（包括洞口投点及其相联系的三角点或导线点）、2 个高程控制点。

（2）直线隧道上，两端洞口应各确定一个中线控制桩，以两桩连线作为隧道的中线。

（3）在曲线隧道上，应在两端洞口的切线上各确定两个间距不小于 200 m 的中线控制桩，以两条切线的交角和曲线要素为依据，来确定隧道中线的位置。

（4）平面控制网应尽可能包括隧道各洞口的中线控制点，这样既可以在施工测量时提高贯通精度，又可减少工作量。

（5）同时进行高程控制测量，联测各洞口水准点的高程，以便引测进洞，保证隧道在高程方向准确贯通。

（一）中线法

所谓中线法，就是将隧道线路中线的平面位置，按定测的方法先测设在地表上，经反复核对无误后，才能把地表控制点确定下来，施工时就以这些控制点为准，将中线引入洞内。

一般在直线隧道短于 1 000 m，曲线隧道短于 500 m 时，可以采用中线作为控制。

如图 8.2 所示，A、C、D、B 作为在 A、B 之间修建隧道定测时所定中线上的直线转点。由于定测精度较低，在施工之前要进行复测，其方法为：以 A、B 作为隧道方向控制点，将经纬仪安置在 C'点上，后视 A 点，正倒镜分中定出 D'点；在置镜 D'点，正倒镜分中定出 B'点。若 B'与 B 不重合，可量出 $B'B$ 的距离，则

$$D'D=\frac{AD'}{AB'}\cdot B'B$$

图 8.2　中线法示意图

自 D'点沿垂直于线路中线方向量出 $D'D$，定出 D 点；同样也可定出 C 点。然后再将经纬仪分别安在 C、D 点上复核，证明该两点位于直线 AB 的连线上时，即可将它们固定下来，作为中线进洞的方向。

若用于曲线隧道，则应首先精确标出两切线方向，然后精确测出转向角，将切线长度正确地标定在地表上，以切线上的控制点为准，将中线引入洞内。

中线法简单、直观，但其精度不太高。

（二）精密导线法

导线测量是隧洞地面控制的一种重要方法，尤其是现在，新型而十分轻便的精密光电测距仪普遍得到了使用，测距精度高而且稳定，给导线测量工作提供了方便。

导线测量相对于三角测量具有更大的灵活性，作业方便，计算简单，因此在隧洞的控制工作中，得到广泛的应用。但是，以导线作为隧洞控制的不足之处，是它的检核条件远比三角测量少。为了解决此问题，在实际工作中一般都把导线布设成网形或构成闭合环形，为了增加检核条件和提高测角精度评定的可行性，导线环的个数不宜太少，最少不应少于 4 个；每个环的边数不宜太多，一般以 4 ~ 6 条边为宜。单一导线是较少应用的（十分短的隧洞除外）。在确有困难的地段布置导线，也至少应布设成主、副导线的形式，以主导线测距测角，而副导线上仅测定转折角；经导线的平差计算后，可以增加主导线的检核条件和进一步提高对横

向误差的控制。利用主、副导线方法作为隧洞地面控制已有不少例子。例如，铁路建设中，成昆线上的李子湾隧洞（长 3 km）和京广复线的大瑶山隧洞（长 14.3 km），都是采用主、副导线作地面控制的成功例子。

在进行导线边长丈量时，应尽量接近于测距仪的最佳测程，且边长不应短于 300 m；导线尽量以直伸形式布设，减少转折角的个数，以减弱边长误差和测角误差对隧道横向贯通误差的影响。

导线的测角中误差按式（8.1）计算，并应满足测量设计的精度要求。

$$m_\beta = \pm\sqrt{\frac{[f_\beta / n]^2}{N}} \tag{8.1}$$

式中 f_β——导线环的角度闭合差，（″）；

n——一个导线环内角的个数；

N——导线环的个数。

导线环（网）的平差计算，一般采用条件平差或间接平差。边与角按式（8.2）定权：

$$\left.\begin{aligned} P_\beta &= 1 \\ P_D &= \frac{m_\beta^2}{m_D^2} \end{aligned}\right\} \tag{8.2}$$

式中 m_β——导线测角中误差，按式规定公式计算，并宜用统计值；

m_D——导线边长中误差，宜用统计值。

当导线精度要求不高时，亦可采用近似平差。

（三）三角测量

三角测量的方向控制较中线法、导线法都高，如果仅从横向贯通精度的观点考虑，则它是最理想的隧道平面控制方法。

三角测量除采用测角三角锁外，还可采用边角网和三边网。但从精度、工作量、经济方面综合考虑，以测角三角锁为好。

三角锁一般布置一条高精度的基线作为起始边，并在三角锁另一端增设一条基线，以资检核；其余仅只有测角工作，按正弦定理推算边长，经过平差计算可求得三角点和隧道轴线上控制点的坐标，然后以控制点为依据，确定进洞方向。

（四）三角锁和导线联合控制

这种方法只有在受到特殊地形条件限制时才考虑，一般不宜采用。如隧道在城市附近，三角锁的中部遇到较密集的建筑群，这时使用导线穿过建筑群与两端的三角锁相联结。

用于隧道施工控制测量的三角锁或导线环，在布设中除了前面所述要求之外，还应注意以下几点：

（1）使三角锁或导线环的方向尽量垂直于贯通面，以减弱边长误差对横向贯通精度的影响。

（2）尽量选择长边，减少三角形个数或导线边个数，以减弱测角误差对横向贯通精度的影响。

（3）每一洞口附近测设不少于3个平面控制点（包括洞口投点及其相联系的三角点或导线点），作为引线入洞的依据，并尽量将其纳入主网中，以加强点位稳定性和入洞方向的校核。

（4）三角锁的起始边如果只有一条，则应尽量布设于三角锁中部；如果有两条，则应使其位于三角锁两端，这样不仅利于洞口插网，而且可以减弱三角网测量误差对横向贯通精度的影响。

（5）三角锁中若要增列基线条件，应将基线设于锁段两端，但此时起始边的测量精度应满足

$$\frac{m_b}{b} \leqslant \frac{m_\beta}{\sqrt{2}\rho''} \tag{8.3}$$

否则，不应加入基线条件。

（五）GNSS 测量

隧道施工控制网可利用GNSS相对定位技术，采用静态或快速静态测量方式进行测量。由于定位时仅需要在开挖洞口附近测定几个控制点，工作量少，而且可以全天候观测，目前已得到应用。

隧道GNSS定位网的布网设计，应满足下列要求：

（1）定位网由隧道各开挖口的控制点点群组成，每个开挖口至少应布测4个控制点。整个控制网应由一个或若干个独立观测环组成，每个独立观测环的边数最多不超过12个，应尽可能减少。

（2）网的边长最长不宜超过30 km，最短不宜短于300 m。

（3）每个控制点应有3个或3个以上的边与其连接，极个别的点才允许由两个边连接。

（4）GNSS 定位点之间一般不要求通视，但布设洞口控制点时，考虑到用常规测量方法检测、加密或恢复的需要，应当同视。

（5）点位空中视野开阔，保证至少能接收到4颗卫星信号。

（6）测站附近不应有对电磁波有强烈吸收和反射影响的金属和其他物体。

二、高程控制测量

洞外高程控制测量的任务，是按照设计精度施测两相向开挖洞口附近水准点之间的高差，以便将整个隧道的统一高程系统引入洞内，保证按规定精度在高程方面正确贯通，并使隧道工程在高程方面按要求的精度正确修建。

高程控制的二、三等采用水准测量。四、五等可采用水准测量，当山势陡峻采用水准测量困难时，亦可采用光电测距仪三角高程的方法测定各洞口高程。每一个洞口应埋设不少于2个水准点，两水准点之间的高差，以安置一次水准仪即可测出为宜。水准测量的精度，一般参照表8.2即可。

表 8.2 隧道洞外、洞内高程控制测量的等级

高程控制网类别	等 级	每千米高差全中误差/mm	洞外水准路线长度或两开挖洞口间长度 S/km
水准网	二等	2	$S>16$
	三等	6	$6<S\leqslant 16$
	四等	10	$S\leqslant 6$

任务二 进洞联系测量

在大长隧道施工过程中，为了加快施工速度，常常需要开挖平硐、斜井、竖井以增加作业面。为了使各相向开挖作业面正确贯通，确保地面工程与地下工程之间设备的联系，确定地下工程与地面建筑物、构建物等之间的相互关系，保证工程质量等，必须将地面控制网中的坐标、方位、高程与地下控制网统一起来，即坐标系统和高程系统的统一，这种测量称为联系测量。

联系测量通常分为：

（1）平面联系测量。将地面控制点的平面位置坐标和方位传递到地下控制点的测量，又称定向测量。

（2）高程联系测量。依据地面高程控制点将高程传递到地下控制点的测量，使地下高程系统获得与地面相同的高程起算面。

在隧道工程测量中定向的精度要求非常高。按照地面控制网与地下控制网联系测量的形式不同，定向联系测量的方法主要有以下几种：

（1）通过一个竖井定向（一井定向）。

（2）通过两个竖井定向（两井定向）。

（3）通过平硐或斜井定向。

（4）应用陀螺经纬仪定向。

一、一井定向

一井定向就是在竖井内悬挂两条钢丝铅垂线。如图 8.3 所示，根据地面控制点来测定两垂线的平面坐标（x, y）及其连线的方位角，在竖井下以垂线投影点的坐标及其连线方位角作为起算数据，测定和推算地下其他控制点的坐标和方位。

一井联系定向测量主要过程如下：

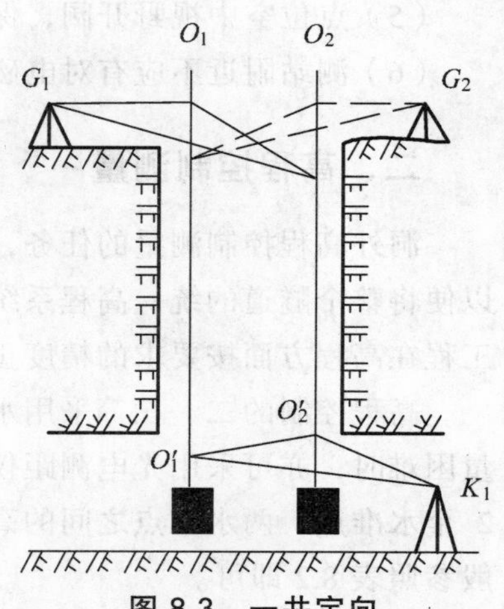

图 8.3 一井定向

（一）投 点

1. 钢丝垂线投点法

通过竖井用钢丝作铅垂线投点，吊锤的重量与钢丝的直径随竖井的深度不同而不同（例如，当井深小于 100 m 时，

吊锤重 30 ~ 50 kg；井深超 100 m 时，宜采用 50 ~ 100 kg 的吊锤。而钢丝的选择应满足吊锤的质量为吊丝极限可吊重量的 60% ~ 70%。直径可选 0.5 ~ 2 mm 的高强度的优质碳素钢丝）。投点时，首先将钢丝在较轻的荷载下用绞车放入竖井中，然后在竖井底换将荷载为作业吊锤，并将吊锤固入使之稳定的装置中（这种方法称为单重稳定投点法），或在吊锤底安装专门的观测装置，观测吊锤自由摆动的平衡位置（称之为单重摆动投点法）。

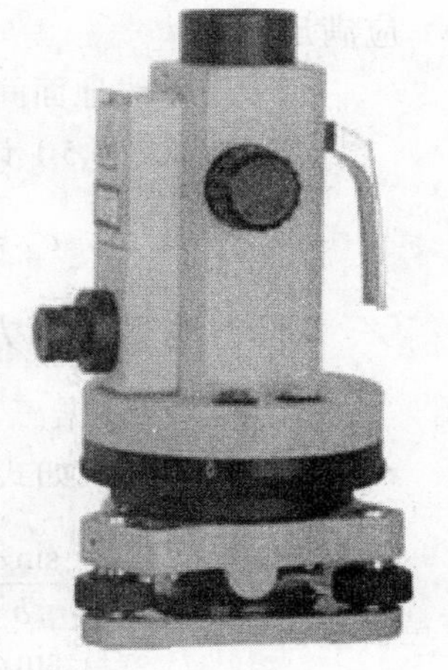

图 8.4　南方 ML-401 激光垂准仪

2. 激光垂准仪法

利用激光垂准仪（见图 8.4），借助仪器中安置的高灵敏度水准管或水银盘反射系统，将激光束导向铅垂方向，将井下点垂直向上投影或井上点垂直向下投影，通过测定激光束的井上和井下位置，将地面控制点坐标和方位角传递到地下。与钢丝垂线投影法相比，激光铅垂仪法具有操作简便、投影精度高（投点精度达 5″）、受外界影响小等特点。

在投点时，由于井上和井下测量点不在同一铅垂线上，导致投影点偏离地面上的位置所引起方位角的偏差称之为投向误差。如图 8.5 所示，e_1、e_2 分别为 O_1、O_2，点投影所产生的水平方向上的偏差，这些偏差将引起垂线间的连线方位角上产生 θ 角的偏差。θ 角由式（8.4）计算。

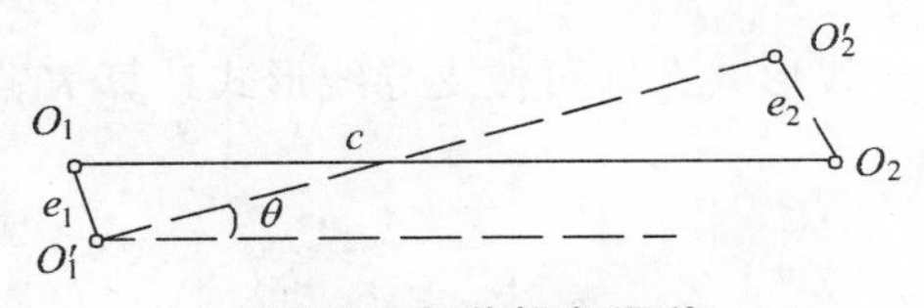

图 8.5　竖井投向误差

$$\theta = \frac{e_1 + e_2}{c} \rho'' \tag{8.4}$$

（二）联系测量

联系测量的方法是：在地面利用地面控制点与吊垂线连接构成几何图形；在井下，同样将地下联系点与吊垂线连接构成几何图形。通过测定角度距离元素来推算地下联系控制点的坐标和方位。在联系测量中，通常采用三角形作为几何图形，如图 8.6 所示。

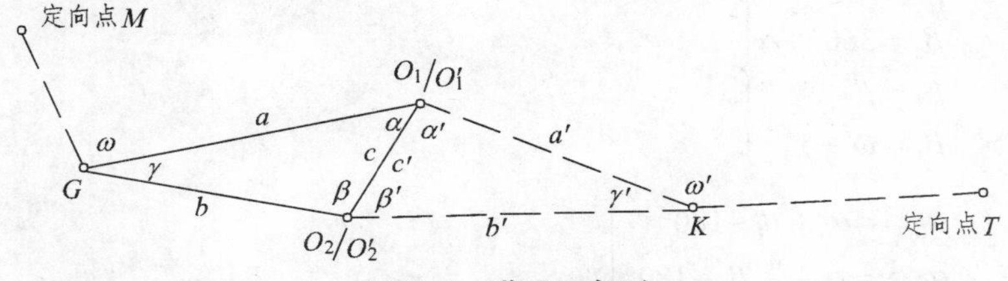

图 8.6　联系三角形

地面点 G 与吊垂线 O_1、O_2 连接，地下联系点及与吊垂线投影点 K、O_1、O_2 相互构成联系三角形，通过地面测量连接角 ω，三角形内角 γ，边长 a、b、c 以及井下测量连接角 ω'，

三角形内角 γ'，边长 a'、b'、c'。在联系测量中，角度观测可以采用全圆方向观测法观测，距离测量可以采用钢尺量距或电磁波量距，精度要求可以参照相关工程规范要求，成果检核应满足：

（1）吊垂线地面间距与井下间距互差不得超过 2 mm；

（2）按式（8.5）计算的吊垂线间距与测量值互差应小于 2 mm。

$$c_{计}^2 = a^2 + b^2 - 2ab\cos\gamma \tag{8.5}$$

（三）地下起算方位角及坐标计算

观测后，根据三角形正弦定理可以计算联系三角形 GO_1O_2 内角 α、β 与 $KO_1'O_2'$ 内角 α'、β'，计算公式如式（8.6）所示。

$$\left.\begin{aligned}\frac{\sin\alpha}{b} &= \frac{\sin\gamma}{c}\\ \frac{\sin\alpha'}{b'} &= \frac{\sin\gamma'}{c'}\\ \frac{\sin\beta}{a} &= \frac{\sin\gamma}{c}\\ \frac{\sin\beta'}{a'} &= \frac{\sin\gamma'}{c'}\end{aligned}\right\} \tag{8.6}$$

将联系三角形展开为支导线形式，即可按支导线形式计算 K 点的坐标及 KT 方位角，如图 8.7 所示。

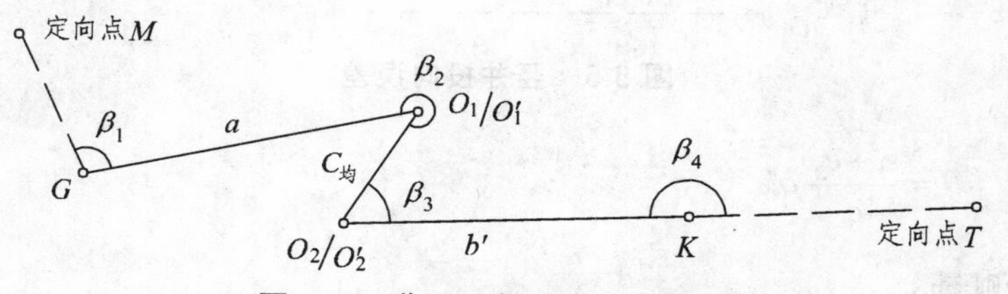

图 8.7　联系三角形方位角推算

若起算边 MG 方位角为 α_0，G 的坐标为（x_G，y_G），则各方位角由式（8.7）~（8.8）计算。

$$\left.\begin{aligned}\beta_1 &= \omega\\ \beta_2 &= 360° - \alpha\\ \beta_3 &= \beta'\\ \beta_4 &= \omega' + \gamma'\end{aligned}\right\} \tag{8.7}$$

$$\left.\begin{aligned}\alpha_{GO_1} &= \alpha_0 + \beta_1 - 180°\\ \alpha_{O_1O_2} &= \alpha_{GO_1} + \beta_2 - 180°\\ \alpha_{O_2K} &= \alpha_{O_1O_2} + \beta_3 - 180°\\ \alpha_{KT} &= \alpha_{O_2K} + \beta_4 - 180°\end{aligned}\right\} \tag{8.8}$$

K 点坐标由式（8.9）计算：

$$\left.\begin{aligned}x_K &= x_G + a\cos(\alpha_{GO_1}) + C_{计}\cos(\alpha_{O_1O_2}) + b'\cos(\alpha_{O_2K})\\ y_K &= y_G + a\sin(\alpha_{GO_1}) + C_{计}\sin(\alpha_{O_1O_2}) + b'\sin(\alpha_{O_2K})\end{aligned}\right\} \quad (8.9)$$

由于支导线检核条件少，为了保证联系边方位角的精度，可以根据现场条件，增加联系三角形。如通过不同的路径计算增加吊垂线，由三条吊垂线组成联系三角形。通过不同路径传递方位角，计算地下起算边方位角，以提高定向的精度。

为了提高联系测量的精度，联系三角形在设计时要尽量满足以下条件：

（1）联系三角形应为伸展形状，使角度 γ、α、β'、γ' 最小。

（2）b/c 的数值大约等于 1.5。

（3）两吊垂线间距离尽可能大。

（4）联系三角形不存在多余观测且观测值未经过平差处理时，导线方向尽可能选择经过小角 α、β' 的路线。

二、两井定向

在地下工程建设过程中，为了加快施工进度，在某些地方开挖多个竖井以增加作业面，或为改善地下施工环境，增加通风竖井等。当两相邻竖井间开挖贯通后，利用两相通竖井进行两井定向。两井定向就是利用两个已经贯通的竖井，分别在竖井中悬挂一条吊垂线，如图 8.8 所示，利用导线测量或其他测量方法在地面上测定两吊垂线的平面坐标。在地下两点间布设无定向导线并计算地下各导线点坐标与导线边的方位角，即将地面坐标、方位角传递到地下。与一井定向相比，由于增加了两吊垂线间的距离，减少了由于投点误差而引起的方位角误差，有利于提高地下导线的定向精度。

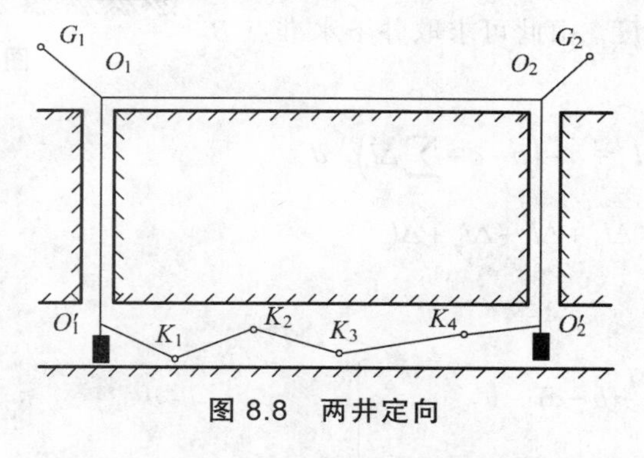

图 8.8　两井定向

两井定向与一井定向的过程相似，也要进行投点和联系测量两个过程。

1. 投　点

两井定向投点方法与一井定向相同，可以来用悬挂钢丝铅垂线或利用激光铅垂仪进行投点，且两竖井的投点工作可以同时进行。

2. 地面联系测量

地面联系测量即根据地面控制点测定两吊垂线的平面位置的过程。依据地面控制点的分布情况，地面联系测量可采用导线测量、交会测量等方法进行，测量精度参照相关规范要求。

3. 地下联系测量

地下联系测量通常是在两竖井间的巷道或通道中布设无定向导线，根据地下情况尽量布设长导线边，以减少测角误差的影响，并且投点与地面联测同时进行，以减少投点误差的影响，测量精度参照相关规范要求。

三、竖井高程传递

地面高程传递到地下洞内时，随着隧道施工布置的不同，应采用不同的方法。这些方法是：① 经由横洞传递高程；② 通过斜井传递高程；③ 通过竖井传递高程。

通过洞口或横洞传递高程时，可利用洞口外已知高程点，用水准测量的方法进行传递与引测。当地上与地下用斜井联系时，根据斜井的坡度和长度的大小，可采用水准测量或三角高程测量的方法传递高程。这里主要讨论通过竖井传递高程。

在传递高程之前，必须对地面上起始水准点的高程进行检核。

（一）水准测量法

在传递高程时，应该在竖井内悬挂长钢尺或钢丝（用钢丝时井上需有比长器）与水准仪配合进行测量，如图 8.9 所示。

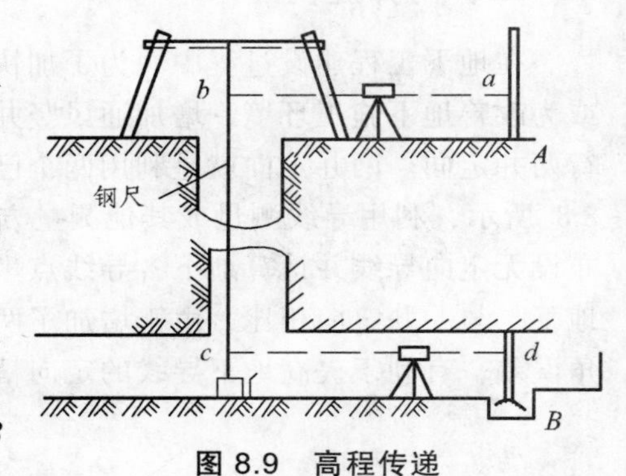

图 8.9 高程传递

首先将经检定的长钢尺悬挂在竖井内，钢尺零端朝下，下端挂重锤，并置于油桶里，使之稳定。在井上、井下各安置一台水准仪，精平后同时读取钢尺上读数 b、c；再分别读取井上、井下水准尺读数 a、b，测量时用温度计量井下和井上的温度。由此可求取井下水准点 B 的高程：

$$H_B = H_A + a - \left(b - c + \sum \Delta l\right) - d \tag{8.10}$$

式中

$$\sum \Delta l = \Delta l_{\mathrm{d}} + \Delta l_{\mathrm{t}} + \Delta l_{\mathrm{p}} + \Delta l_{\mathrm{c}} \tag{8.11}$$

其中

$$\left.\begin{aligned}
\Delta l_{\mathrm{d}} &= \frac{\Delta l}{L_0}(b-c) \\
\Delta l_{\mathrm{t}} &= 1.25\times10^{-5}(b-c)(t-t_0) \\
\Delta l_{\mathrm{p}} &= \frac{L(P-P_0)}{EF} \\
\Delta l_{\mathrm{c}} &= \frac{\gamma}{E} l\left(L_0 - \frac{l}{2}\right)
\end{aligned}\right\} \tag{8.12}$$

其中 H_A——地面近井水准点的已知高程；

Δl_{d}——尺长改正数；

Δl_t——温度改正数；

Δl_p——拉力改正数；

Δl_c——重力改正数；

Δl——钢尺经检定后的一整尺的尺长改正数；

L_0——钢尺名义长度；

t——井上、井下温度平均值，t_0为检定时温度（一般为 20 °C）；

γ——钢尺的单位体积质量，即 7.9 g/cm^3；

E——钢的弹性系数，等于 2×10^6 kg/cm^2；

F——钢尺的横断面积；

l——$l=b-c$。

注：如果悬挂的是钢丝，则$b-c$值应在地面上设置的比长仪上求取；地下洞内一般宜埋设 2～3 个水准点，并应埋在便于保存、不受干扰的位置；地面应通过 2～3 个水准点将高程传递到地下洞内，传递时应用不同仪器高，求得地下洞内同一水准点高程互差不超过 5 mm。

（二）光电测距仪与水准仪联合测量法

当竖井较深，或因其他原因不便悬挂钢尺（或钢丝），可用光电测距仪代替钢尺的办法，既方便又准确地将地面高程传递到井下洞内。当竖井深度超过 50 m 时，尤其能显示出用此方法的优越性。

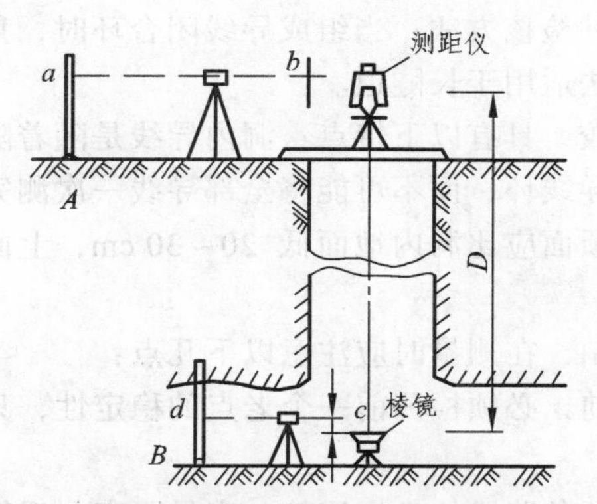

图 8.10　光电测距高程传递

如图 8.10 所示，在地上井架内架中心上安置精密光电测距仪，装配一托架，使仪器照准头直接瞄准井底的棱镜，测出井深 D，然后在井上、井下使用同一台水准仪，分别测定井上水准点 A 与测距仪照准头中心的高差$(a-b)$，井下水准点 B 与棱镜面中心的高差$(c-d)$。由此可得到井下水准点 B 的高程 H_B 为

$$H_B=H_A+a-b-D+c-d \tag{8.13}$$

式中　H_B——地面井上水准点已知高程；

a、b——井上水准仪瞄准水准尺的读数；

c、d——井下水准仪瞄准水准尺的读数；

D——井深。

任务三　隧道洞内控制测量

一、平面控制测量

为了给出隧道正确的掘进方向，并保证贯通准确，应进行洞内控制测量。由于隧道洞内场地狭窄，故洞内平面控制常采用中线或导线两种形式。

（一）中线形式

中线形式是指洞内不设导线，用中线控制点直接进行施工放样。一般以定测精度测设出新点，测设中线点的距离和角度数据由理论坐标值反算，这种方法一般用于较短的隧道。若将上述测设的新点，再以高精度测角、量距，算出实际的新点精确点位，再和理论坐标相比较，若有差异，应将新点移到正确的中线位置上，这种方法可以用于曲线隧道 500 m、直线隧道 1 000 m 以下的较短隧道。

（二）导线形式

导线形式是指洞内控制依靠导线进行，施工放样用的正式中线点由导线测设，中线点的精度能满足局部地段施工要求即可。导线控制的方法较中线形式灵活，点位易于选择，测量工作也较简单，而且具有多种检核方法；当组成导线闭合环时，角度经过平差，还可提高点位的横向精度。导线控制方法适用于长隧道。

洞内导线与洞外导线比较，具有以下特点：洞内导线是随着隧道的开挖逐渐向前延伸，故只能敷设支导线或狭长形导线环，而不可能将全部导线一次测完；导线的形状完全取决于坑道的形状；导线点的埋设顶面应比洞内地面低 20 ~ 30 cm，上面加设护盖、填平地面，以免施工中遭受破坏。

采用导线形式作洞内控制，在测量时应注意以下几点：

（1）每次在建立新点之前，必须检测前一个老点的稳定性，只有在确认老点没有发生变动时，才能用它来发展新点。

（2）尽量形成闭合环、两条路线的坐标比较、实量距离与反算距离的比较等检查条件，以免发生错误。

（3）导线应尽量布设为长边或等边，一般直线地段不短于 200 m，曲线地段不宜短于 70 m。

（4）洞内丈量工具，在使用前应与洞外控制网丈量工具形同。

（5）以导线形式作为洞内平面控制时，正式中线点由临近的导线点以极坐标法测设在地面上之后，应在中线点上安置经纬仪，以任何两个已知坐标的点为目标测其角度。将实测角值与坐标反算的角值比较，以检查中线点测设的正确性。

（6）导线的边长宜近似相等，直线段不宜短于 200 m，曲线段不宜短于 70 m；导线边距离洞内设施不小于 0.2 m。

（7）当双线隧道或其他辅助坑道同时掘进时，应分别布设导线，并通过横洞连成闭合环。

（8）当隧道掘进至导线设计边长的 2 ~ 3 倍时，应进行一次导线延伸测量。

（9）对于长距离隧道，可加测一定数量陀螺经纬仪定向边。

洞内导线控制测量的精度根据两开挖洞口间长度按照表 8.3 的规定施测。

表 8.3　隧道洞内平面控制测量的等级

洞内平面控制网类别	洞内导线网测量等级	导线测角中误差/（″）	两开挖洞口间长度 L/km
导线网	三等	1.8	$L\leqslant 5$
	四等	2.5	$2\leqslant L<5$
	一级	5	$L<2$

二、洞内高程测量

洞内高程测量应采用水准测量或光电测距三角高程测量的方法。洞内高程应由洞外高程控制点向洞内测量传递，结合洞内施工特点，每隔 200 m 至 500 m 设立两个高程点以便检核；为便于施工使用，每隔 100 m 应在拱部边墙上设立一个水准点。

采用水准测量时，应往返观测，视线长度不宜大于 50 m；采用光电测距三角高程测量时，应进行对向观测，注意洞内的除尘、通风排烟和水汽的影响。限差要求与洞外高程测量的要求相同。洞内高程点作为施工高程的依据，必须定期复测。

当隧道贯通之后，求出相向两支水准的高程贯通误差，并在未衬砌地段进行调整。所有开挖、衬砌工程应以调整后的高程指导施工。

任务四　隧道洞内中线测量

一、洞内中线测量

隧道洞内施工，是以中线为依据来进行的。当洞内敷设导线之后，导线点不一定恰好在线路中线上，更不可能恰好在隧道的结构中线上（即隧道轴线上）。隧道衬砌后，两个边墙间隔的中心即为隧道中心，在直线部分则与线路中线重合；曲线部分由于隧道衬砌断面的内外侧加宽不同，所以线路中心线就不是隧道中心线。隧道中线的测设方法有下列两种：

1．由导线测设中线

用精密导线进行洞内隧道控制测量时，为便于施工，应根据导线点位的实际坐标和中线点的理论坐标，反算出距离和角度，利用极坐标法，根据导线点测设出中线点。一般直线地段 150～200 m；曲线地段 60～100 m，应测设一个永久的中线点。

由导线建立新的中线点之后，还应将经纬仪安置在已测设的中线点上，测出中线点之间的夹角，将实测的检查角与理论值相比较；另外实测 4～5 点之间的距离，亦可与理论值比较，作为另一种检核，确认无误即可挖坑埋入带金属标志的混凝土桩。

2．独立中线法

若用独立中线法测设，在直线上应采用正倒镜分中法延伸直线；在曲线上一般采用弦线偏角法。《测规》要求采用独立中线法时，永久中线点间距离：直线上不小于 100 m，曲线上不小于 50 m。

二、洞内临时中线测设

为了知道隧道洞内开挖方向，随着向前掘进的深入，平面测量的控制工作和中线工作也需紧随其后。当掘进的延伸长度不足一个永久中线点的间距时，应先测设临时中线点，如图8.11中的1、2、…等。点间距离，一般直线上不大于30 m，曲线上不大于20 m；临时中线点应该用仪器测设。当延伸长度大于永久中线点的间距时，就可以建立一个新的永久中线点，如图中的 e。永久中线点应根据导线或用独立中线法测设，然后根据新设的永久中线点继续向前测设临时中线点。当掘进长度距最新的导线点 B 大于一个导线的设计边长时，就可以建立一个新的导线点 C，然后根据 C 点继续向前测设中线点。当采用全断面法开挖时，导线点和永久中线点都应紧跟临时中线点。这时临时中线点要求的精度也较高。

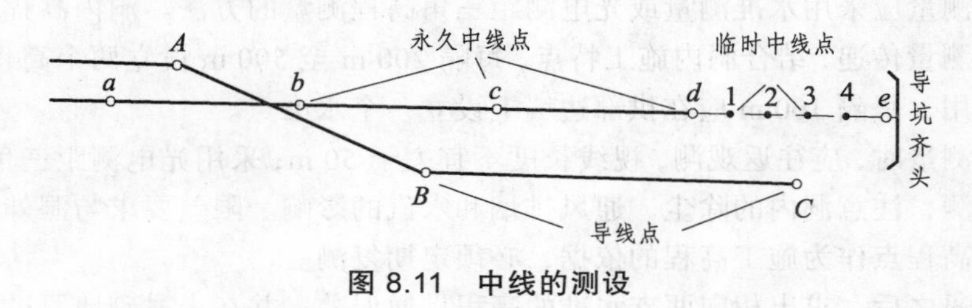

图 8.11　中线的测设

任务五　隧道施工测量

隧道是边开挖、边衬砌，为保证开挖方向正确、开挖断面尺寸符合设计要求，施工测量工作必须要紧紧跟上，同时要保证测量成果的正确性。

一、导坑延伸测量

当导坑从最前面一个临时中线点继续向前掘进时，在直线上延伸不超过30 m，曲线上不超过 20 m 的范围内，可采用“串线法”延伸中线。用串线法延伸中线时，应在临时中线点前或后用仪器再设置两个中线点，如图 8.12 中的 1′、2′，其间距不小于5 m。串线时可在这三个点上挂上垂球线，先检验三点是否在一直线上，如正确无误，可用肉眼瞄直，在工作面上给出中线位置，指导掘进方向。当串线延伸长度超过临时中线点的间距时（直线为30 m、曲线为20 m），则应设立一个新的临时中线点。

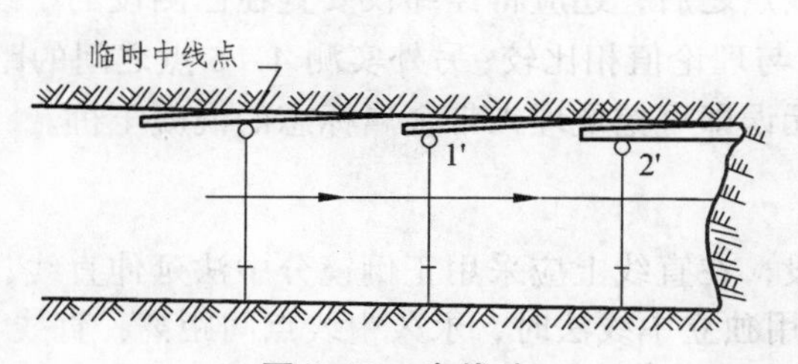

图 8.12　串线法

如果用激光导向仪，将其挂在中线洞顶部来指示开挖方向，可以定出 100 m 以外的中线点，这种方法对于直线隧道和全断面开挖的定向，既快捷又准确。

二、上、下导坑联测

采用上、下导坑开挖时，每前进一段距离后，上部的临时中线点和下部的临时中线点应通过漏斗联测一次，用以改正上部的中线点或向上部导坑引点。联测时，一般用长线垂球、光学垂准器、经纬仪的光学对点器等，将下导坑的中线点引到上导坑的顶板上，移设三个点之后，应复核其准确性；测量一段距离之后及筑拱前，应再引至下导坑核对，并尽早与洞口外引入的中线闭合。

三、隧道结构物施工放样

1. 隧道开挖断面测量

在隧道施工中，为使开挖断面能较好地符合设计断面，在每次掘进前，应在开挖断面上，根据中线和轨顶高程，标出设计断面尺寸线。

分部开挖的隧道在拱部和马口开挖后，全断面开挖的隧道在开挖成形后，应采用断面自动测绘仪或断面支距法测绘断面，检查断面是否符合要求；并用来确定超挖和欠挖工程数量。测量时按中线和外拱顶高程，从上至下每 0.5 m（拱部和曲墙）和 1.0 m（直墙）向左右量测支距。量支距时，应考虑到曲线隧道中心与线路中心的偏移值和施工预留宽度。

仰拱断面测量，应由设计轨顶高程线每隔 0.5 m（自中线向左右）向下量出开挖深度。

2. 结构物施工放样

在施工放样之前，应对洞内的中线点和高程点加密。中线点加密的间隔视施工需要而定，一般为 5 ~ 10 m 一点，加密中线点可以铁路定测的精度测定。加密中线点的高程，均以五等水准精度测定。

在衬砌之前，还应进行衬砌放样，包括立拱架测量、边墙及避车洞和仰拱的衬砌放样，洞门砌筑施工放样等一系列的测量工作。

四、竣工测量

隧道竣工以后，应在直线地段每 50 m，曲线地段每 20 m，或者需要加测断面处，以中线桩为准，测绘隧道的实际净空。测绘内容包括：拱顶高程、起拱线宽度、轨顶水平宽度、铺底或仰拱高程，如图 8.13 所示。

当隧道中线统一检测闭合后，在直线上每 200 ~ 500 m、曲线上的主点，均应埋设永久中线桩；洞内每 1 km 应埋设一个水准点。无论中线点或水准点，均应在隧道边墙上画出标志，以便以后养护维修时使用。

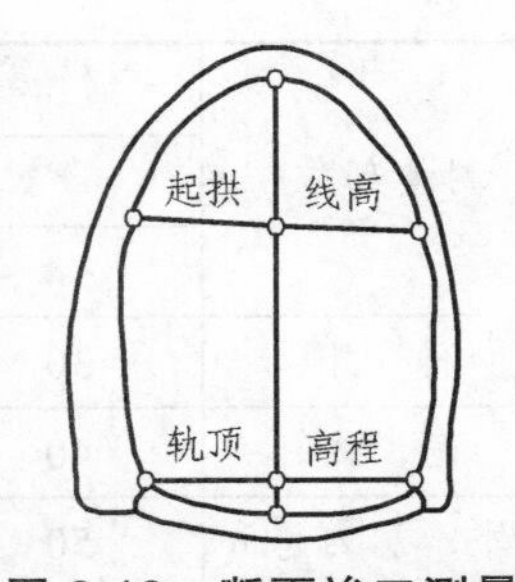

图 8.13　断面竣工测量

任务六　隧道贯通误差预计

一、贯通误差概述

隧道施工进度慢，往往成为控制工期的工程。为了加快施工进度，除了进、出口两个开挖面外，还常采用横洞、斜井、竖井、平行导坑等来增加开挖面。因此，不管是直线隧道还是曲线隧道，开挖总是沿线路中线不断向洞内延伸，洞内线路中线位置测设的误差，就逐步随着开挖的延伸而逐渐积累；另一方面，隧道施工时基本上都是采用边开挖、边衬砌的方法，等到隧道贯通时，未衬砌部分也所剩不多，故可进行中线调整的地段有限。于是，如何保证隧道在贯通时（包括横向、纵向、高程方向），两相向开挖施工中线的相对错位不超过规定的限值，是隧道施工测量的关键问题。但是，在纵向所产生的贯通误差，一般对隧道施工和隧道质量不产生影响，从我国隧道施工调查中得知，一般不超过 ± 320 mm，即使达到这种情况，对施工质量也无影响，因此规定这项限差无实际意义；高程要求的精度，使用一般水准测量方法即可满足；而横向贯通误差（在平面上垂直于线路中线方向）的大小，则直接影响隧道的施工质量，严重者甚至会导致隧道报废。所以一般说贯通误差，主要是指隧道的横向贯通误差。

《铁路测量技术规则》对隧道贯通误差的限值如表 8.4 所示。

表 8.4　贯通误差的限差

两开挖洞口长度/km	<4	4 ~ 8	8 ~ 10	10 ~ 13	13 ~ 17	17 ~ 20
横向贯通误差/mm	100	150	200	300	400	500
高程贯通误差/mm	50					

二、贯通误差预计

影响横向贯通误差的因素有：洞外和洞内平面控制测量误差、洞外与洞内之间联系测量误差。

《铁路测量技术规则》规定，洞外、洞内控制测量误差，对每个贯通面上产生的横向中误差不应超过表 8.5 的规定。

表 8.5　洞外、洞内控制测量的贯通精度要求

测量部位	横向中误差/mm						高程中误差/mm
	两开挖洞口间长度/km						
	<4	4 ~ 8	8 ~ 10	10 ~ 13	13 ~ 17	17 ~ 20	
洞　外	30	45	60	90	120	150	18
洞　内	40	60	80	120	160	200	17
洞外、洞内总和	50	75	100	150	200	250	25

注：本表不适用于设有竖井的隧道。

洞外、洞内控制测量，产生在贯通面上的横向中误差，按如下方法计算：

（一）导线测量

$$m = \pm\sqrt{m_{y\beta}^2 + m_{yl}^w} \tag{8.14}$$

式中　$m_{y\beta}$——由于测角误差影响，产生在贯通面上的横向中误差（mm），即

$$m_{y\beta} = \pm\frac{m_\beta}{\rho''}\sqrt{\sum R_x^2} \tag{8.15}$$

m_{yl}——由于测边误差影响，产生在贯通面上的横向中误差（mm），即

$$m_{yl} = \pm\frac{m_l}{l}\sqrt{\sum d_y^2} \tag{8.16}$$

其中　m_β——由导线环闭合差求算的测角中误差，（″）；

R_x——导线环在隧道相邻两洞口连线的一条导线上各点至贯通面的垂直距离，m；

$\frac{m_l}{l}$——导线边边长相对中误差；

d_y——导线环在隧道相邻两洞口连线的一条导线上各边在贯通面上的投影长度，m。

（二）三角测量

三角测量的计算公式可参考《铁路测量技术规则》中给出的有关公式，也可以按导线测量的误差公式计算。其方法是选取三角网中沿中线附近的连续传算边作为一条导线进行计算。但式（8.14）~（8.16）中：

m_β——由三角网闭合差求算的测角中误差，（″）；

R_x——所选三角网中连续传算边形成的导线上各转折点至贯通面的垂直距离；

$\frac{m_l}{l}$——取三角网最弱边的相对中误差；

d_y——所选三角网中连续传算边形成的导线各边在贯通面上的投影长度。

【例 8.1】　现以导线为例，说明洞外、洞内控制测量误差对横向贯通精度影响值的估算方法。

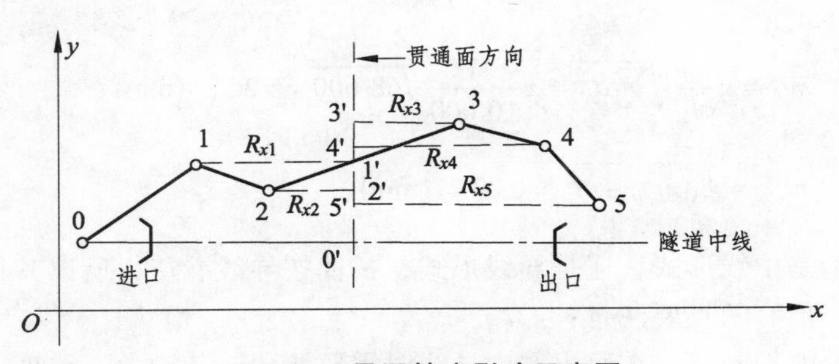

图 8.14　贯通精度影响示意图

首先按导线布点，绘出 1：10 000 的导线平面图，如图 8.14 所示。0—1—2—3—4—5 为

单导线，0、5 为洞外导线的始终点，使 y 轴平行于贯通面；由各导线点向贯通面方向作垂线，其垂足为 0′、1′、2′、3′、4′、5′；除导线点的始终点 0、5 之外，量出各点垂距 R_{x1}、R_{x2}、R_{x3}、R_{x4}（用比例尺量，凑整到 10 m 即可）。然后以同样精度量出各导线边在贯通方向上的投影长度 d_{y1}、d_{y2}、d_{y3}、d_{y4}、d_{y5}（即 0′1′、1′2′、2′3′、3′4′、4′5′的长度），将各值填入表 8.6。

表 8.6 洞外导线测量误差对横向贯通精度影响值计算表

各点的投影垂距			各边的投影长度		
点名	R_x/m	R_x^2/m²	线段	d_y/m	d_y^2/m²
1	400	160 000	0～1	140	19 600
2	150	22 500	1～2	40	1 600
3	250	62 500	2～3	160	25 600
4	480	230 400	3～4	70	4 900
			4～5	130	16 900
$\sum R_x^2 = 475\ 400$（m²）			$\sum d_y^2 = 475\ 400$（m²）		

设　导线环的测角中误差为

$$m_\beta = \pm\sqrt{\frac{[f_\beta^2/n]}{N}} = \pm 4''$$

式中　f_β——导线环的角度闭合差；

n——一个导线环内角的个数；

N——导线环的个数。

导线边长相对中误差为

$$\frac{m_l}{l} = \frac{1}{10\ 000}$$

$$m_{y\beta} = \pm\frac{m_\beta}{\rho''}\sqrt{\sum R_x^2} = \pm\frac{4}{206\ 265}\sqrt{475\ 400} = \pm 13.4\ \text{(mm)}$$

则

$$m_{yl} = \pm\frac{m_l}{l}\sqrt{\sum d_y^2} = \pm\frac{1}{10\ 000}\sqrt{68\ 600} = \pm 26.2\ \text{(mm)}$$

$$m_{y外} = \pm\sqrt{m_{y\beta}^2 + m_{yl}^2} = \pm 29.4\ \text{(mm)}$$

洞内控制无论是中线形式，还是导线形式，一律按导线看待，所以其估算方法与洞外导线测量完全相同，但有两点要注意：

（1）两洞口处的控制点，在引入洞内导线时需要测角，其测角误差算入洞内测量误差。故计算洞外导线测角误差时，不包括始、终点的 R_x 值，而计算洞内导线测角误差时，如图 8.15 中的 R_{xo}、R_{xh}，它们应归入洞内估算值中。

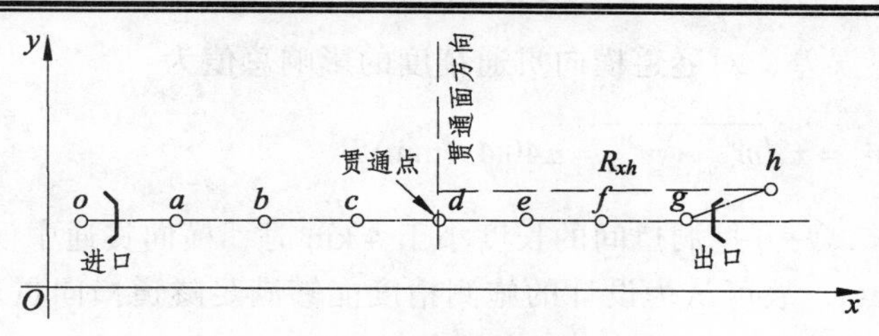

图 8.15　贯通误差

（2）两洞口引入的洞内导线不必单独计算，可以将贯通点当作一个导线点，从一端洞口控制点到另一端洞口控制点，当作一条连续的导线来计算，如图 8.15 中，从 o 到 h 看成一条导线，其计算值如表 8.7 所示。

表 8.7　洞内导线测量误差对横向贯通精度影响值计算表

各点的投影垂距			各边的投影长度		
点名	R_x/m	R_x^2/m^2	线段	d_y/m	d_y^2/m^2
o	690	476 100	$o\sim a$	0	0
a	510	260 100	$a\sim b$	0	0
b	330	108 900	$b\sim c$	0	0
c	110	12 100	$c\sim d$	0	0
d	0	0	$d\sim e$	0	0
e	170	28 900	$e\sim f$	0	0
f	350	122 500	$f\sim g$	0	0
g	510	260 100	$g\sim h$	60	3600
h	630	396 900			
$\sum R_x^2 = 1\,665\,600$（m^2）			$\sum d_y^2 = 3\,600$（m^2）		

设　洞内测角中误差

$$m_\beta = \pm 4''$$

洞内测边相对中误差

$$\frac{m_l}{l} = \frac{1}{5\,000}$$

则

$$m_{y\beta} = \pm \frac{m_\beta}{\rho''}\sqrt{\sum R_x^2} = \pm \frac{4}{206\,265}\sqrt{1\,665\,600} = \pm 25.0\ \text{(mm)}$$

$$m_{yl} = \pm \frac{m_l}{l}\sqrt{\sum d_y^2} = \pm \frac{1}{5\,000}\sqrt{3\,600} = \pm 12.0\ \text{(mm)}$$

$$m_{y内} = \pm\sqrt{m_{y\beta}^2 + m_{yl}^2} = \pm 27.7\ \text{(mm)}$$

洞外、洞内测量误差，对隧道横向贯通精度的影响总值为

$$m_y = \pm\sqrt{m_{y外}^2 + m_{y内}^2} = \pm 40.4\ \text{(mm)}$$

按《测规》要求，两开挖洞口间的长度小于 4 km 时，横向贯通中误差应小于 ± 50 mm，现估算值为 ± 40.4 mm，故可认为设计的施测精度能够满足隧道横向贯通精度的要求，设计是合理的。

思考与练习

1. 坑道施工测量的内容是什么？作用是什么？
2. 地面控制网常用的方法是什么？
3. 地下导线的特点是什么？地下水准测量的特点又是什么？
3. 何为一井定向？联系三角形法，一井定向的方法和计算的主要步骤是什么？
4. 何为贯通误差？其如何分类？

项目九 工业与民用建筑施工测量

【学习目标】

1. 掌握建筑工程测量的概念、特点和内容。

2. 掌握建筑施工控制网的建立方法、重点掌握工业与民用建筑施工测量的方法以及高层建筑物施工放样测量。

3. 具有建立建筑施工控制网的能力，能够进行基础及主体施工测量、并具有工业厂房测设、烟囱和水塔测设的基本技能。

概 述

建筑工程一般分为工业建筑与民用建筑工程两大类。建筑工程测量是建筑工程的各个阶段所进行的测量工作，其内容包括：建立施工平面和高程控制网，作为测设的依据；把设计在图纸上的建（构）筑物，按其设计平面位置和高程标定在实地，以指导施工、测设或放样工作；测量各种建（构）筑物工程竣工后的实际情况，即竣工测量，并绘制竣工图，作为工程验收的依据；对各种建（构）筑物施工期间在平面和高程方面产生的位移、沉降和倾斜进行观测，确保建（构）筑物各个部位符合设计的要求。

目前，建筑工程中新结构、新工艺和新技术的应用，对施工测量提出了较高的要求。根据建筑规模、建筑物的性质与使用要求、施工放样与现场施工条件等，以测量规范为依据，确定施工测量的精度和方法。工程施工测量是为工程施工服务的，贯穿于整个工程施工过程中，为使施工测量工作能与工程施工密切配合，测量人员应注意以下几点。

（1）须遵循测量工作的基本原则。

（2）要了解工作对象，熟悉图纸，了解设计意图并掌握建筑物各部分的尺寸关系与高程数据。

（3）要了解施工过程和每项施工测量的精度要求。

（4）测量标志是指导施工过程的依据。由于施工现场交叉作业，测量标志要选在不易受施工影响、能长期保存而又方便引用的位置；另外要经常检查，一旦发现标志被破坏，应及时恢复。

为了确定建筑群的各个建（构）筑物的位置及高程均能符合设计要求，并便于分期分批地进行施工放样，施工测量必须遵循“从整体到局部，先控制后细部”的原则。先在施工场地上，以勘测设计阶段建立的测图控制网为基础，建立统一的施工控制网，再根据施工控制网测设建（构）筑物的主轴线，然后根据主轴线测设其细部。施工控制网不单是施工放样的依据，同时也是变形观测、竣工测量及以后建（构）筑物扩建或改建的依据。

任务一 建筑场地施工测量

在勘测阶段已建立有控制网，但是由于它是为测图服务的，没有考虑施工的要求，控制点的分布、密度和精度，都难以满足施工测量的要求。另外，平整场地时控制点大多被破坏。因此，在施工之前，建筑场地上要重新建立专门的施工控制网。

施工控制网分为平面控制网和高程控制网两种。

施工平面控制网可以布设成导线网、建筑方格网和建筑基线三种形式。（1）导线网，对于地势平坦，通视又比较困难的施工场地，可采用导线网。（2）建筑方格网，对于建筑物多为矩形且布置比较规则和密集的施工场地，可采用建筑方格网。（3）建筑基线，对于地势平坦且又简单的小型施工场地，可采用建筑基线。

施工高程控制网一般采用水准网。

一、施工场地平面控制测量

（一）施工坐标系与测量坐标系坐标换算

在建筑总平面图上，建筑物的平面位置一般用施工坐标系来表示。所谓施工坐标系，就是为工程建筑物施工放样而建立的，其坐标轴与建筑物的主要轴线一致或平行的独立坐标系统。

在实际的工程建设中，施工坐标系统跟统一的测量坐标系统往往不一致。由于建筑总平面图是在地形图上设计的，因此，施工场地上的已有高级控制点的坐标是测量坐标系统下的坐标。为了坐标统一，必须进行两种坐标系间的换算。

（二）建筑基线

建筑基线是建筑场地的施工控制基准线，即在建筑场地布置一条或几条轴线。它适用于建筑设计总平面图布置比较简单的小型建筑场地。

1. 建筑基线布设形式

建筑基线的布设形式，应根据建筑物的分布、施测场地地形等因素来确定。常用的布设形式有“一”字形、“L”形、“十”字形和“T”形，如图 9.1 所示。

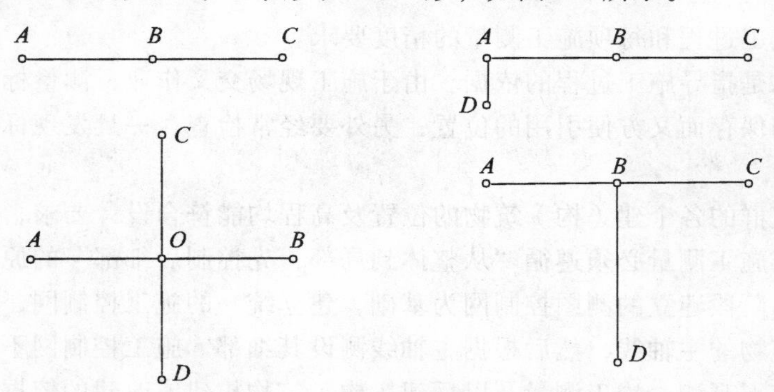

图 9.1 建筑基线的布设形式

2. **建筑基线的布设要求**

（1）建筑基线应尽可能靠近拟建的主要建筑物，并与其主要轴线平行，以便使用比较简单的直角坐标法进行建筑物的定位。

（2）建筑基线上的基线点应不少于3个，以便相互检核。

（3）建筑基线应尽可能与施工场地的建筑红线相联系。

（4）基线点应选在通视良好和不易被破坏的地方，为能长期保存，要埋设永久性的混凝土桩。

3. **建筑基线的测设方法**

根据建筑场地的不同情况，测设建筑基线的方法主要有下述两种。

1）用建筑红线测设

在城市建设中，建筑用地的界址，是由规划部门确定，并由拨地单位在现场直接标定出用地边界点，边界点的连线通常是正交的直线，称为建筑红线。建筑红线与拟建的主要建筑物或建筑群中的多数建筑物的主轴线平行。因此，可根据建筑红线用平行线推移法测设建筑基线。

如图9.2所示，Ⅰ—Ⅱ和Ⅱ—Ⅲ是两条互相垂直的建筑红线，*A*、*O*、*B*三点是欲测设的建筑基线点。其测设过程为：从Ⅱ点出发，沿Ⅱ—Ⅰ和Ⅱ—Ⅲ方向分别量取长度 d，得出 B'和 A'点；再过Ⅰ、Ⅲ两点分别作建筑红线的垂线，并沿垂线方向分别量取长度 d，得出 *A* 点和 *B* 点；然后连接 AA'与 BB'，则交会出 *O* 点。*A*、*O*、*B* 三点即为建筑基线点。

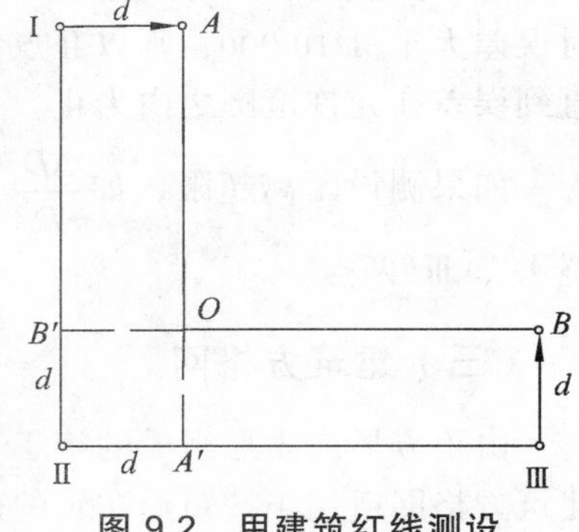

图9.2 用建筑红线测设

当把 *A*、*O*、*B* 三点在地面上做好标志后，将经纬仪安置在 *O* 点，精确观测 $\angle AOB$。若 $\angle AOB$ 与 $90°$之差不在容许值以内，应进一步检查测设数据和测设方法，并应对 $\angle AOB$ 按水平角精确测设法进行点位的调整，使 $\angle AOB = 90°$。

如果建筑红线完全符合作为建筑基线的条件，可将其作为建筑基线使用，即直接用建筑红线进行建筑物的放样，既简便又快捷。

2）根据附近已有控制点测设建筑基线

对于新建筑区，在建筑场地上没有建筑红线作为依据时，可根据建筑基线点的设计坐标和附近已有控制点的关系，按前所述测设方法算出放样数据，然后放样。

如图9.3所示，Ⅰ、Ⅱ、Ⅲ为设计选定的建筑基线点，*A*、*B* 为其附近的已知控制点。

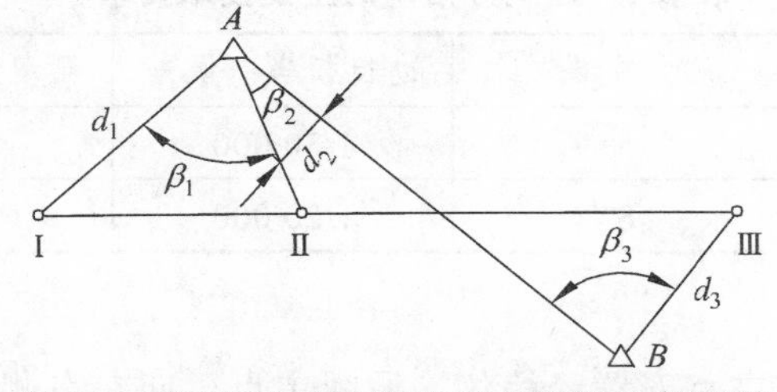

图9.3 根据附近已有控制点测设建筑基线

首先根据已知控制点和待测设基线点的坐标关系反算出测设数据，然后用极坐标法测设Ⅰ、Ⅱ、Ⅲ点。

由于存在测量误差，测设的基线点往往不在同一直线上，因而，精确地检测出∠Ⅰ′Ⅱ′Ⅲ′。若此角与180°之差超过限差±10″，则应对点位进行调整，如图9.4所示。调整值δ按式（9.1）计算。

$$\delta=\frac{ab}{a+b}\left(90°-\frac{\beta}{2}\right)\frac{1}{\rho} \tag{9.1}$$

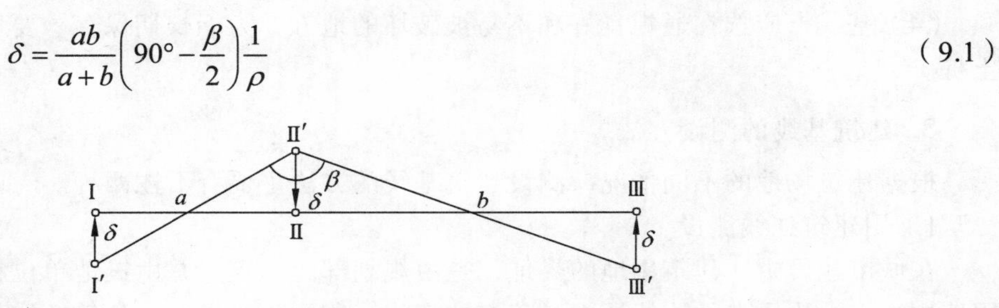

图9.4　基线点的调整

除了调整角度以外，还应调整Ⅰ、Ⅱ、Ⅲ点间的距离，若丈量长度与设计长度之差的相对误差大于1/10 000，则以Ⅱ点为准，按设计长度调整Ⅰ、Ⅲ两点。以上调整应反复进行、直到误差在允许范围之内为止。

如果测设距离超限，如$\frac{\Delta D}{D}=\frac{D'-D}{D}>\frac{1}{1\,000}$，则以Ⅱ点为形，按设计长度沿基线方向调整Ⅰ′、Ⅲ″两点。

（三）建筑方格网

由正方形或矩形组成的施工平面控制网，称为建筑方格网，或称矩形网，如图9.5所示。建筑方格网适用于按矩形布置的建筑群或大型建筑场地。

1. 建筑方格网的布设

布设建筑方格网时，应根据总平面图上各建（构）筑物、道路及各种管线的布置，结合现场的地形条件来确定。

2. 建筑方格网的测设

1）主轴线测设

主轴线测设与建筑基线测设方法相似，建筑方格网的主要技术要求如表9.1所示。

表9.1　建筑方格网的主要技术要求

等级	边长（m）	测角中误差	边长相当中误差	测角检测限差	边长检测限差
Ⅰ	100～300	5″	1/30 000	10″	1/15 000
Ⅱ	100～300	8″	1/20 000	16″	1/10 000

2）方格网点测设

主轴线测设后，分别在主点安置经纬仪、后视主点，向左右测设90°水平角，即可交会出“田”字形方格网点。随后再作检核，测量相邻两点间的距离，看是否与设计值相等，测量其角度是否为 90°，误差均应在允许范围内，并埋设永久性标志。建筑方格网轴线与建筑物轴线平行或垂直，因此，可用直角坐标法进行建筑物的定位，计算简单，测设比较方便，而且精度较高。其缺点是必须按照总平面图布置，其点位易被破坏，而且测设工作量也较大。

二、施工场地高程控制测量

（一）施工场地高程控制网建立

建筑施工场地的高程控制测量一般采用水准测量方法，应根据施工场地附近的国家或城市已知水准点，测定施工场地水准点的高程，以便纳入统一的高程系统。

在施工场地上，水准点的密度，应尽可能满足安置一次仪器即可测设出所需的高程。而测图时敷设的水准点往往是不够的，因此，还需增设一些水准点。在一般情况下，建筑基线点、建筑方格网点以及导线点也可兼作高程控制点。只要在平面控制点桩面上中心点旁边，设置一个突出的半球状标志即可。

为了便于检核和提高测量精度，施工场地高程控制网应布设成闭合或附合路线。高程控制网分为首级网和加密网，相应的水准点称为基本水准点和施工水准点。

（二）基本水准点

基本水准点应布设在土质坚实、不受施工影响、无震动和便于实测的位置，并应埋设永久性标志。一般情况下，按四等水准测量的方法测定其高程，而对于为连续性生产车间或地下管道测设所建立的基本水准点，则需按三等水准测量的方法测定其高程。

（三）施工水准点

施工水准点是用来直接测设建筑物高程的。为了测设方便和减少误差，施工水准点应靠近建筑物。

此外，由于设计建筑物常以底层室内地坪高 ±0 标高为高程起算点，为了施工引测方便，常在建筑物内部或附近测设 ±0 水准点。±0 水准点的位置，一般选在稳定的建筑物墙、脚的侧面，用红漆绘成顶为水平线的“▼”形，其顶端表示 ±0 位置。

任务二 民用建筑施工测量

民用建筑是指住宅、医院、办公楼和学校等，民用建筑工地测量就是按照设计要求，配合施工进展，将民用建筑的平面位置和高程测设出来。民用建筑的类型、结构和层数各不相同，因而施工测量的方法和精度要求也有所不同，但施工测量的过程基本一样，主要包括建筑物定位、细部轴线放样、基础施工测量和墙体施工测量等。进行施工测量前，应做好各种准备工作。

一、施工测量前准备工作

1. 熟悉图纸

设计图纸是施工测量的主要依据，测设前应充分熟悉各种有关的设计图纸，以便了解施工建筑物与相邻地物的相互关系，以及建筑物本身的内部尺寸关系，准确无误地获取测设工作所需要的各种定位数据。

2．现场踏勘

为了解施工现场上地物、地貌以及现有测量控制点的分布情况，应进行现场踏勘，以便根据实际情况考虑测设方案。

3．确定测设方案和准备测设数据

在熟悉设计图纸、掌握施工计划和施工进度的基础上，结合现场条件和实际情况，拟定测设方案。测设方案包括测设方法、测设步骤、采用的仪器工具、精度要求、时间安排等。在每次现场测设之前、应根据设计图纸和测量控制点的分布情况，准备好相应的测设数据并对数据进行检核，需要时还可绘出测设略图，把测设数据标注在略图上，使现场测设时更方便快速，并减少出错的可能。

二、建筑物定位和放线

（一）建筑物定位

建筑物四周外廓主要轴线的交点决定了建筑物在地面上的位置，称为定位点或角点，建筑物的定位就是根据设计条件，将这些轴线交点测设到地面上，作为细部轴线放线和基础放线的依据。由于设计条件和现场条件不同，建筑物的定位方法也有所不同，下面介绍三种常见的定位方法。

1．根据控制点定位

如果待定位建筑物的定位点设计坐标是已知的，且附近有高级控制点可供利用，可根据实际情况选用极坐标法、角度交会法或距离交会法来测设定位点。在这三种方法中极坐标法适用性最强，是用得最多的一种定位方法。

2．根据建筑方格网和建筑基线定位

如果待定位建筑物的定位点设计坐标是已知的，且建筑场地设有建筑方格网或建筑红线，可利用直角坐标法测设定位点。用直角坐标法测设点位，所需测设数据的计算较为方便，在用经纬仪和钢尺实地测设时，建筑物总尺寸和四大角的精度容易控制和检核。

3．根据与原有建筑物和道路的关系定位

如果设计图上只给出新建筑物与附近原有建筑物或道路的相互关系，而没有提供建筑物定位点的坐标，周围又没有测量控制点、建筑方格网和建筑基线可供利用，可根据原有建筑物的边线或道路中心线，将新建筑物的定位点测设出来。

具体测设方法随实际情况的不同而不同，但基本过程是一致的，即：在现场先找出原有建筑物的边线或道路中心线；再用经纬仪和钢尺将其延长、平移、旋转或相交，得到新建筑物的一条轴线；然后根据这条定位轴线，用经纬仪测设角度（一般是直角），用钢尺测设长度，得到其他定位轴线或定位点，最后检核 4 个大角和 4 条定位轴线长度是否与设计值一致。下面分两种情况说明具体测没的方法。

1）根据与原有建筑物的关系定位

如图 9.5（a）所示，拟建建筑物的外墙边线与原有建筑的外墙边线在同一条直线上，两栋建筑物的间距为 10 m，拟建建筑物四周长轴为 40 m，短轴为 18 m，轴线与外墙边线间距为 0.12 m，可按下述方法测设其 4 个轴线交点。

（1）沿原有建筑物的两侧外墙拉线，用钢尺顺线从墙角往外量一段较短的距离（这里设为 2 m），在地面上定出 T_1 和 T_2 两个点，T_1 和 T_2 的连线即为原有建筑物的平行线。

（2）在 T_1 点安置经纬仪，照准 T_2 点；用钢尺从 T_2 点沿视线方向量（10 + 0.12）m，在地面上定出 T_3 点；再从 T_3 点沿视线方向量 40 m，在地面上定出 T_4 点；T_3 和 T_4 的连线即为拟建建筑物的平行线，其长度等于长轴尺寸。

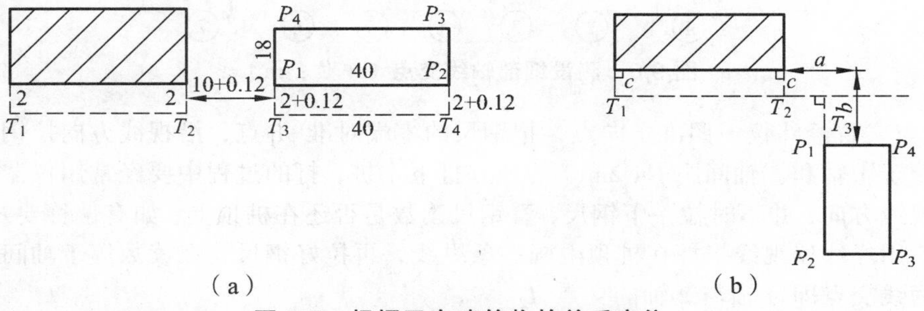

图 9.5 根据已有建筑物的关系定位

（3）在 T_3 点安置经纬仪，照准 T_4 点；逆时针测设 90°，在视线方向上量（2 + 0.12）m，在地面上定出 P_1 点；再从 P_1 点沿视线方向量 18 m，在地面上定出 P_4 点。同理，在 T_4 点安置经纬仪，照 T_3 点；顺时针测设 90°，在视线方向上量（2 + 0.12）m，在地面上定出 P_2 点；再从 P_2 点沿视线方向量 18 m，在地面上定出 P_3 点。则 P_1 点、P_2 点、P_3 点和 P_4 点即为拟建建筑物的 4 个定位轴线点。

（4）在 P_1 点、P_2 点、P_3 点和 P_4 点上安置经纬仪，检核 4 个大角是否为 90°，用钢尺量 4 条轴线的长度，检核长轴是否为 40 m，短轴是否为 18 m。

如果是如图 9.5（b）所示的情况，则在得到原有建筑物的平行线并延长到 T_3 点后在 T_3 点测设 90°并量距，定出 P_1 点和 P_2 点，得到拟建建筑物的一条长轴；再分别在 P_1 和 P_2 点测设 90°并量距，定出另一条长轴上的 P_4 点和 P_3 点。注意不能先定短轴的两个点（例如 P_1 点和 P_4 点，再在这两个点上设站测设另一条短轴上的两个点（例如 P_2 点和 P_3 点），否则误差容易超限。

2）根据与原有道路的关系定位

本方法与前一种方法类似，在此就不再赘述。

（二）建筑物放线

建筑物的放线，是指根据现场已测设好的建筑物定位点，详细测设其他各轴线交点的位置，并将其延长到安全的地方做好标志。然后以细部轴线为依据，按基础宽度和放坡要求用白灰撒出基础开挖边线。

1．测设细部轴线交点

如图 9.6 所示，A 轴、E 轴、①轴和⑦轴是建筑物的四条外墙主轴线，其交点 A_1、A_7、

E_1和 E_7，是建筑物的定位点，这些定位点已在地面上测设完毕并打好桩点，现欲测设次要轴线与主轴线的支点。

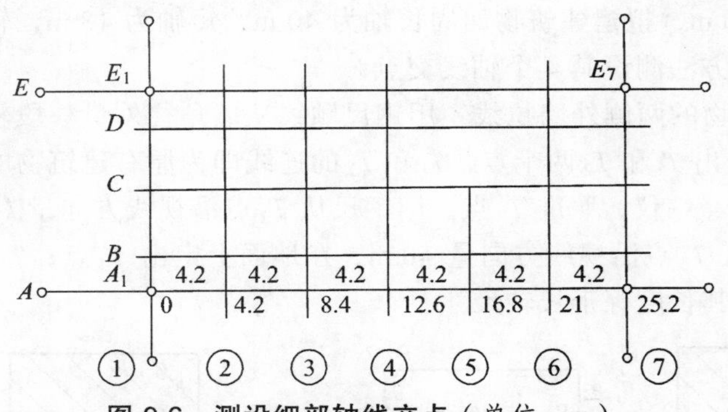

图 9.6 测设细部轴线交点（单位：m）

在 A_1 点安置经纬仪，照准定向点，把钢尺的零端对准 A_1 点，沿视线方向拉钢尺，在钢尺上读数等于①轴和②轴间距（4.2 m）的地方打下木桩，打的过程中要经常用仪器检查桩顶是否偏离视线方向，并不时拉一下钢尺，看钢尺读数是否还在桩顶上，如有偏移要及时调整。打好桩后，用经纬仪视线指挥在桩顶上画一条纵线，再拉好钢尺，在读数等于轴间距处画一条横线，两线交点即 A 轴与②轴的交点 A_2。

在测设 A 轴与③轴的交点 A_3 时，方法向上。注意仍然要将钢尺的零端对准 A_1 点，并沿视线方向拉钢尺，而钢尺读数应为①轴和②轴间距（8.4 m），这种做法可以减小钢尺对点误差，避免轴线总长度增长或缩短。如此依次测设 A 轴与其他有关轴线的交点。测设完最后一个交点后，用钢尺检查各相邻轴线桩的间距是否等于设计值，误差应小于1/3 000。

测设完 A 轴上的轴线点后，用同样的方法测设 E 轴、①轴和⑦轴上的轴线点。如果建筑物尺寸较小，也可用拉细线绳的方法代替经纬仪定线，然后沿细线绳拉钢尺量距。此时要注意细线绳不要碰到物体，风大时也不宜作业。

2．引测轴线

在基槽或基坑开挖时，定位桩和细部轴线桩均会被挖掉，为了使开挖后各阶段施工能准确地恢复各轴线位置，应把各轴线延长到开挖范围以外的地方并做好标志，这个工作称为引测轴线，具体有设置龙门板和轴线控制桩两种形式。

1）龙门板法

（1）如图 9.7 所示，在建筑物四角和中间隔墙的两端，距基槽边线约 2 m 以外，牢固地埋设大木桩，称为龙门桩，并使桩的一侧平行于基槽。

（2）根据附近水准点，用水准仪将 ± 0.000 标高测设在每个龙门柱的外侧上，并画出横线标志。

（3）在相邻两龙门桩上钉设木板，称为龙门板，龙门板的上沿应和龙门桩上 ± 0.000 标高的横线对齐，使龙门板的顶面标高在一个水平面上，并且标高为 ± 0.000，龙门板顶面标高的误差应在 ± 5 mm 以内。

（4）根据轴线桩，用经纬仪将各轴线投测到龙门板的顶面，并钉上小钉作为轴线标志，称为轴线钉，投测误差应在 ± 5 mm 以内。对小型的建筑物，也可用拉细线绳的方法延长轴线，再钉上轴线钉。

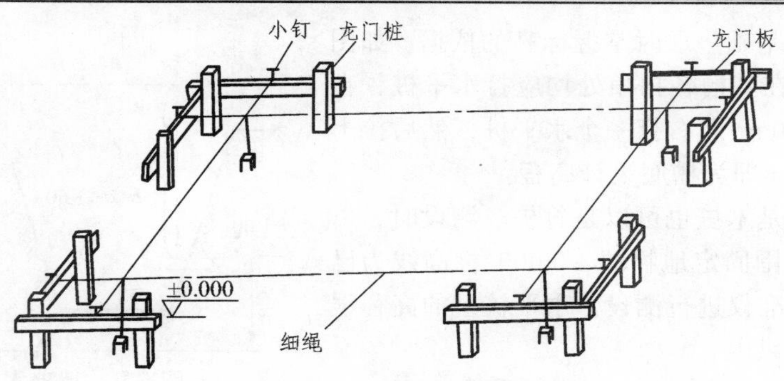

图 9.7 龙门桩与龙门板

（5）用钢尺沿龙门板顶面检查轴线钉的间距，其相对误差不应超过 1/3 000。

恢复轴线时，将经纬仪安置在一个轴线钉上方，照准相应的另一个轴线钉，其视线即为轴线方向，往下转动望远镜，便可将轴线投测到基槽或基坑内。也可用白线将相对的两个轴线钉连接起来、借助于垂球，将轴线投测到基槽或基坑内。

2）轴线控制桩法

由于龙门板需要较多木料，而且占用场地，使用机械开挖时容易被破坏，因此也可以在基槽或基坑外各轴线的延长线上测设轴线控制桩，作为以后恢复轴线的依据。即使采用了龙门板、为了防止被碰动，对主要轴线也应测设轴线控制桩。轴线控制桩一般设在开挖边线 4 m 以外的地方，并用水泥砂浆加固。最好是附近有固定建筑物和构筑物，这时应将轴线投测在这些物体上，使轴线更容易得到保护，但每条轴线至少应有一个控制桩是设在地面上的，以便今后能安置经纬仪来恢复轴线。轴线控制桩的引测主要采用经纬仪法，当引测到较远的地方时，要注意采用盘左和盘右两次投测取中法来引测，以减少引测误差和避免错误的出现。

3）确定开挖边线

如图 9.8 所示，先按基础剖面图给出的设计尺寸，由式（9.2）计算基槽的开挖宽度 d。

$$d = B + 2mh \tag{9.2}$$

式中 B——屋基宽度，可由基础剖面图查取；

m——边坡坡度的分母；

h——基槽深度。

根据计算结果，在地面上以轴线为中线往两边各量出 $d/2$，拉线并撒上白灰，即为开挖边线。如果是基坑开挖，则只需按最外围墙体基础的宽度、深度及放坡确定外挖边线。

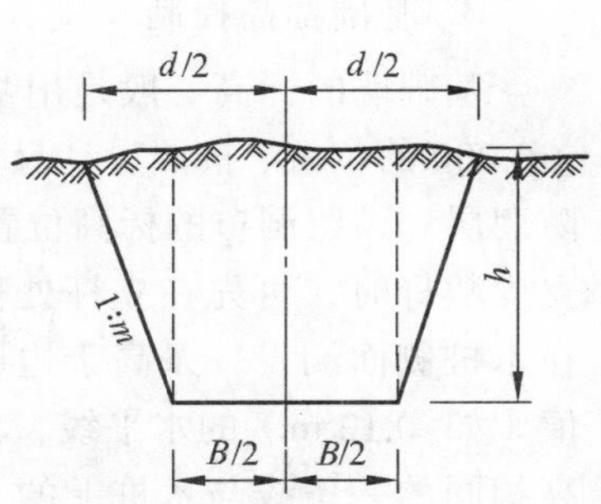

图 9.8 确定基槽开挖线

三、基础施工测量

（一）条形基础施工测量

1. 基槽水平校测桩测设

为了控制基槽开挖深度，当基槽挖到接近槽底设计高程时，应在槽边上测设一些水平桩，水平桩的上表面离槽底设计高程为某一整分米数（例如 0.5 m），用以控制挖槽深度，也可作为槽底清理和打基础垫层时掌握标高的依据。如图 9.9 所示，一般在基槽各拐角处均应打水平桩，在直槽上则每隔 10 m 左右打一个水平桩，然后拉上白线，线下 0.5 m 即为槽底设计高程。

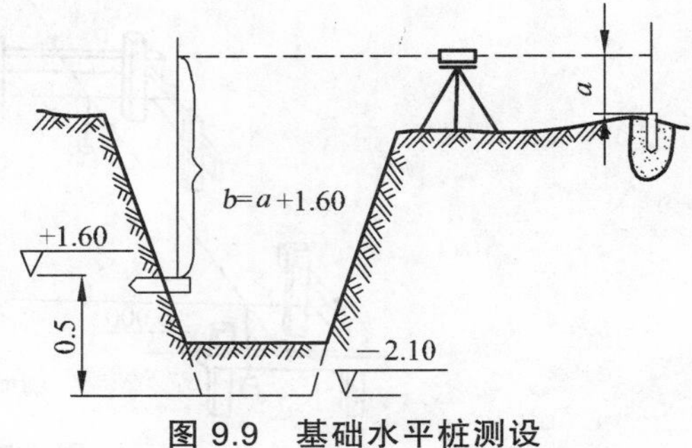

图 9.9 基础水平桩测设

水平桩可以是木桩也可以是竹桩。测设时，以画在龙门板或周围固定地物的 ± 0.000 标高线为已知高程点，用水准仪进行测设。水平桩上的高程误差应在 ± 10 mm 以内。

例如，设龙门板顶向标高为 ± 0.000，槽底设计标高为 − 2.1 m，水平桩高于槽底 0.5 m，即水平桩高程为 − 1.6 m，用水准仪后视龙门板顶面上的水准尺，读数 $a = 1.286$ m，则水平桩上标尺的读数应为 $0 + 1.286 - (-1.6) = 2.886$（m）。

测设时沿槽壁上下移动水准尺，当读数为 2.886 m 时沿尺底水平地将桩打进槽壁，然后检核该桩的标高，如超限便进行调整，直至误差在规定范围以内。

垫层面标高的测设以水平桩为依据在槽壁上弹线，也可在槽底打入垂直桩，使桩顶标高等于垫层面的标高。如果垫层需安装模板，可以直接在模板上弹出垫层面的标高线。

如果是机械开挖，一般是一次挖到设计槽底或坑底的标高，因此要在施工现场安置水准仪，边挖边测，随时指挥挖土机调整挖土深度，使槽底或坑底的标高略高于设计标高（一般为 10 cm，留给人工清土）。挖完后，为了给人工清底和打垫层提供标高依据，还应在槽壁上或坑壁上打水平桩，水平桩的标高一般为垫层面的标高。当基坑底面积较大时，为便于控制整个底面的标高，应在坑底均匀地打一些垂直桩，使桩顶标高等于垫层面的标高。

2．基础中心线测设

垫层打好后，根据龙门板上的轴线钉或轴线控制桩，用经纬仪或用拉线挂吊锤的方法，把轴线投测到垫层面上，并用墨线弹出基础中心线和边线，以便砌筑基础或安装基础模板。

3．基础标高控制

基础墙的标高一般是用基础“皮数杆”来控制的。皮数杆用一根木杆做成。在杆上注明 ± 0.000 的位置，按照设计尺寸将砖和灰缝的厚度，分别从上往下一一画出来，此外还应注明防潮层和预留洞口的标高位置，如图 9.10 所示。立皮数杆时，可先在立杆处打木桩，用水准仪在木桩侧面测设一条高于边层设计标高某一数值（如 0.12 m）的水平线，然后将皮数杆上标高相同的一条线与木桩上的水平线对齐，并用铁钉把皮数杆和木桩钉在一起，这样立好皮数杆后，即可作为砌筑基础墙的标高依据。对于采用钢筋混凝土的基础，可用水准仪将设计标高测设于模板上。

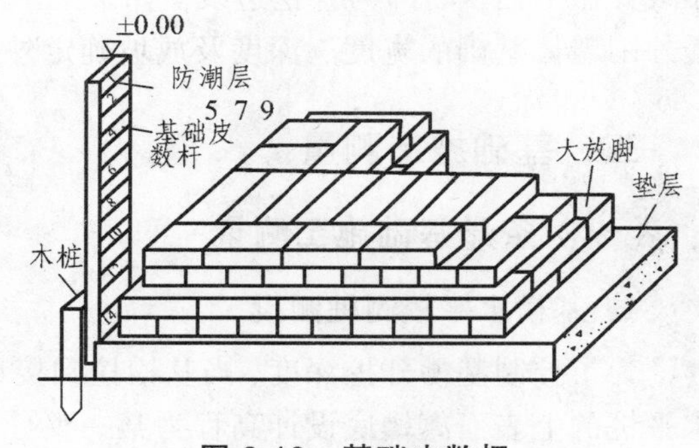

图 9.10 基础皮数杆

（二）桩基础施工测量

采用桩基础的建筑物多为高层建筑，其一般特点是：基坑较深；位于市区，施工场地宽敞；建筑物大多是根据建筑红线或其他地物来定位；整幢建筑物可能有几条不平行的轴线。

1．桩的定位

桩的定位精度要求较高，根据建筑物的主轴线测设桩基位置的允许偏差为 20 mm，若为单排桩则允许偏差为 10 mm。沿轴线设桩时，纵向（沿轴线方向）偏差不宜大于 3 cm，横向不宜大于 2 cm。位于群桩外周边上的桩，测设偏差不得大于桩边长（方形桩）的 1/10。

桩位测设工作，必须对恢复后的各轴线检查无误后进行。

桩的排列随着建筑物形状和基础结构的不同而异。最简单的排列成格网状，此时只要根据轴线精确测设格网 4 个角点，进行加密即可。有的基础是由若干个承台和基础梁连接而成的。承台下面是群桩；基础梁下面有的是单排桩，有的是双排桩。承台下群桩的排列，有时也会不同。测设时一般是按照“先整体、后局部，先外廊、后内部”的顺序进行。测设时通常是根据轴线，用直角坐标法测设轴线上的点。

测设出的桩位均用小木桩标出其位置，角点及轴线两端的桩，应在木桩上用中心钉标出中心位置，以供校核。

2．施工后桩的检测

桩基施工结束后，对所有桩的实际位置进行依次测量。其方法是根据轴线，重新在桩顶测设出桩的位置，并用油漆标明。然后量出桩中心与设计位置的纵、横向两个偏差分量，若其偏差值在允许范围内，即可进行下一工序的施工。

四、主体施工测量

（一）楼层轴线投测

每层楼面建好后，为了保证继续往上砌筑墙体时，墙体轴线均与基础轴线在同一铅垂面上，还应将基础或首层墙面上的轴线投测到楼面上，并在楼面上重新弹出墙体的轴线，检查无误后，以此为依据弹出墙体边线，再往上砌筑。在这个测量工作中，从下往上进行轴线投测是关键，一般多层建筑常用吊锤线。

将较重的垂球悬挂在楼面的边缘，慢慢移动，使垂球尖对准地面上的轴线标志，或者使吊锤线下部沿垂直墙面方向与底层路面上的轴线标志对齐，吊锤线上部在楼面边缘的位置就是墙体轴线位置，在此画一条短线作为标志，便在楼面上得到轴线的一个端点；同样方法投测另一端点；两端点的连线即为墙体轴线。

一般将建筑物的主轴线都投测到楼面上来，并弹出路线，用钢尺检查轴线间的距离，其相对误差不得大于 1/3 000。符合要求之后，再以这些主轴线为依据，用钢尺内分法测设其他细部轴线。在困难的情况下，至少要测设两条垂直相交的主轴线，检查交角合格后，用经纬仪和钢尺测设其他主轴线，再根据主轴线测设细部轴线。

吊锤线法受风的影响较大，楼层较高时风的影响更大，因此应在风小的时候作业，投测时应等待吊锤稳定后再在楼面上定点。此外，每层楼面的轴线均应直接由底层投测上来，以保证建筑物的总垂直度。只要注意这些问题，用吊锤线法进行多层楼房的轴线投测的精度是有保证的。

（二）标高传递

多层建筑物施工中，要由下往上将标高传递到新的施工楼层，以便控制新楼层的墙体施工，使其标高符合设计要求。标高传递一般可有以下两种方法。

1. 利用皮数杆传递标高

一层楼房墙体砌完并建好楼面后，把皮数杆移到二层继续使用。为了使皮数杆立在同一水平面上，用水准仪测定楼面四角的标高，取平均值作为二楼的地面标高，并在立杆处绘出标高线。立杆时将皮数杆的±0.000线与该线对齐，然后以皮数杆为标高的依据进行墙体砌筑。如此用同样方法逐层往上传递高程。

2. 利用钢尺传递标高

在标高精度要求较高时，可用钢尺从底层的±0.000标高线起往上直接丈量，把标高传递到第二层，然后根据传递上来的高程测设第二层的地面标高线，以此为依据立皮数杆。在墙体砌到一定高度后，用水准仪测设该层的标高线，再往上一层的标高可以此为准用钢尺传递，依此类推，逐层传递标高。

任务三　工业建筑物放样测量

工业建筑主要以厂房为主，而工业厂房多为排列式建筑，跨距和间距大，隔墙少，平面布置简单，而且其施工测量精度又明显高于民用建筑，故其定位一般是根据现场建筑基线或建筑方格网，采用由柱轴线控制桩组成的短形方格网作为厂房的基本控制网。

厂房有单层和多层、装配式和现浇整体式之分。单层工业厂房以装配为主，采用预制的钢筋混凝土柱、吊车梁、屋架、大型屋面板等构件，在施工现场进行安装。为保证厂房构件就位的正确性，施工测量中应进行以下几个方面的工作：厂房矩形控制网的测设；厂房柱列轴线放样；杯形基础施工测量；厂房构件及设备安装测量；等等。对于工业建筑测量，除需做好与民用建筑测量相同的准备工作之外，还需做好下列工作：

（1）制定厂房矩形控制网的测设方案及计算测设数据。工业厂房测设的精度要求高于民用建筑，而厂区原有的测图控制点的密度和精度往往不能满足厂房测设的要求，因此，对于每个厂房还应在原有控制网的基础上，根据厂房的规模大小，建立满足精度要求的独立矩形控制网。对一般中、小型厂房，可测设一个单一的厂房施工矩形控制网。如图9.11所示，L、M、N为建筑方格网点，厂房外侧各交点的坐标为设计值，P、Q、R、S为布置在厂房基坑开挖范围以外的厂房矩形控制网的4个交点。对于大型厂房或设备基础复杂的厂房，为保证厂房各部分精度一致，需先测设一条主轴线，然后根据主轴线测设出矩形控制网。

厂房矩形控制网的测试方案，通常是根据厂区的总平面图、厂区控制网、厂房施工图和现场地形图等资料来指定的。其主要内容为确定主轴线位置、矩形控制网位置、测设方法和精确要求。在确定顶主轴线点及矩形控制网位置时，要考虑到控制点能长期保存，应避开地上和地下管线，位置应距厂房基础开挖边线以外 1.5 ~ 4 m。

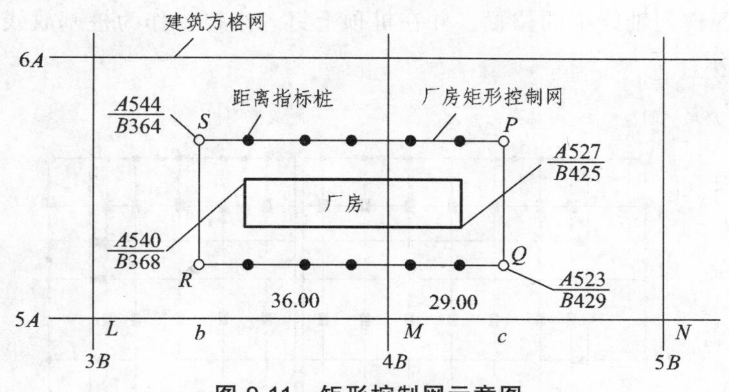

图 9.11　矩形控制网示意图

（2）绘制测设略图。根据厂区的总平面图、厂区控制网、厂房施工图等资料，按一定比例绘制测设略图，为测设工作做好准备。

一、厂房矩形控制网测设

厂房矩形控制网应布置在基坑开挖范围线以外 1.5 ~ 4 m 处，其边线与厂房主轴线平行，除控制桩外，在控制网各边每隔若干桩间距埋设一个距离控制桩，其间距一般为厂房柱距的倍数，但不要超过所用钢尺的整尺长。

二、厂房柱列轴线与柱基测设

图 9.12 是某厂房的平面示意图，*A*、*B*、*C* 轴线及 1、2、3、…轴线分别是厂房的纵、横柱轴线，又称定位轴线。纵向轴线的距离表示厂房的跨度，横向轴线的距离表示厂房的柱距。在进行柱基测设时，应注意定位轴线不一定是柱的中心线，一个厂房的柱基类型很多，尺寸不一，放样时应特别注意。

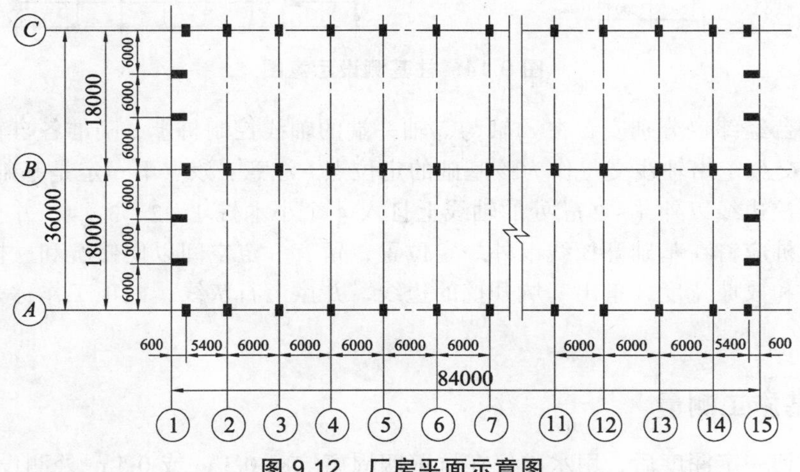

图 9.12　厂房平面示意图

（一）厂房柱列轴线测设

在厂房控制网建立以后，即可按柱列间距和跨距用钢尺从靠近的距离指标量起，沿矩形控制网各边定出各柱列轴线桩的位置，并在桩顶上钉入小钉，作为桩基放线和构件安置的依据，如图 9.13 所示。

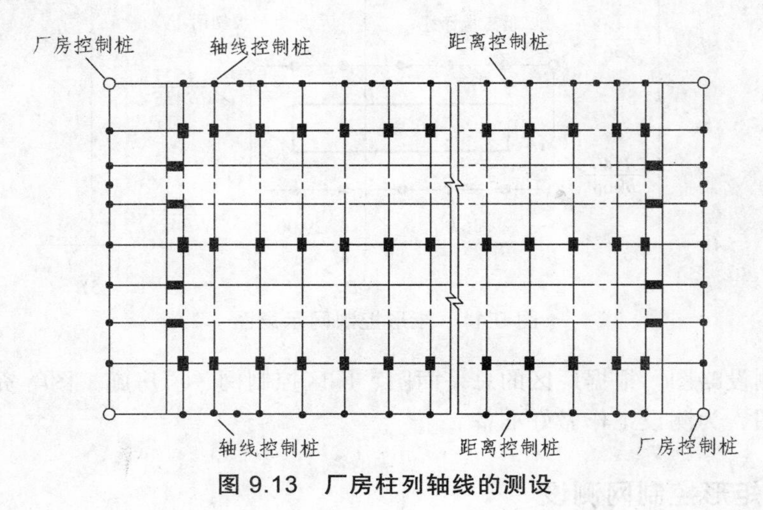

图 9.13 厂房柱列轴线的测设

（二）柱基测设

柱基的测设应以柱列轴线为基线，按基础施工图中基础与柱列轴线的关系尺寸进行。现以图 9.14 所示Ⓒ轴与⑤轴交点处的基础详图为例，说明桩基的测设方法。

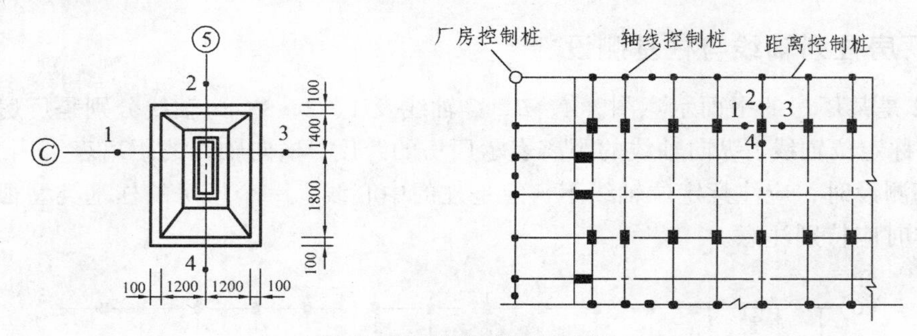

图 9.14 柱基测设示意图

首先将两台经纬仪分别安置在Ⓒ轴与⑤轴一端的轴线控制桩上，瞄准各自轴线另一端的轴线控制桩、交会定出轴线交点作为该基础的定位点（注意：该点不一定是基础中心点）。沿轴线在基础开挖边线以外 1～2 m 处的轴线上打入 4 个小木桩 1、2、3、4，并在桩上用小钉标明位置。木桩应钉在基础开挖线以外一定位置，留有一定空间以便修坑和立模。再根据基础详图的尺寸和放坡宽度，量出基坑开挖的边线，并撒上石灰线，此项工作称为列柱基线的放线。

三、柱基施工测量

当基坑挖到一定深度后，用水准仪在坑壁四周离坑底 0.3 m 或 0.5 m 处测设几个水平桩，用作检查坑底标高和打垫层的依据，如图 9.15 所示。在打垫层前还应测设垫层标高桩。

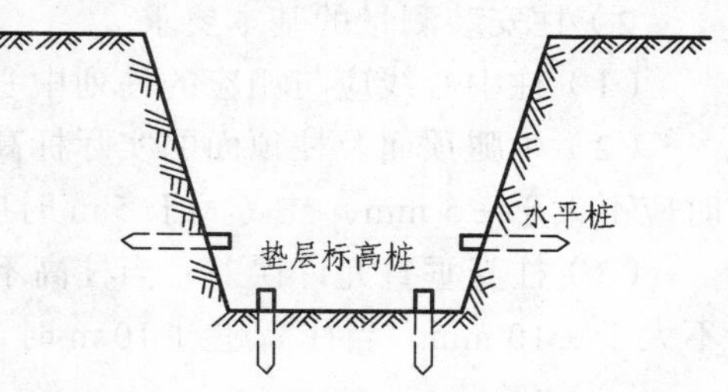

图 9.15　柱基施工测量示意图

基础垫层做好后，根据基坑旁的定位小木桩，用拉线吊锤球法将基础轴线投测到垫层上，弹出墨线，作为柱基础立模和布置钢筋的依据。

立模板时，将模板底线对准垫层上的定位线，并用锤球检查模板是否垂直。最后将柱基顶面设计高程测设在模板内壁。

四、厂房预制构件安装测量

在装配式工业厂房的构件安装测量中，精度要求较高，特别是柱的安装就位是关键，应引起足够重视。

（一）柱的安装测量

1．柱吊装前的准备工作

柱的安装就位及校正，是利用柱身的中心线、标高线和相应的基础顶面中心定位线、基础内侧标高线来实现的。故在柱就位前须做好以下准备工作。

1）柱身弹线及投测柱列轴线

在柱安装之前，首先将柱按轴线编号，并在柱身三个侧面弹出柱子的中心线，在每条中心线的上端和靠近杯口处画上“►”标志。然后根据牛腿面设计标高，向下用钢尺量出 60 cm 的标高线，并画出“▼”标志，如图 9.16 所示，以便校正时使用。

在杯形基础上，由柱列轴线控制桩用经纬仪把柱列轴线投测到杯口顶面上，并弹出路线，用红油漆画上“▲”标志，作为柱子吊装时确定轴线的依据，如图 9.17 所示。当柱子中心线不通过柱列轴线时，还应在杯形基础顶面四周弹出柱子中心线，仍用红油漆画“▲”标志。同时用水准仪在杯口内壁测设一条 60 cm 标高线，并画“▼”标志，用以检查杯底标高是否符合要求；然后用 1：2 水泥砂浆抹在杯底进行找平，使牛腿面符合设计高程。

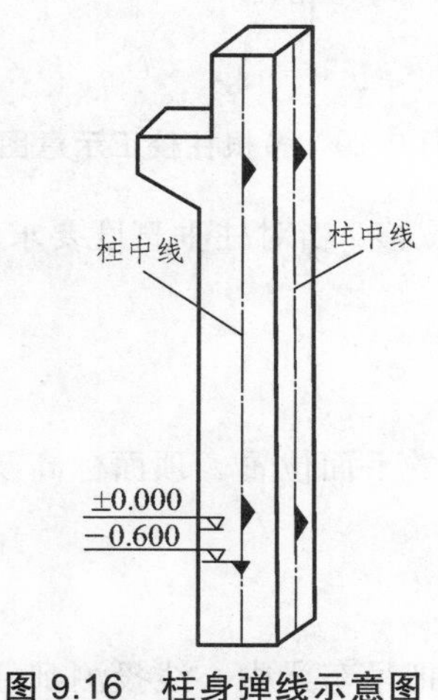

图 9.16　柱身弹线示意图

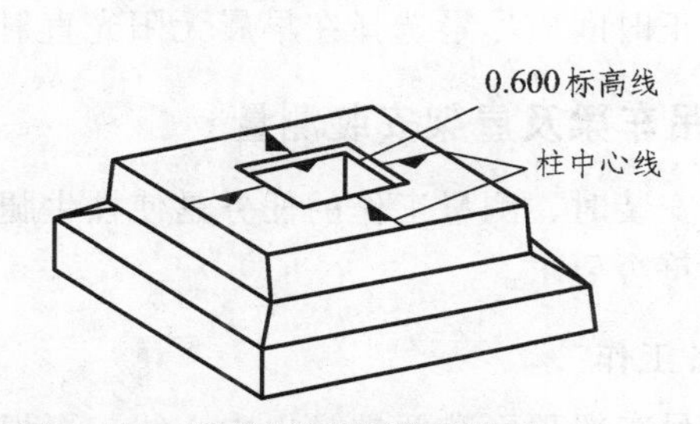

图 9.17　基础杯口弹线示意图

2）柱安装测量的基本要求

（1）柱中心线应与相应的柱列中心线一致，其允许偏差为 ± 5 mm。

（2）牛腿顶面及柱顶面的实际标高应与设计标高一致，其允许偏差为：柱高不大于 5 m 时应不大于 ± 5 mm；柱高大于 5 m 时应不大于 ± 8 mm。

（3）柱身垂直允许误差：当柱高不大于 5 m 时应不大于 ± 5 mm，当柱高为 5 ~ 10 mm 应不大于 ± 10 mm，当柱高超过 10 m 时，限差为柱高的 1%，且不超过 20 mm。

2．柱安装时的测量工作

柱被吊装进入杯口后，先用木楔或钢楔暂时进行固定。用铁锤敲打木楔或者钢楔，使柱在杯口内平移，直到柱中心线与杯口顶面中心线平齐。并用水准仪检测柱身已标定的标高线。

然后用两台经纬仪分别在相互垂直的两条柱列轴线上，相对于柱的距离为 1.5 倍柱高处同时观测，进行柱校正，如图 9.18 所示。观测时，将经纬仪照准柱底部中心线上，固定照准部，逐渐向上仰望远镜，通过校正使柱身中心线与十字丝竖丝相重合。

柱校正时的注意事项如下：

（1）校正用的经纬仪事前应经过严格校正，因为校正柱垂直度时，往往只用盘左或盘右观测，仪器误差影响很大。操作时还应注意使照准部水准管气泡严格居中。

（2）柱在两个方向的垂直度都校正好后，应再复查平面位置，看柱下部的中心线是否仍对准基础的轴线。

（3）为了提高工作效率，一般可以将经纬仪安置在轴线的一侧，与轴线成 10°左右的方向线上（为保证精度，与轴线角度不得大于 15°），一次可以校正几根柱，如图 9.19 所示。

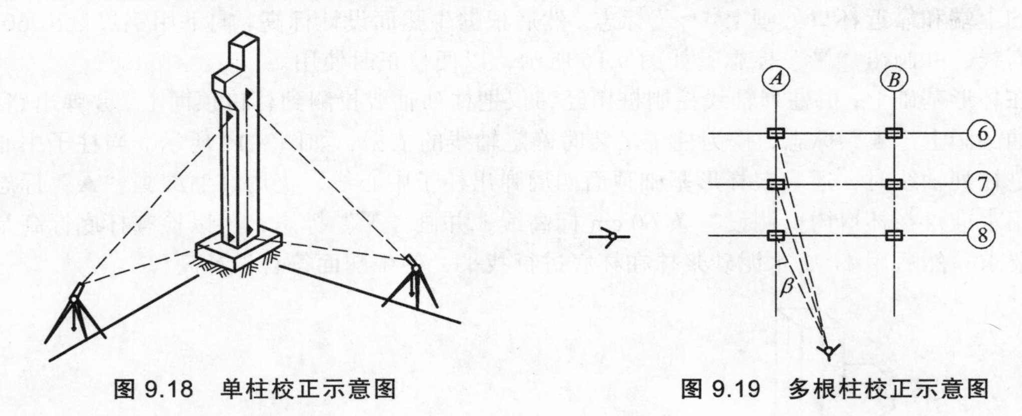

图 9.18 单柱校正示意图　　图 9.19 多根柱校正示意图

（4）考虑到过强的日照将使柱子产生弯曲，使柱顶发生位移，当对柱垂直度要求较高时，柱垂直度校正时间应尽量选择在早晨无阳光直射或阴天时。

（二）吊车梁及屋架安装测量

吊车梁安装时，测量工作的任务是使柱牛腿上的吊车梁的平面位置、顶面标高及中心线的垂直度都符合要求。

1．准备工作

首先在吊车梁顶面和两端弹出中心线，再根据柱列轴线把吊车梁中心线投测到柱牛腿侧面上，作为吊装测量的依据。投测方法如图 9.20 所示，先计算出轨道中心线到厂房纵向柱列轴线的距离 e；再分别根据纵向柱列轴线两端的控制桩，采用平移轴线的方法，在地面上测设出吊车轨道中心线 A_1A_1 和 B_1B_1。将经纬仪分别安置在 A_1A_1 和 B_1B_1 一端的控制点上，严格对中、整平，照准另一端的控制点，仰视望远镜，将吊车轨道中心线投测到柱的牛腿侧面上，并弹出墨线。

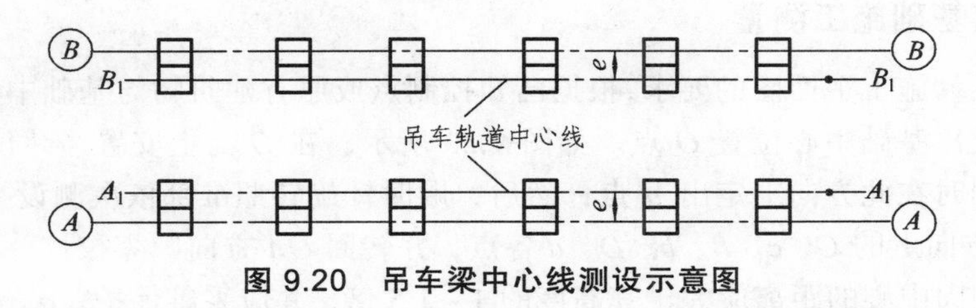

图 9.20　吊车梁中心线测设示意图

同时根据柱 ± 0.000 位置线，用钢尺沿柱侧面量出吊车梁顶面设计标高线，画出标志线作为调整吊车梁顶面标高用。

2. 吊车梁吊装测量

如图 9.21 所示，吊装吊车梁时，应使其两个端面上的中心线分别与牛腿面上的梁中心线初步对齐，再用经纬仪进行校正。校正方法是根据柱列轴线用经纬仪在地面上放出一条与吊车梁中心线相平行的校正轴线，水平距离为 d。在校正轴线一端点处安置经纬仪，固定照准部、上仰望远镜，照准放置在吊车梁顶面的横放直尺，对吊车梁进行平移调整，使吊车梁中心线上任一点距校正轴线水平距离均为 d。在校正吊车梁平面位置的同时，用吊锤球的方法检查吊车梁的垂直度，不满足时在吊车梁支座处加垫块校正。在吊车梁就位后，先根据柱面上定出的吊车梁设计标高线检查梁面的标高，并进行调整，不满足时用抹灰调整；再把水准仪安置在吊车梁上，进行精确检测实际标高，其误差应在 ± 3 mm 以内。

3. 屋架的安装测量

如图 9.22 所示，屋架的安装测量与吊车梁安装测量的方法基本相似。屋架的垂直度是靠安装在屋架上的 3 把卡尺，通过经纬仪进行检查、调整的。屋架垂直度允许误差为屋架高度的 1/250。

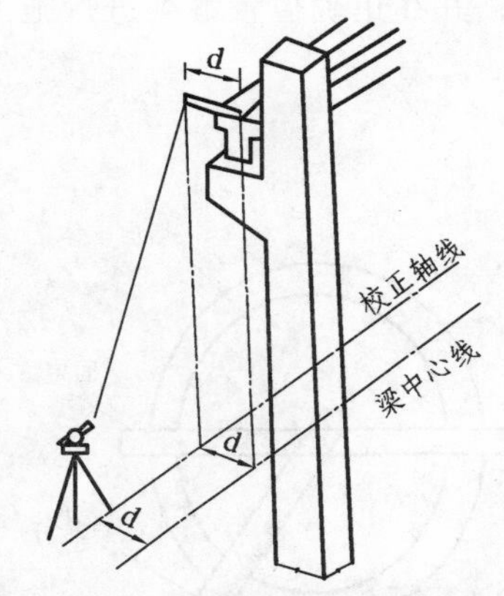

图 9.21　吊车梁安装校正示意图

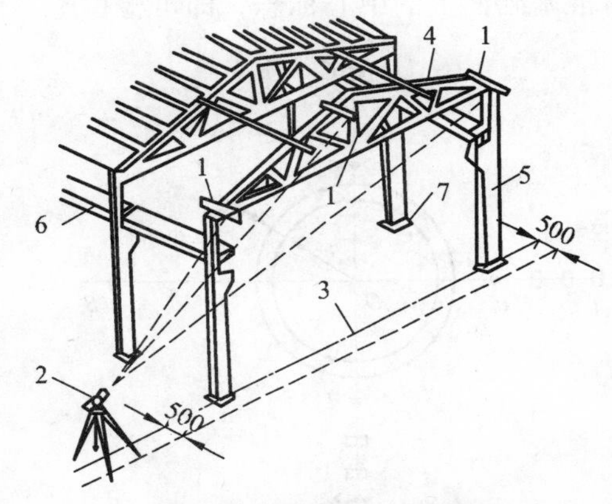

图 9.22　屋架安装示意图

1—卡尺；2—经纬仪；3—定位轴线；4—屋架；5—柱；6—吊木架；7—基础

五、烟囱（或水塔）施工测量

烟囱的特点是：基础小、筒身高，抗倾覆性能差，其对称轴为通过基础圆心的铅垂线。因而施工测量的工作主要是严格控制其中心位置，确保主体竖直。按施工规范规定：半筒身高度 $H>100$ m 时，其偏差不应超过 0.05%，烟囱圆环的直径偏差不得大于 30 mm。

（一）烟囱基础施工测量

首先按照设计施工平面图的要求，根据已知控制点或原有建筑物与基础中心的尺寸关系，在施工场地测设出基础中心位置 O 点。如图 9.23 所示，在 O 点上安置经纬仪，任选一点 A 作为后视点，同时在此方向上定出 a 点；然后，顺时针旋转照准部依次测设 90°直角，测出 OC、OB、OD 方向上的 C、c、B、b、D、d 各点，并转回 OA 方向归零校核。其中 A、B、C、D 各控制桩至烟囱中心的距离应大于其高度的 1～1.5 倍，并应妥善保护。a、b、c、d 四个定位桩，应尽量靠近所建构筑物但又不影响桩位的稳固，用于修坑和恢复其中心位置。然后，以基础中心点 O 为圆心、以 $r+\delta$ 为半径（δ 为基坑的放坡宽度，r 为构筑物基础的外侧半径）在场地上画图，撒上石灰线以标明土方开挖范围。

当基坑开挖快到设计标高时，可在基坑内壁测设水平桩，作为检查基础深度和浇筑混凝土垫层的依据。

浇筑混凝土基础时，应在基础中心位置埋设钢筋作为标志，并在浇筑完毕后把中心点 O 精确地引测到钢筋标志上，刻上“+”线，作为筒体施工时控制筒体中心位置和筒体半径的依据。

（二）烟囱筒身施工测量

1. 引测筒体中心线

筒体施工时，必须将构筑物中心引测到施工作业面上，以此为依据，随时检查作业面的中心是否在构筑物的中心铅垂线上。通常是每施工一个作业高度引测一次中心线。具体引测方法是：先在施工作业面上横向设置一根控制方木和一根带有刻度的旋转尺杆，如图 9.24 所示，尺杆零端铰接于方木中心。方木的中心下悬挂质量为 8～12 kg 的锤球。平移方木，将锤球尖对准基础面上的中心标志，即可检核施工作业面的偏差，并在正确位置继续进行施工。

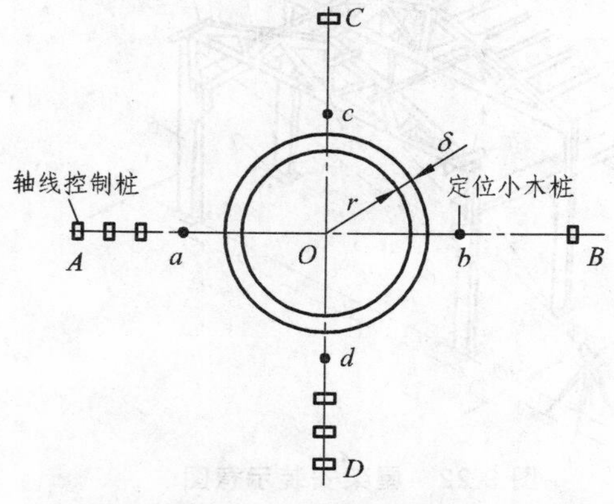

图 9.23 烟囱基础定位放线图

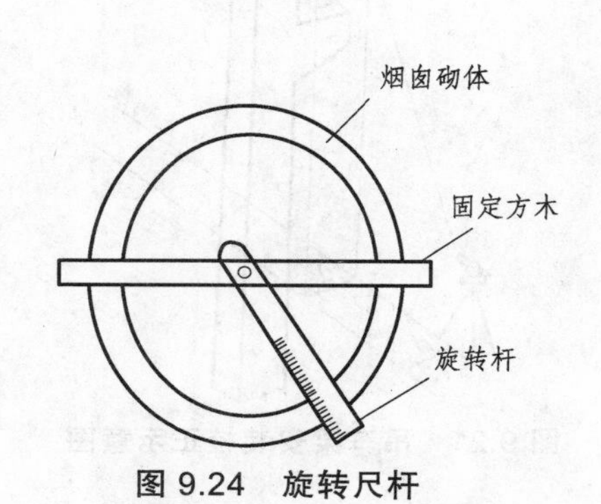

图 9.24 旋转尺杆

筒体每施工 10 m 左右，还应用经纬仪向施工作业面引测一次中心，对筒体进行检查。检查时，把经纬仪安置在各轴线控制桩上，瞄准各轴线相应一侧的定位小木桩 a、b、c、d，将轴线投测到施工边上，并做标记；然后将相对的两个标记拉线，两线交点为烟囱中心线。如果有偏差，应立即进行纠正，然后再继续施工。

对高度较高的混凝土烟囱，为保证精度要求，可采用激光经纬仪进行烟囱铅垂定位。定位时将激光经纬仪安置在烟囱基础的“十”字交点上，在工作面中央处安放激光铅垂仪接收靶，每次提升工作平台前和后都应进行铅垂定位测量，并及时调整偏差。

2．筒体外壁收坡控制

为了保证筒身收坡符合设计要求，除了用尺杆画圆控制外，还应随时用靠尺板来检查。靠尺形状如图 9.25 所示，两侧的斜边是严格按照设计要求的筒壁收坡系数制作的。在使用过程中，把斜边紧靠在筒体外侧，如筒体的收坡符合要求，则锤球线正好通过下端的缺口。如收坡控制不好，可通过坡度尺上小木尺读数反映其偏差大小，以便使筒体收坡及时得到控制。

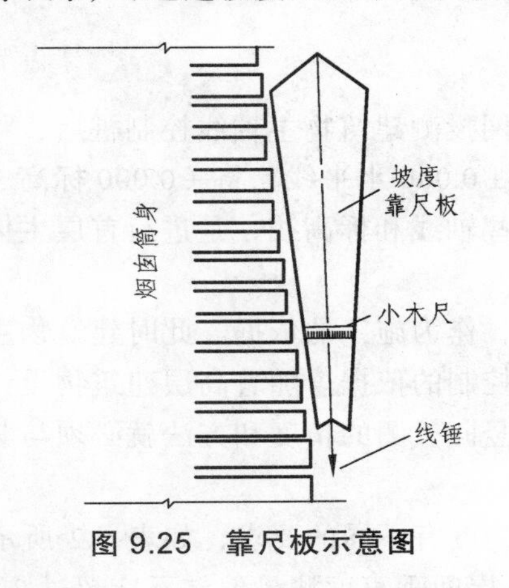

图 9.25 靠尺板示意图

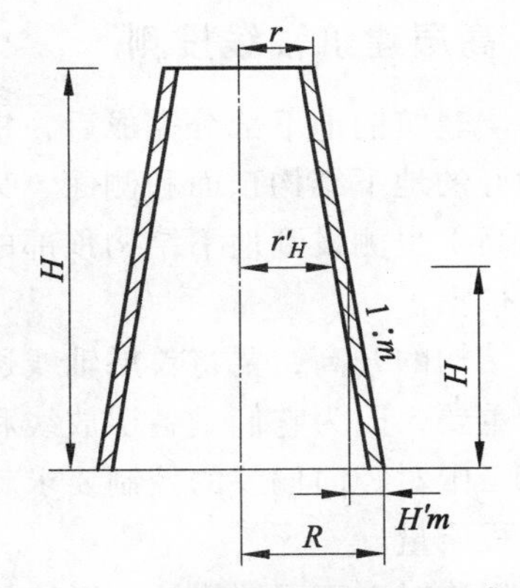

图 9.26 筒体中心线引测示意图

在筒体施工的同时，还应检查筒体砌筑到某一高度时的设计半径。如图 9.26 所示，某高度的设计半径 $r_{H'}$ 可由式（9.3）计算求得。

$$r_{H'} = R - H'm \qquad (9.3)$$

式中 R——筒体底向外侧设计半径；

m——筒体的收坡系数。

收坡系数的计算公式为

$$m = \frac{R - r}{H} \qquad (9.4)$$

式中 r——筒体顶面外侧设计半径；

H——筒体的设计高度。

3．筒体标高控制

筒体的标高控制是用水准仪在筒壁上测出 + 0.500 m（或任意整分米）的标高控制线，然后以此线为准用钢尺量取筒体的高度。

任务四　高层建筑物放样测量

一、高层建筑工程施工测量特点

在高层建筑工程施工测量中，由于高层建筑的体形大、层数多、高度高、造型多样化、建筑结构复杂、设备和装修标准高，因此，在施工过程中对建筑物各部位的水平位置、轴线尺寸、垂直度和标高的要求都十分严格，对施工测量的精度要求也较高。为确保施工测量符合精度要求，应事先认真研究和制定测量方案，拟定出各种误差控制和检核措施，所用的测量仪器应符合精度要求，并按规定认真检校。此外，由于高层建筑工程最大，机械化程度高，各工种立体交叉大，施工组织严密，因此施工测量应事先做好准备工作，密切配合工程进度，以便及时、快速和准确地进行测量放线，为下一步施工提供平面和标高依据。

二、高层建筑轴线投测

当高层建筑的地下部分完成后，根据施工方格网投测建筑物主轴线控制桩后，将各轴线测设到做好的地下结构顶面和侧面、又根据原有的 ± 0.000 水平线，将 ± 0.000 标高（或某整分米数标高）也测设到地下结构顶部的侧面上，这些轴线和标高线，是进行首层主体结构施工的定位依据。

随着结构的升高，要将首层轴线逐层向上投测，作为施工的依据。此时建筑物主轴线的投测最为重要，因为它们是各层放线和结构垂直度控制的依据。随着高层建筑物设计高度的增加，施工中对竖向偏差的控制要求就越高，轴线竖向投测的精度和方法就必须与其适应，以保证工程质量。

有关规范对于不同结构的高层建筑施工的竖向精度有不同的要求，如表 9.2 所示（H 为建筑总高度）。为了保证总的竖向施工误差不超限，层间垂直度测量偏差不应超过 3 mm。建筑全高垂直度测量偏差不应超过 $3H/10\ 000$，且当 $30\ \text{m}<H\leqslant 60\ \text{m}$ 时，不应大于 ± 10 mm；当 $60\ \text{m}<H\leqslant 90\ \text{m}$ 时，不应大于 ± 15 mm；当 $H>90\ \text{m}$ 时，不应大于 ± 20 mm。

表 9.2　高层建筑竖向及标高施工偏差限差

结构类型	竖向竣工偏差限差/mm		标高偏差限差/mm	
	每层	全高	每层	全高
现浇混凝土	8	H/1 000（最大 30）	±10	±30
装配式框架	5	H/1 000（最大 20）	±5	±30
大模板施工	5	H/1 000（最大 30）	±10	±30
滑模施工	5	H/1 000（最大 50）	±10	±30

下面介绍几种常见的投测方法：

（一）全站仪法或经纬仪法

当施工场地比较宽阔时，可使用此法进行竖向投测。安置全站仪或经纬仪于轴线控制桩上，严格对中整平，盘左照准建筑物底部的轴线标志，往上转动望远镜，用其竖丝指挥在施工层楼面边缘上画一点；然后盘右再次照准建筑物底部的轴线标志，用相同方法在该处楼面边缘上画出另一点，取两点的中间点作为轴线的端点，如图 9.27 所示。其他轴线端点的投测与此相同。

当楼层建得较高时，全站仪或经纬仪投测时的仰角较大，操作不方便，误差也较大，此时应将轴线控制柱用经纬仪引测到远处（大于建筑物高度）稳固的地方，然后继续往上投测；如果周围场地有限，也可引测到附近建筑物的房顶上。如图 9.28 所示，首先在轴线控制桩 A_1 上安置经纬仪，照准建筑物底部的轴线标志，将轴线投测到楼面上 A_2 点处；然后在 A_2 上安置经纬仪，照准 A_1 点，将轴线投测到附近建筑物屋面上几点处；以后可在 A_3 点安置经纬仪，投测更高楼层的轴线。注意上述投测工作均应采用盘左盘右取中法进行，以减少仪器误差。所有主轴线投测完毕后，应进行角度和距离的检核轴线。

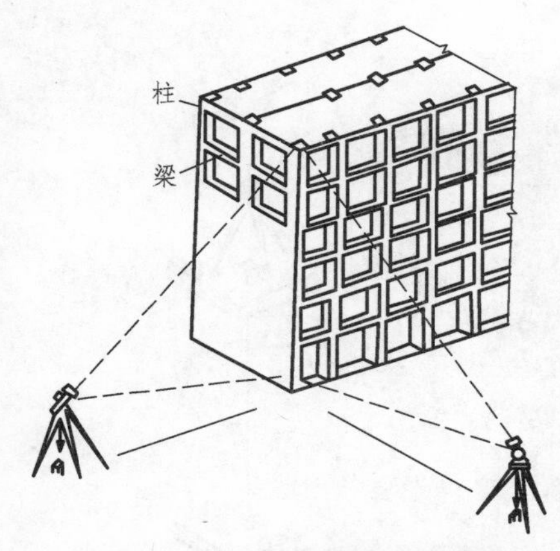

图 9.27　经纬仪轴线竖向投测

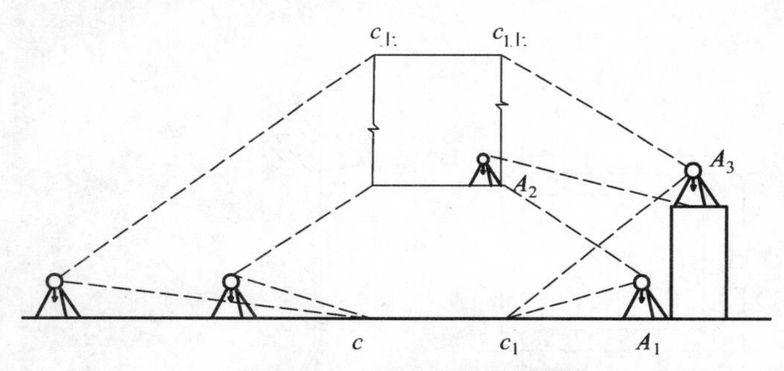

图 9.28　减小经纬投测角

（二）吊线坠法

当周围建筑物密集，施工场地狭窄，无法在建筑物以外的轴线上安置经纬仪时，可采用此法进行竖向投测。该法与一般的吊锤线法的原理是一样的，只是线坠的重量更大，吊线（细钢丝）的强度更高。此外，为了减少风力的影响，应将吊线坠的位置放在建筑物内部。

如图 9.29 所示，事先在首层地面上埋设轴线点的固定标志，轴线点之间应构成矩形或十字形等，作为整个高层建筑的轴线控制网。各标志的上方每层楼板都预留孔洞，供吊锤线通过。投测时，在施工层楼面上的预留孔上安置挂有吊线坠的十字架；慢慢移动十字架，当吊锤尖静止地对准地面固定标志时，十字架的中心就是应投测的点。在预留孔四周做上标志，标志连线交点，即为从首层投上来的轴线点。同理可测设其他轴线点。

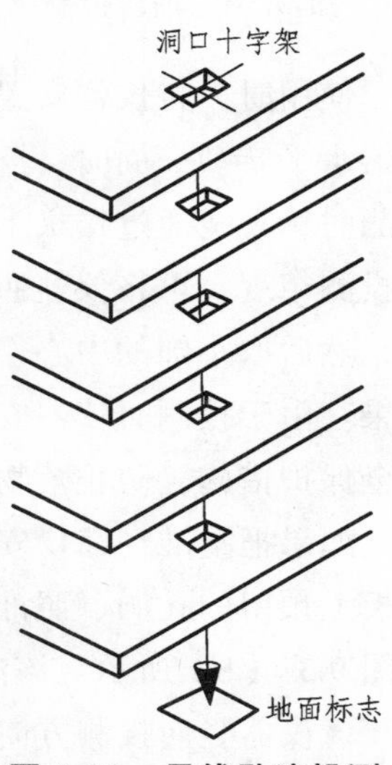

图 9.29　吊线坠法投测

使用吊线坠法进行轴线投测，经济、简单又直观，精度也比较可靠，但投测费时费力，正逐渐被下面所述的垂准仪法所替代。

（三）垂准仪法

垂准仪法就是利用能提供铅直向上（或向下）视线的专用测量仪器，进行铅垂投测。常用的仪器有垂准经纬仪、激光经纬仪和激光垂准仪等。用垂准仪法进行高层建筑的轴线投测，具有占地小、精度高、速度快的优点，在高层建筑施工中用得越来越多。

垂准仪法也需要事先在建筑底层设置轴线控制网，建立稳固的轴线标志，在标志上方每层楼板都预留孔洞（大于 15 cm × 15 cm），供视线通过，如图 9.30 所示。

1. 垂准经纬仪

如图 9.31（a）所示，该仪器的特点是在望远镜的目镜位置配有弯曲成 90°的目镜，使仪器铅直指向正上方时，测量员能方便地进行观测。此外该仪器的中轴是空心的，使仪器也能观测正下方的目标。

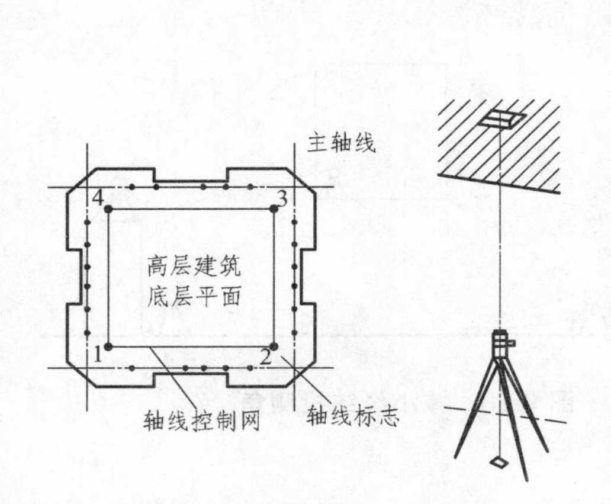

图 9.30 轴线控制桩与投测孔

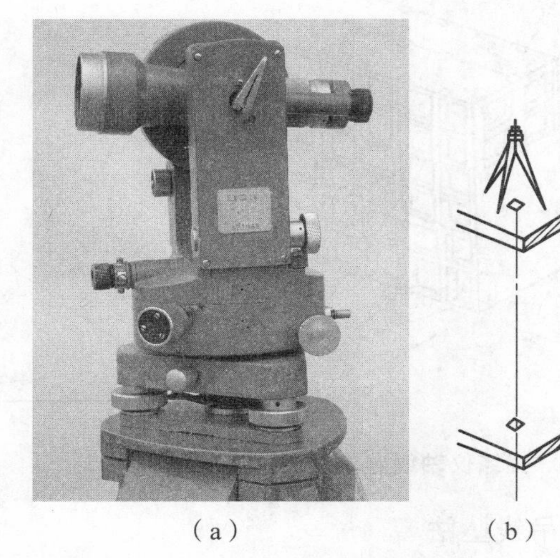

图 9.31 垂准经纬仪

使用时，将仪器安置在首层地面的轴线点标志上，严格对中整平，由弯管目镜观测。当仪器水平转动一周时，若视线一直指向一点上，说明视线方向处于铅直状态，可以向上投测。投测时，视线通过楼板上预留的孔洞，将轴线点投测到施工层楼板的透明板上定点。为了提高投测精度，可将仪器照准部水平旋转一周，在透明板上投测多个点，这些点应构成一个小圆，然后取小圆的中心作为轴线点的位置。同理用盘右再投测一次，取两次的中点作为最后结果。由于投测时仪器安置在施工层下面，因此，在施测过程中，要注意对仪器和人员采取安全保护措施，防止落物击伤。

如果把垂准经纬仪安置在浇筑后的施工层上，将望远镜调成铅直向下的状态，视线通过楼板上预留的孔洞、照准首层地面的轴线点标志，也可将下面的轴线点投测到施工层上来，如图 9.31（b）所示。该法较安全，也能保证精度。

该仪器竖向投测方向观测中误差不大于 ±6″，即 100 m 高处投测点位误差为 ±3 mm，相当于约 1/30 000 的铅垂度，能满足高层建筑对竖向的精度要求。

2. 激光经纬仪

如图 9.32 所示为装有激光器的激光经纬仪，它是在望远镜筒上安装一个氦氖激光器，用一组导光系统把望远镜的光学系统联系起来，组成激光发射系统；再配上电源，便成为激光经纬仪。为了测量时观测目标方便，激光束进入发射系统前设有遮光转换开关。遮去发射的激光束，就可在目镜（或通过弯管目镜）处观测目标，而不必关闭电源。

激光经纬仪用于向高建筑轴线竖向投测，其方法与配弯管目镜的经纬仪是一样的，只不过是用可见激光代替人眼观测。投测时，在施工层预留孔中央设置用透明聚能膜片绘制的接收靶，在地面轴线点处对中整平仪器，启动激光器，调节望远镜调焦螺旋，使投射在接收靶上的激光束光斑最小，再水平旋转仪器，检查接收靶上光斑中心是否始终在同一点，或划出一个很小的圆圈，以保证激光束铅直，然后移动接收靶使其中心与光斑中心或小圆圈中心重合，将接收靶固定，则靶心即为欲投测的轴线点。

3. 激光垂准仪

如图 9.33 所示为激光垂准仪，主要由氦氖激光器、竖轴、水准管、基座等部分组成。

激光垂准仪用于高层建筑轴线竖向投测时，其原理和方法与激光经纬仪基本相同，主要区别在于对中方法。激光经纬仪一般用光学对中器，激光垂准仪用激光管尾部射出的光束进行对中。

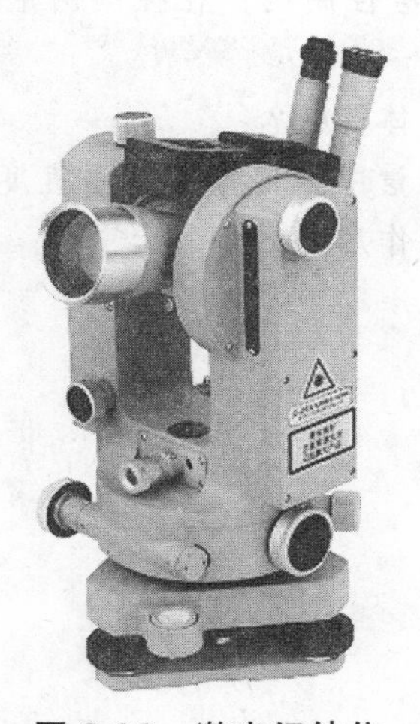

图 9.32 激光经纬仪

图 9.33 激光垂准仪

三、高层建筑的高程传递

高层建筑施工层的标高，是由底层 ± 0.000 标高线传递上来的。高层建筑施工的标高偏差限差如表 9.2 所示。

1. 用钢尺直接测量

一般用钢尺沿结构外墙、边柱或楼梯间，由底层 ± 0.000 标高线向上竖直量取设计高差，即可得到施工层的设计标高线。用这种方法传递高时，应至少由三处底层标高线向上传递，以便于相互校核。由底层传递到上面同一施工层的几个标高点，必须用水准仪进行校核，检查各标高点是否在同一水平面上，其误差不超过 ± 3 mm。合格后以其平均标高为准，作为该层的地面标高。若建筑高度超过一尺段（30 m 或 50 m），可每隔一个尺段的高度，精确测设新的起始标高线，作为继续向上传递高程的依据。

2．悬吊钢尺法

在外墙或楼梯间悬吊一根钢尺，分别在地面和楼梯向上安置水准仪，将标高传递到楼面上。用于高层建筑传递高程的钢尺，应经过检定，量取高差时尺身应铅直和用规定的拉力，并应进行温度改正。

思考与练习

1. 民用建筑施工测量前有哪些准备工作？

2. 新旧建筑物的外墙间距为 10 m，右侧墙边对齐，新建筑物设计尺寸（算至外墙边线）为长 50 m，宽 20 m。试述根据原有建筑物测设新建筑物轴线交点的步骤及方法。

3. 设置龙门板或引桩的作用是什么？如何设置？

4. 一般民用建筑条形基础施工过程中要进行哪些测量工作？

5. 一般民用建筑墙体施工过程中，如何投测轴线？如何传递标高？

6. 在工业厂房施工测量中，为什么要建立独立的厂房控制网？在控制网中距离指标桩是什么？其设立的目的是什么？

7. 如何进行柱吊装的竖直校正工作？应注意哪些具体要求？

8. 高耸的构筑物测量有何特点？在烟囱筒身施工测量中如何控制其垂直度？

9. 简述工业厂房柱列轴线如何进行测设？它的具体作用是什么？

10. 简述吊车梁的安装测量工作。

项目十　变形监测

【学习目标】

1. 了解变形监测的相关概念和作用。
2. 了解当今先进的监测仪器和监测方法。
3. 掌握水平位移、垂直位移、挠度变形的数据观测方法。
4. 掌握变形观测报告材料的编写。

概　述

人们对自然界现象的观察，总是对有变化、无规律感兴趣，而对于无变化、规律性很强的部分反映则比较平淡。如何从平静中找出变化，从变化中找出规律，由规律预测未来，这是人们认识事物、认识世界的常规辩证思维过程。变化越多、反应越快，系统就越复杂，这就导致了非线性系统的产生。人的思维实际是非线性的，而不是线性的，不是对表面现象的简单反应，而是透过现象看本质，从杂乱无章中找出其内在规律，然后遵循规律办事这就是变形分析的真正内涵。

一、变形监测概念

变形体的变形可分为两类：变形体自身的形变和变形体的刚体位移。自身形变包括：伸缩、错位、弯曲和扭转四种变形；而刚体位移则包含整体位移、整体移动、整体升降和整体倾斜四种变形。

变形监测是对被监视的对象或物体（简称变形体）进行测量以确定其空间位置随时间的变化特征。变形监测为变形分析和预报提供基础数据。变形监测又称变形测量或变形观测。变形体一般包括工程建筑物、技术设备以及其他自然或人工对象。

现以建筑工程为例来说明变形监测的具体含义。我们知道，建筑物在建造过程或建成后，由于地面是软质或弹性物质，建筑物是一个整体，其密度比地面上物质的密度大得多，这就必然导致建筑物在建造时或建成后下沉。如果该建筑物作为一个整体均匀地沉降，则其不会发生倾斜；反之，若该建筑物产生不均匀沉降（差异沉降），则该建筑物必然产生倾斜。变形测量是通过监测建筑物是否产生不均匀沉降、沉降量值有多大，倾斜现象的发生是施工本身的原因，还是由于产生不均匀沉降而造成的，从而评价施工单位对建筑物施工的质量优劣。

二、变形监测内容

变形监测内容是根据变形体的性质与地基情况来确定的。变形监测要求有明确的针对性，既要有重点，又要作全面考虑，以便能正确地反映出变形体的变化情况，达到监视变形体的安全、了解其变形规律的目的。

1）工业与民用建筑物

工业与民用建筑物的变形监测，主要包括基础的沉陷观测与建筑物本身的变形观测。就其基础而言，主要观测内容是建筑物的均匀沉陷与不均匀沉陷；对于建筑物本身来说，主要是观测倾斜与裂缝。对于高层和高耸建筑物，还应对其动态变形（主要为振动的幅值、频率和扭转）进行观测。工业设施、科学试验设施与军事设施中的各种工艺设备、导轨等主要观测内容是水平位移和垂直位移。

2）水工建筑物

对于土坝，其观测项目主要为水平位移、垂直位移、渗透以及裂缝观测；对于混凝土坝，以混凝土重力坝为例，由于水压力、外界温度变化、坝体自重等因素的作用，其主要观测项目为垂直位移、水平位移以及伸缩缝的观测，这些内容通常称为外部变形观测。此外，为了了解混凝土坝结构内部的情况，还应对混凝土应力、钢筋应力、温度等进行观测，这些内容通常称为内部观测。虽然内部观测一般不由测量人员进行，但在进行变形监测数据处理时，特别是对变形原因作物理解释时，则必须将内、外部观测的资料结合起来进行分析。

3）地面沉降

建立在江河下游冲积层上的城市，由于地下水的大量开采，而影响地下土层结构，将使地面发生沉降现象。对于地下采矿地区，由于大量的采掘，也会使地表发生沉降现象。在这种沉降现象严重的城市地区，暴雨后将发生大面积的积水，影响仓库的使用与居民的生活。有时甚至造成地下管线的破坏，危及建筑物的安全。因此，必须定期进行观测，掌握其沉降与回升的规律，以便采取防护措施。

三、变形监测目的和意义

1. 变形监测目的

（1）监测各种自然、人工建筑物的稳定性及其变形状态；

（2）解释变形的机理；

（3）验证有关工程设计的理论和地壳运动的假说；

（4）建立正确的预报模型。

2. 变形监测意义

通过对工程建筑物的沉陷、倾斜以及形变的监测，为改善建筑物物理参数、地基强度参数提供依据，防止工程破坏事故，提高抗灾能力；对于机械技术设备，则保证设备安全、可靠、高效地运行，为改善产品质量和新产品的设计提供技术数据；对于滑坡，通过监测其随时间的变化过程，可进一步研究引起滑坡的成因，预报大的滑坡灾害；通过采矿区的变形监测，以便采用控制开挖和加固等措施，避免危险性变形的发生。在地壳构造运动监测方面，主要是大地测量学的任务，但对于近期地壳垂直和水平运动以及断裂带的应力积聚等地球动力学现象、大型特种精密工程如核电厂、离子加速器以及铁路工程也具有重要的意义。

四、变形监测中应注意的问题

进行建筑物变形监测是项非常复杂和技术要求极高的工作。在实施建筑工程变形监测，特别是对高层、超高层建筑物的变形监测时，应注意以下几点：

（1）实地踏勘，做好技术设计。这是变形监测的第一步，是为变形监测技术设计书的编写提供重要依据。因此要认真听取施工单位、建筑工程质监管理部门及用户的意见，实地察看建筑工程场地，做到心中有数。

（2）编写变形监测技术设计书，确定施测精度指标。它是将国家有关规范、用户要求及建筑工程的实际情况相结合的产物，在编写过程中规定了变形监测的技术精度指标、变形监测方法、监测次数及周期等。因此变形监测技术设计书编写的质量，将直接影响到变形监测工作的进行。

（3）选用仪器、设备应满足变形监测精度要求。一般较常用的仪器设备有经纬仪、水准仪、测距仪或全站仪等。以上用于变形监测仪器设备，均应送交由技术监督部门考核认定授权的仪器检定单位进行计量标定。

（4）变形监测的实施。要注意测量技术、采用仪器、野外数据收集、内业数据处理及精度统计等。

（5）提交资料。变形监测的全部成果资料，一般在全部工作结束后提交。但每次监测的成果，应提交建筑监理单位或建筑质量监督部门，特别是在实测过程中，如发现建筑物的变形数据异常，应及时提交变形警报资料，以引起有关部门的重视。

五、变形监测方法

1. 常规监测方法

常规监测方法指用常规或现代大地测量仪器进行方向、角度、边长和高差等测量的总称。其所采用的仪器主要包括光学经纬仪、光学水准仪、电磁波测距仪、电子经纬仪、电子水准仪、电子全站仪以及 GNSS 接收机等。

2. 近景摄影测量法

与其他方法相比有其显著特点，可在某些监测任务中应用。

（1）不需要接触被监测的变形体。

（2）外业工作量小，观测时间短，可获取快速变形过程，可同时确定变形体上任意点的变形。

（3）摄影影像的信息量大，利用率高，利用种类多，可以对变形前后的信息做各种后处理，通过底片可观测到变形体任一时刻的状态。

（4）摄影的仪器费用较高，数据处理对软硬件的要求也比较高。

摄影测量方法的精度主要取决于像点坐标的量测精度和摄影测量的几何强度。前者与摄影机和量测仪的质量、摄影材料的质量有关，后者与摄影站和变形体之间的关系以及变形体上控制点的数量和分布有关。在数据处理中采用严密的光束法平差，将外方位元素、控制点的坐标以及摄影测量中的系统误差如底片形变、镜头畸变作为观测值或估计参数一起进行平差，亦可以进一步提高变形体上被测目标点的精度。目前摄影测量的硬件和软件的发展很快，像片坐标精度可达 2~4 μm，目标点精度可达摄影距离的十万分之一。特别是数字摄影测量和实时摄影测量为该技术在变形监测中的应用开拓了更好的前景。

3. 特殊大地测量方法

作为对常规大地测量方法的补充或部分的代替,这些特殊测量方法特别适合于变形监测。这些方法的特点是：或者操作特别方便简单，或者精度特别高，许多时候是精确地获取一个被测量对象的变化，而被测量对象本身的精度不要求很高。下面仅就众多方法中选择几种典型方法予以说明。

1）短距离和距离变化测量方法

对于小于 50 m 的距离，由于电磁波测距仪的固定误差过大，不宜采用，根据实际条件可采用机械法。如 GERICK 研制的金属丝测长仪，是将很细的金属丝在固定拉力下绕在因瓦测鼓上，其优点是受温度影响小，在上述测程下可达到 1 mm 的精度。两点间在 i 和 $i+1$ 周期之间的距离变化 Δl 可表示为

$$\Delta l = L_{i+1} - L_i = l_{i+1} - l_i \tag{10.1}$$

如果传递元素（因瓦线、石英棒等）的长度 a、b 保持不变，则只需测微小量 l_i 和 l_{i+1} 即可，这样不仅花费小，而且精度很高。瑞士苏黎世高等工业学校道路研究所研制的伸缩测微因瓦线尺（见图 10.1），由伸缩测量和拉力测量两部分组成，其测微分辨率为 0.01 mm，Δl 的精度可达 0.02 mm。应注意的是，上述仪器对风的影响都很敏感。

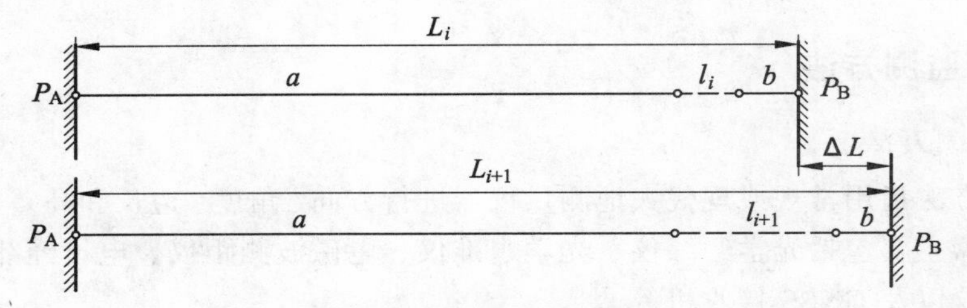

图 10.1 伸缩测微仪原理

对于建筑预留缝和岩石裂缝这种更小距离的测量，一般通过预埋内部测微计和外部测微计进行。测微计通常由金属丝或因瓦丝与测表构成，其精度可优于 0.01 mm。

2）偏离水平基准线的微距离测量——准直法

水平基准线通常平行于被监测物体（如大坝、机器设备）的轴线。偏离水平基准线的垂直距离称偏距（或垂距），测量偏距的过程称准直测量。基准线可用光学法、光电法和机械法产生。

光学法是用一般的光学经纬仪或电子经纬仪的视准线构成基准线，也常用测微准直望远镜的视准线构成基准线。若在望远镜目镜端加一个激光发生器，则基准线是一条可见的激光束。

光学法可采用测小角法、活动觇牌法和测微准直望远镜法测量偏距。激光器点光源中心、光电探测器中心和波带板中心三点在一条直线上，根据光电探测器上的读数可计算出波带板中心偏离基准线的偏距。

机械法是在已知基准点上吊挂钢丝或尼龙丝（亦称引张线）构成基准线，用测尺游标、

投影仪或传感器测量中间的目标点相对于基准线的偏距。机械法准直原理也可用于直伸三角形测高，对于拱形或环形粒子加速器，常布设如图 10.2 所示的环形直伸三角形网。每个直伸三角形长边上的高可视为偏距，精密地测量各偏距值，可大大提高导线点的精度。

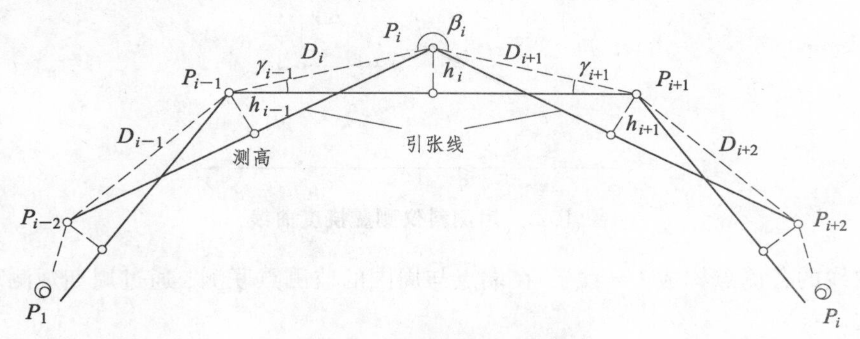

图 10.2　环形直伸三角形网

3）偏离垂直基准线的微距离测量——铅直法

以过基准点的铅垂线为垂直基准线，与水平基准线一样，可以用光学法、光电法或机械法产生。例如，两台经纬仪过同一基准点的两个垂直平面的交线即为铅垂线。用精密光学垂准仪可产生过底部基准点（底向垂准仪）或顶部基准点（顶向垂准仪）的铅垂线。与此相对应的机械法仪器是倒锤和正锤。光学法仪器中加上激光目镜，则可产生可见铅垂线。光学法中铅垂线的误差可通过仪器严格置平、盘左盘右观测或 4 个位置投点等方法予以削弱。机械法主要是克服风和摆动的影响。沿铅垂基准线的目标点相对于铅垂线的水平距离（亦称偏距）可通过垂线坐标仪、侧尺或传感器得到。

准直和铅直中的基准点或工作基点必须与变形监测网联测。

4）液体静力水准测量法

该方法基于贝努利方程，即对于连通管中处于静止状态的液体压力满足：$P+\rho gh=$常数。按该原理制成液体静力水准仪或系统可以测量两点或多点之间的高差，其中一个观测头可安置在基准点上，其他观测头安置在目标点上，进行多期观测，可得各目标点的垂直位移。这种方法特别适合建筑物内部（如大坝）的沉降观测，尤其是用常规的光学水准仪观测较困难且高差又不太大的情况。目前，液体静力水准测量系统采用自动读数装置，可实现持续观测，监测点可达上百个。同时移动式系统也得到了发展，且观测的高差可达数米，因此也用于桥梁的变形观测。

5）挠度曲线测量法——倾斜测量

挠度曲线为相对于水平线或铅垂线（称基准线）的弯曲线，曲线上某点到基准线的距离称为挠度。大坝在水压作用下产生弯曲，塔柱、梁的弯曲以及钻孔的倾斜等，都可以通过倾斜测量方法获得挠度曲线及其随时间的变化。两点之间的倾斜也可用测量高差或水平位移，通过两点间距离进行计算间接获得。用测斜仪（或称倾斜仪、测倾仪）可直接测出倾角，根据两点上所测倾角 α_i 和 α_{i+1} 两点间的距离 D，可按式（10.2）计算挠度曲线的倾角 α 和坐标差，如图 10.3 所示。

$$\left.\begin{aligned}\alpha&=\frac{1}{2}(\alpha_i+\alpha_{i+1})\\ \Delta y&=y_{i+1}-y_i=D\sin\alpha\end{aligned}\right\}\qquad(10.2)$$

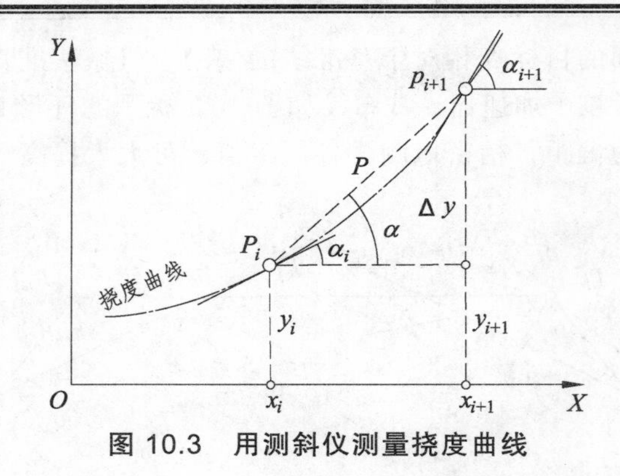

图 10.3 用测斜仪测量挠度曲线

挠度曲线的各测点构成“导线”，在端点与周围的监测点联测，通过周期观测可获取挠度曲线的变化。

测斜仪包括摆式测斜仪、伺服加速度计式测斜仪以及电子水准器等。

任务一 高等级公路变形监测

高等级公路对地基的要求极高，不但应确保路基填筑过程及路堤永久荷载作用下地基的稳定性，而且应减少或消除运营中的沉降，从而避免桥、涵与路基的连接处出现较大的沉降差和沿路基纵、横向的不均匀沉降，以防止运行中出现路面不平整、开裂损坏及桥头跳车等现象。

一、路基沉陷观测

路基沉降观测是软土地基高等级公路建设的重要环节，应及时、真实、正确地提供分期沉降观测资料。

（一）沉降观测基准点布设

沉降观测控制网是在施工控制网的基础上建立的，并应按二等水准测量的技术规定进行施测。高程基准点间距一般应在 200 m 以内，以便对沿线路基的沉降观测点进行观测。在软土地基施工区，水准点应设于土质坚硬的地点或已稳定的老建筑物上，且距离路基坡脚不宜小于 50 m，并应按二等水准点的标志埋设混凝土标石。当所测水准点埋设完成并稳定后，应对其进行联测，且每半年对其检核一次，其精度应符合国家二等水准测量规定。

为了减小因转点过多对观测成果的影响，应在沉降观测的断面附近布设工作基点，工作基点一般埋设混凝土标石。当路基施工到一定高度时，应将工作重点转移到灌注桩基础的桥面上，并距桥头伸缩缝 2 m 左右，作为路基完工后的沉降观测工作基点。这样不但观测方便，而且点位稳定，便于长期保存。

在观测时应使用精度不低于 DS_1 的自动安平水准仪或电子水准仪，水准尺也应采用与之配套的因钢水准尺，水准仪及水准尺各项技术指标应符合《国家一、二等水准测量规范》（GB 12897—1991）的有关规定。并且应定期对水准仪和水准尺进行鉴定。

（二）路基观测板埋设

沉降观测标志由沉降板、底座、测杆和保护侧杆的钢管组成，随着填土的增高，测杆及保护管亦应加长，每节长度不超过 50 cm 或 100 cm，应保证接高后的测杆顶面高出保护管上口。在沉降观测标志安装前应允将地面整平，应保持底板的水平及测杆的垂直度。

沉降板的构造如图 10.4 所示，其底座是一块 50 cm × 50 cm 的钢板，测杆是直径为 20 mm 的圆钢，钢管护套内径为 40 mm。

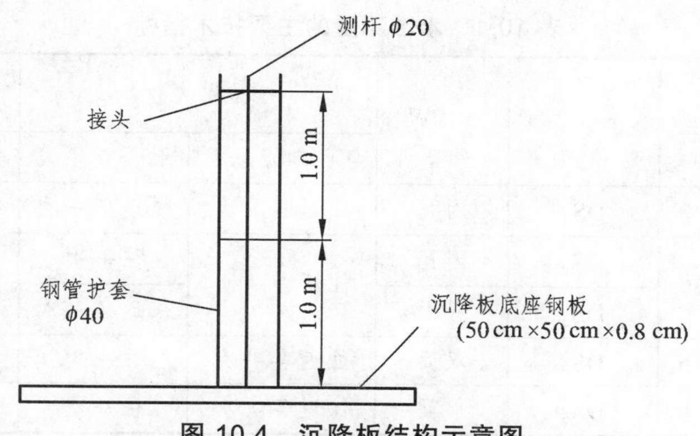

图 10.4 沉降板结构示意图

对于测杆及护管的长度不但应便于施工，而且应便于观测。在施工时，每填筑一层路基增加一节连接杆和套管，防止因连接杆和套管露出路基过高而导致在路基碾压时被破坏。沉降板及位移边桩应根据设计要求布设在有软土的地方，其数量及具体位置应按设计要求，通常布置应考虑以下几点：

（1）有地基处理的段落内都应布设沉降观测点，且应在路堤高度较大处增加观测点。

（2）河塘路段的前后和中间应布设沉降观测断面，而且应在每个通道内至少设置一个沉降观测点。

（3）对于路中的沉降板应埋设在中线偏右 1.1 ~ 1.2 m 处，其位置应严格控制、以免与防撞护栏或路缘石位置冲突。

（4）对于无中间分隔带的单车道通常设置于两侧路肩上，超高路段设置于超高侧的路肩上。对于中间有分隔带的双车道应布置在路中线处。

（5）桥头（桥台侧）、箱头（通道或箱涵侧）、管涵侧以及沿河渠布置的左右观测点，埋设时应顺应桥台、通道、涵洞以及河渠的伸展方向埋设，如图 10.5 所示。桥梁过渡段和一般路段的左右点应按桩号埋设，即在左右点垂直于路线方向。

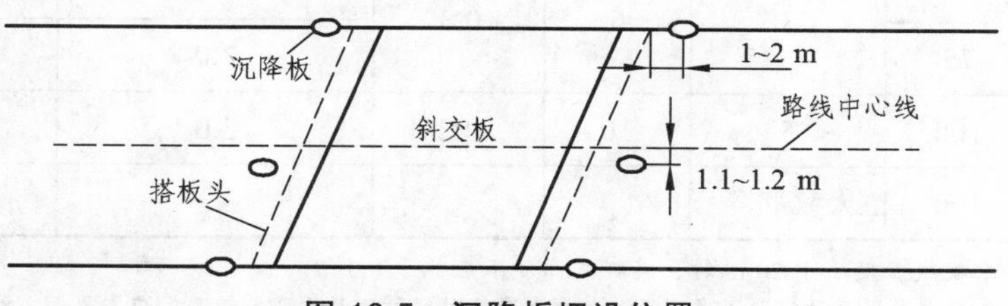

图 10.5 沉降板埋设位置

（三）软土地基沉降观测

1．沉降观测精度

根据《建筑变形测量规范》（JGJ 8—2007），沉降观测应按国家二等水准测量或二级建筑变形测量精度要求进行。为了削弱或消除观测中的系统误差，每次观测应在相同的条件下进行，做到后视固定、测站位置固定、仪器固定、观测员固定及转点固定。水准测量的主要技术要求如表 10.1 所示。

表 10.1　水准测量的主要技术指标

等级	每千米高差全中误差/mm	路线长度/m	水准仪型号	水准尺	观测次数		往返较差、附合或环线闭合差/mm	
					与已知点联测	附合或环线	平地	山地
二等	2		DS_1	因瓦	往返各一次	往返各一次	$\pm 4\sqrt{L}$	
三等	6	≤50	DS_2	因瓦	往返各一次	往一次	$\pm 12\sqrt{L}$	$\pm 4\sqrt{L}$
			DS_3	双面		往返各一次		
四等	10	≤16	DS_3	双面	往返各一次	往一次	$\pm 20\sqrt{L}$	$\pm 6\sqrt{n}$
五等	15		DS_3	单面	往返各一次	往一次	$\pm 30\sqrt{L}$	

注：① 结点之间或结点与高级点之间，其线路和长度，不应大于表中规定的 0.7 倍；
② L 为往返测段附合或环线的水准路线长度，单位为 km；n 为测站数。

为了确保沉降观测成果的质量，水准测量中所使用的仪器和水准尺，应符合以下规定：

（1）水准仪视准轴与管水准轴的夹角，对于 DS_1 型不应大于 15″；对于 DS_3 型不应大于 20″。

（2）水准尺上米间隔的平均长度与名义长度之差，对于因瓦水准尺，不应大于 0.15 mm，对于双面水准尺，不应大于 0.5 mm。

（3）二等水准测量应采用补偿式自动安平水准仪，其补偿误差不应大于 0.2″。

2．沉降观测方法

软地基的沉降观测应采用二等水准观测，其观测的主要技术要求如表 10.2 所示。

表 10.2　软地基水准观测的主要技术要求

等级	水准仪的型号	视线长度/m	前后视距差/m	前后视累积差/m	视线离地面最低高度/m	基本分划、辅助分划或黑面、红面读数较差/mm	基本分划、辅助分划或黑面红面所测高差较差/mm
二等	DS_1	50	1	3	0.5	0.5	0.7
三等	DS_1	100	3	6	0.3	1.0	1.5
	DS_3	75				2.0	3.0
四等	DS_3	100	5	10	0.2	3.0	5.0
五等	DS_3	100	大致相等				

注：① 二等水准视线长度小于 20 m 时，其视线高度不应低于 0.3 m；
② 三、四等水准采用变动仪器高度测观测单面水准尺时，所测两次高差较差，应与黑面、红面所测高差较差一致。

为了达到路基沉降观测的目的，掌握沉降的部位，建立沉降量与时间的关系，沉降观测应注意以下问题：

（1）为了观测到路基各部位的总沉降量，应从路基填筑开始，即进行沉降观测。

（2）由于沉降观测标志的埋设与施工同步进行，因此施工单位的填筑要与标志的埋设做好协调，做到互不干扰。路堤的填筑应与标志埋设密切配合，以免错过最佳埋设时间。观测设施的埋设及沉降观测应按沉降观测方案的要求进行，不得影响路基填筑的均匀性。

（3）在沉降板埋设基本不影响施工的条件下，路基的施工应做到碾压均匀，使沉降观测资料具有良好的代表性。

（4）为了分析施工期间沉降和竣工后沉降，施工期沉降与总沉降的关系以及验证推算竣工后沉降方法的准确性，对部分试验段应进行运营期间的长期沉降观测，以验证推算方法并获得最终沉降量。

3．沉降观测频率

路基沉降观测频率：在施工期间，每填筑一层观测一次；在填筑间歇期间，对于重点路段（如临界高度以及高路堤段）每 3 天观测一次；当填筑间歇时间较长时，每 3 天观测一次，连续观测三次，然后每隔一周观测一次；当路堤填筑完毕进入预压期后，每 1 个月观测一次，直至预压期结束，将多余填料卸除为止。

路基基层观测频率：地基层和基层分两次碾压，一般每碾压半层一次。若一个层次二次碾压时间相隔很短时，则可合并成一次观测。

（四）路基沉降评估方法

1．沉降观测资料整理

在沉降资料整理中应采用统一的《路基沉降观测记录表》，做好观测数据的记录与整理，并绘制每个观测点的荷载-时间-沉降曲线。对沉降观测资料应及时分析，尤其是在预压期和放置期，应对路基沉降的发生趋势进行分析，以便在必要时采取补救措施。

2．路基沉降评估方法

路基沉降预测应采用曲线回归法，常用的方法有双曲线法、指数曲线法、沉降速率法及灰色预测法等。路基沉降预测曲线回归法应满足以下要求：

（1）应根据路基填筑完成或堆载预压后 3 个月以上的实测数据作回归分析，确定沉降变形的趋势，曲线回归的相关系数不低于 0.92。

（2）沉降预测的可靠性应经过验证，间隔 3 个月以上的两次预测最终沉降量的差值不得大于 8 mm。

（3）路基填筑完成或堆载预压后，最终的沉降预测时间应满足式（10.3）。

$$\frac{S(t)}{S(t\to\infty)}\geqslant 0.75 \tag{10.3}$$

式中　$S(t)$——预测时的沉降观测值；

$S(t\to\infty)$——预测的最终沉降值。

（4）设计沉降计算的总沉降量与通过实测资料预算的总沉降量之差，原则上不宜大于10 mm。

（5）路基填筑完成或经预压荷载后应有不少于6个月的观测和调整期，持续沉降观测应不少于6个月，并根据观测资料绘制沉降曲线，按实测沉降数据分析并推算总沉降量、工程沉降值，初步确定路面施工时间。观测数据不足以评估或工后沉降评估不能满足设计要求时，应继续观测或采取必要的加速或控制沉降的措施。

（6）在3个月后进行第一次预测，根据3个月的监测数据，绘制时间-沉降量曲线，并预测六个月的沉降量及剩余沉降量，从而决定路面施工时间。当推算的工后沉降量满足评估标准时，方可进行路面施工；当沉降分析结果表明不能在计划的工期内施工时，应研究确定是延长路基沉降时间，还是采取调整预压土高度、调整预压时间、增加地基加固等工程措施。

（五）路基施工控制标准

在软土地基的路基施工中，其沉降控制标准如下。

1. 填筑期

当采用排水固结法处理地基时，应控制填筑的速率，使其与地基固结速率相适应，尽量减少附加沉降量。一般路堤，原地面每昼夜沉降速率应小于10 mm或孔隙水压力系数$\beta \leqslant 0.6$；对于桥头路堤，原地面每昼夜沉降速率应小于5 mm。

2. 预压期

当桥头和一般路堤到达路床顶面后，当进行预压土方的加载，并在原地面连续两个月的实测沉降速应分别为小于3 mm/月、5 mm/月，低路堤除外。

3. 超载频压期

当路堤填筑到达路床顶面后，进行当量预压土方的加载后，连续两个月的实测沉降速率应小于7 mm/月。

4. 路面施工期

填筑沥青混凝土下面层的条件是，当路堤施工至基层顶面后，连续两个月的实测沉降速率应小于3 mm/月。

5. 初期养护处理标准

为使车辆在桥头高速公路行驶过程平稳、舒适，在桥头有搭板设置的情况下，桥头沉降引起的纵坡必须小于$\Delta i = 0.4\% \sim 0.6\%$，其沉降差应小于2 ~ 3 cm。

二、路基边坡位移观测

（一）控制网精度要求

1. 控制网形式

路基边坡位移观测的控制网，是在施工控制网基础上进行加密布设的，一般采用附合单导线形式，结合具体条件亦可布设成测边网或测角网。控制点应布设在路基边坡位移观测断面的延长线上，并应使其与最外侧边桩的距离不小于 30 m，且位于路基边坡位移影响范围以外的坚固地面上。布网时还应考虑控制网的图形强度，基准点、工作基点、联系点、检核点应相互联测，形成统一的导线网。

2. 位移观测控制网精度要求

平面控制网的精度应符合以下要求：

（1）工作基点相对于临近基准点的点位中误差，不应大于相应等级的观测点点位中误差，点位中误差为坐标中误差的 $\sqrt{2}$ 倍。

（2）导线网或单一导线的最弱点点位中误差，不应大于所选等级的观测点点位中误差。

（3）利用基准线法或偏角值法测定点位中误差，不应大于所选等级的观测点点位中误差。

（4）为了测定区段变形独立布设的测站点、基准端点等，可不考虑点位中误差。

（二）路基边桩位移观测

在路基边桩的位移观测中，通常采用视准线法、前方交会法、测边交会法和极坐标法。在此仅介绍视准线法和极坐标法。

1. 视准线法

视准线法包括小角度法和活动觇板法。

小角度法是将基准线按平行于待测点的边线布置，角度观测的精度和测回数应按要求的偏差值观测中误差估算确定，距离可按 1/2 000 的精度测量。其具体做法是将仪器架设在控制点上并定好基准线方向，然后观测各位移边桩的观测点标志相对于基准线的偏角 a_i 则其偏移量 e_i 为

$$e_i=\frac{a_i}{\rho}S_i \tag{10.4}$$

式中　ρ——弧度，换算到（″），其值为 20 626″；

S_i——测站点到位移观测点的距离，单位 mm。

在各个观测周期内，两次偏移量之差即为位移边桩的水平位移。

活动觇板法是将仪器安置在基线一端，用另一端的固定觇板进行定向，待活动觇板的照准标正好位于方向线上时读数。每个观测点应按规定的测回数进行往返测，其在一个周期内的读数差即为水平位移值。

2. 极坐标法

全站仪极坐标法是将仪器安置在控制点上，后视另一控制点，直接测量观测点的坐标，通过一个周期内的两次坐标差即可求得边桩位移观测点的水平位移量。

三、软土地基变形监测数据处理

（一）观测数据整理及报告编写

所有观测数据应及时记录、计算、检核及汇总，并整理分析，各种曲线应当天绘制，以

便从图上直观地看出各点变化趋势，为全面了解分析土体情况做出正确判断。若发现问题，应及时复查或进行复测。应定期提供的资料有：

（1）所有沉降观测点的月沉降量；

（2）水平位移及变化速率；

（3）荷载-时间-沉降过程曲线；

（4）路基横向沉降图；

（5）路基竣工后的沉降量估值。

沉降观测报告有月沉降报告、阶段沉降报告和总结报告三种，在每个月底应编写月沉降观测报告，提交业主；当路基施工至 1～2 层时，编写第一阶段沉降观测报告，并根据沉降观测成果对预压土的高度进行优化；在预压土卸载之前，应根据预压期的沉降观测成果编写第二阶段的沉降观测报告，提出各段落卸载的具体时间；当路面施工完成后应编写总结报告，对全线的沉降稳定状况进行分析，并进行成果鉴定。

（二）观测数据处理

1. 一般规定

在观测成果计算、分析时，应按最小二乘法和统计检验原理对控制网和观测点进行平差计算，对观测点的变形进行几何分析与必要的物理解释。各类测量点观测成果的计算与分析应符合以下要求：

（1）观测值中不得有超限成果，且应将系统误差减小到最小程度；

（2）合理处理偶然误差，正确区分测量误差与变形信息；

（3）按网点的不同要求，合理估计观测成果精度，正确评价成果质量。

2. 变形测量成果整理

在观测成果计算和分析中数字取位如表 10.3 所示。

表 10.3 观测成果计算和分析

等级	类别	角度/（″）	边长/mm	坐标/mm	高程/mm	沉降值/mm	位移值/mm
一、二级	控制点	0.01	0.1	0.1	0.01	0.01	0.1
	观测点	0.01	0.1	0.1	0.01	0.01	0.01
三级	控制点	0.1	0.1	0.1	0.1	0.1	0.1
	观测点	0.1	0.1	0.1	0.1	0.1	0.1

变形测量成果的整理，应符合以下要求：

（1）原始观测记录应填写齐全，字迹清楚，不得涂改或擦改。字或超限划去成果，均应注明原因和重测结果所在页码。

（2）平差计算成果、图表和各检验、分析资料应完整、清晰、无误。

（3）使用的图式、符号，应统一规格，描绘工整，注记清楚。在每一工程变形观测结束后，应提交以下资料：

① 实测方案和技术设计书；

② 控制点及观测点平面位置图；
③ 标心、标志规格及埋设图；
④ 仪器检验及校正资料；
⑤ 各种观测记录手簿；
⑥ 平差计算、成果质量评定资料及测量成果表；
⑦ 变形过程及变形分布图表；
⑧ 变形分析成果资料；
⑨ 技术总结报告。

任务二　大坝变形监测

当大坝投入运行后，受到坝体自重，水压力，水的渗透、侵蚀、冲刷，温度变化，坝体内部应力及地震等因素的影响，将产生水平和垂直位移，即大坝变形。一般情况下，其变形是缓慢而持续的，在一定范围内具有规律性。当超出一定限度时，必将影响大坝的安全运行，造成事故。为此，应对大坝进行定期的、系统的观测，以确保安全运行。

一、视准线法观测水平位移

（一）观测原理

如图 10.6 所示，将工作基点 A、B 设置于坝体两端的山坡上，并沿坝面 AB 方向埋设 a、b、c、d 等位移标点，然后将仪器安置于基点 A 上，照准另一基点 B，构成视准线，以此作为观测坝体水平位移的基准线。将第一次测定的各位移标点至视线的垂直距离 l_{a0}、l_{b0}、l_{c0}、l_{d0} 作为起始数据；每隔一段时间后，再按上述方法重新测出偏移值 l_{a1}、l_{b1}、l_{c1}、l_{d1}，前后两次测得的各点偏离值之差，即为第一次到第二次观测的时间段内各点的水平位移值，从而了解坝体水平位移情况。通常规定，水平位移值向下游为正，向上游为负，向左岸为正，向右岸为负。

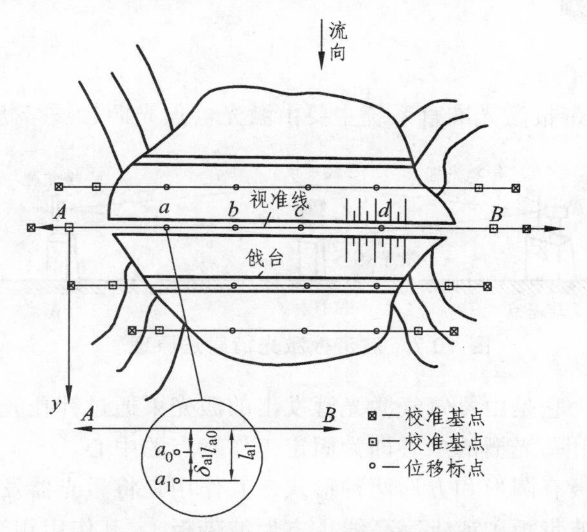

图 10.6　视准线法观测原理及点位设置

（二）观测点布置

如图 10.6 所示，通常在迎水面最高水位以上的坝坡上布设一排位移标点，在坝顶靠下游坝肩上布设一排，再在下游坡面上根据坝高布设 1 ~ 3 排。每排各测点间距为 50 ~ 100 m，在薄弱部位，如最大坝高处、地质条件较差等地段应增设位移标点。为了掌握大坝横断面的变化情况，应使各排测点都在相应的横断面上。各排测点应与坝轴线平行，在各排延长线两端的山坡上埋设工作基点，并在工作基点外再埋设校核基点，用以校核工作基点是否稳定。

对于混凝土坝，通常在坝顶上每一坝块上布设 1 ~ 2 个位移标点。

（三）观测方法

如图 10.6 所示，安置仪器于工作基点 A，安置固定觇标于 B。在位移标点 a 上安置活动觇标，用经纬仪照准 B 点，并将仪器水平方向固定，作为固定视线；然后以固定视线为准指挥 a 点的觇牌移动，使其中线恰好落在望远镜的竖丝上时为止，读取觇牌上读数。转动觇牌移动螺旋使其重新照准，再次读数。若两次读数差小于 2 mm，取其平均值作为半测回成果。倒转望远镜，按上述方法完成下半测回测量，并取上下两个半测回成果的平均值作为一测回的成果。一般而言，当用 DJ_1 型经纬仪对混凝土坝进行观测，距离在 300 m 以内时，应测两个测回，其测回差不得大于 1.5 mm，否则应重测。

为了保证观测精度，通常是在工作基点 A 上测定靠近 A 点的位移标点，然后再将经纬仪安置于 B 点，测定靠近 B 点的位移标点。

二、波带板激光衍射法观测大坝变形

波带板激光衍射法可分为大气激光观测和真空激光观测两种，前者一般只能测定大坝水平位移，后者不但能测定大坝水平位移，亦可测定垂直位移，而且其观测精度和稳定性均高于前者。

（一）大气激光观测

1. 仪器设备

如图 10.7 所示，波带板激光准直系统主要由激光器点光源、波带板和接收靶组成。

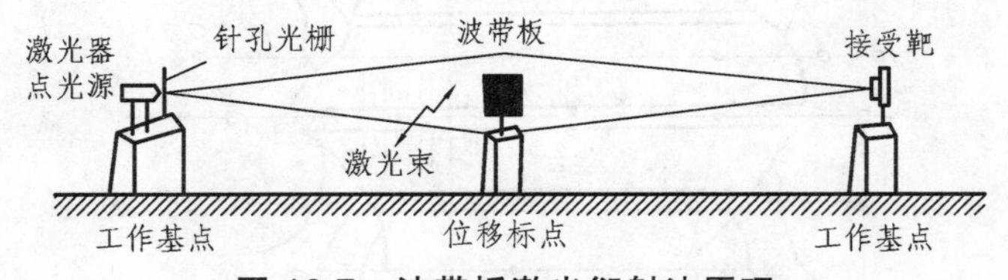

图 10.7 波带板激光衍射法原理

（1）激光器点光源。它是由氦氖气激光管发出的激光束通过针孔光栅，从而形成点光源并照射于波带板上，其针孔光栅的中心即为固定工作基点的中心。

（2）波带板。波带板有圆形和方形两种形式，其作用是将激光器发出的一束单色相干光汇聚成一个亮点（圆形波带板）或十字亮线（方形波带板），其作用相当于一个光学透镜。

（3）接收靶。它可采用普通活动觇牌按目视法接收，也可采用光电接收靶进行自动跟踪接收。

2. 工作原理

如图 10.7 所示，采用波带板激光准直法观测水平位移，是将激光器和接收靶分别安置于两端的工作基点上，波带板安置在位移标点上，并使点光源、波带板中心及接收靶中心基本位于同一高度。当激光器发出的光束照准波带板后，将在接收靶上形成一个亮点或“十”字亮线（见图 10.8），根据三点准直法，在接收靶上测定亮点或十字亮线的中心位置，即可获得位移标点的位置，从而求出其偏移量。由于激光具有方向性强、亮度高、单色性及相干性好等特点，其观测精度高于视准线法的观测精度。

图 10.8　接收靶上的激光图像

3. 观测方法

如图 10.9 所示，安置于基点 A 上的激光器发出激光，照准位移标点 C 点的波带板，则在另一基点 B 的接收靶上呈现亮点或“十”字亮线。当采用目视法接收时，则可利用接收靶的微动螺旋，使接收靶中心与亮点或亮线中心重合，然后按接收靶的游标读数，并重新转动接收靶的微动螺旋，再次重合度数。如此重复读取 2～4 次读数，取其平均值作为观测值。当采用光电接收靶接收时，则可由微机控制，自动跟踪，并显示和打印观测数据。

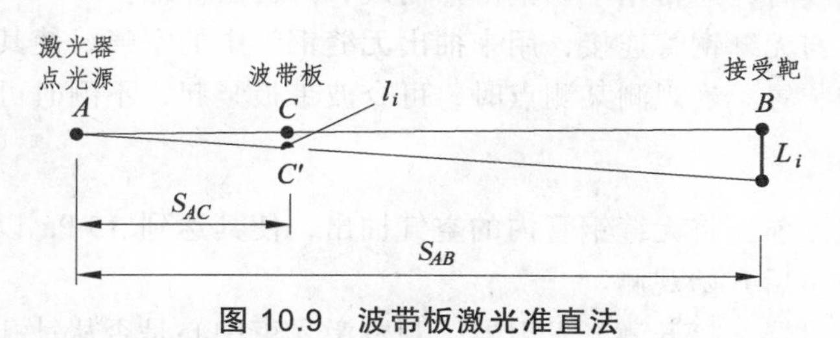

图 10.9　波带板激光准直法

若位移标点 C 因产生位移而变至 C'（见图 10.9），则根据在接收靶测得的偏离值 L_i，按相似三角形关系可求得 C 点的偏移值 l_i 为

$$l_i = \frac{S_{AC}}{S_{AB}} \cdot L_i \tag{10.5}$$

式中，S_{AC} 和 S_{AB} 分别为 A 至 C 和 A 至 B 点的距离，可在实地量取。在一定的时间间隔内（如一个月），前后两次测得偏离值之差，即为该时间间隔各点的水平位移值。

（二）真空激光观测

大气激光观测不可避免要受到大气抖动和折射的影响，若遇雨天等恶劣气候，更是无法观测。为了提高观测精度，改善观测条件，可采用真空波带板激光法测定大坝变形。

1. 仪器设备

真空激光观测与大气激光观测的原理相同，其区别主要是，真空激光观测把备位移点和波带板用无缝钢管密闭起来，以便于在真空条件下观测，其仪器设备结构如图 10.10 所示。

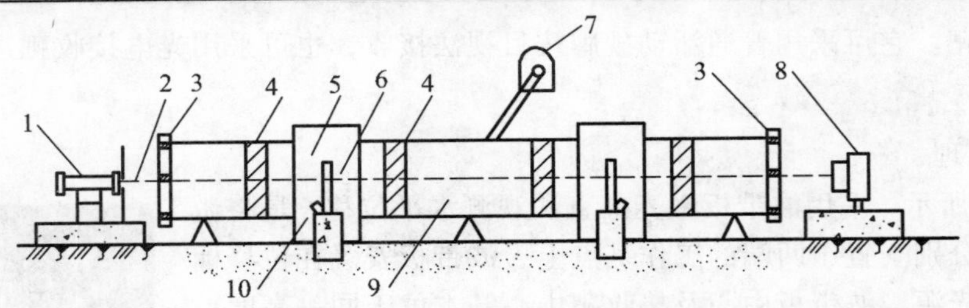

图 10.10 真空激光观测法

1—激光发射器；2—针孔光栅；3—平晶；4—波纹管；5—测点箱；6—波带板；
7—真空泵；8—光电接收靶；9—真空管；10—波带板翻板装置

主要结构如下：

（1）激光器、针孔光栅和接收靶。分别安置于大坝的两端，位于真空管外，其底座与基岩相连或与倒垂线连接。

（2）位移测点和波带板。他们是密封在无缝钢管内，位移标点的底座与大坝坝体相连，以便真实反映坝体变形情况。

（3）平晶。它是用光学玻璃研磨而成，用来密封真空管道的进出口，并使激光束进出真空管道不产生折射。

（4）波纹管。为避免因坝体变形而导致无缝钢管连接处开裂而漏气，在每个测点的左右两侧安装了连接的波纹管，通常用不锈钢薄片制成，可自由伸缩。

（5）真空泵。它与无缝钢管连接，用来抽出无缝钢管中的空气，使其形成真空。

（6）波带板翻转装置。当观测某测点时，可令波带板竖起，不测时可令其倒下。

2. 观测方法

（1）抽真空。观测前先将无缝钢管内的空气抽出，使其达到 15 Pa 以下，然后关闭真空泵，待真空度基本稳定后开始观测。

（2）打开激光发射器。打开激光发射器，观察激光束中心是否从针孔光栅中心通过，否则应校正激光管的位置，使其达到要求为止，一般应在激光管预热半小时后开始观测。

（3）启动波带板翻转装置进行观测。在施测 1 号点时，按动波带板翻转装置使 1 号点波带板竖起，其余各波带板倒下；当接收靶收到 1 号点观测值后，再使 2 号波带板竖起，其余各波带板倒下；依次测至 n 号测点，即为半测回。然后再从 n 号点反测至 1 号点，即为一测回。两个半测回测得偏离值之差不得大于 0.3 mm，若在容许范围内，取往返测平均值作为观测值，通常只需观测一个测回即可。

三、挠度观测

对于混凝土坝，通常还应进行坝体的挠度观测，它是在坝体内设置铅垂线作为标准线，然后于坝体内不同高度测量坝体相对铅垂线的位移情况，从而获得坝体的挠度。

（一）正垂线观测坝体挠度

如图 10.11 所示，正垂线是在坝内的观测并在宽缝等上部位置悬挂的带有重锤的钢丝，钢丝在重锤的作用下形成一条铅垂线。

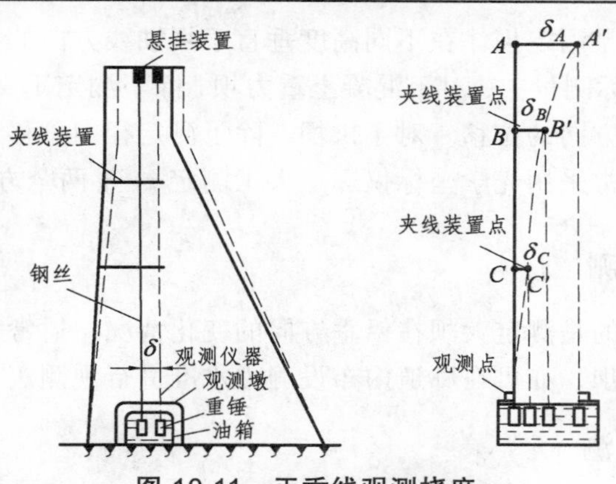

图 10.11　正垂线观测挠度

————：变形前大坝轮廓线及正垂线位置

…………：变形后大坝轮廓线及正垂线位置

由于垂线是挂在坝体上的，它将随着坝体的位移而移动，若悬挂点在坝顶，在场基上设置观测点，即可测得相对于坝基的水平位移，如果在坝体不同高度埋设夹线装置，在某一点将垂线夹紧，即可在坝基处测得该点相对于坝基的水平位移。依次可测出坝体不同高度点相对于坝基的水平位移，从而求得坝体的挠度。

（二）倒垂线观测坝体挠度

倒垂线的结构与正垂线相反，它是将钢丝一端同定在坝基深处，上端牵以浮托装置，使钢线成一固定的倒垂线，如图 10.12 所示。锚固点是倒垂线的支点，应埋在不受坝体荷载影响的基岩深处，其深度通常为坝高的 1/3 以上，钻孔应铅直，钢丝连接在锚块上。

由于倒垂线可认为是一条位置固定不变的铅垂线，因此可在坝体不同高度处设置观测点，并测定从观测点到铅垂线距离的变化，从而得出各观测点的位移量。在图 10.12 中，C 点变形前与铅垂线的偏离值为 l_C，变形后测得其偏离值为 l'_C，则其位移量为 $\delta_C = l_C - l'_C$。在测出坝体不同高度上各点的位移量后，即可求出坝体的挠度。

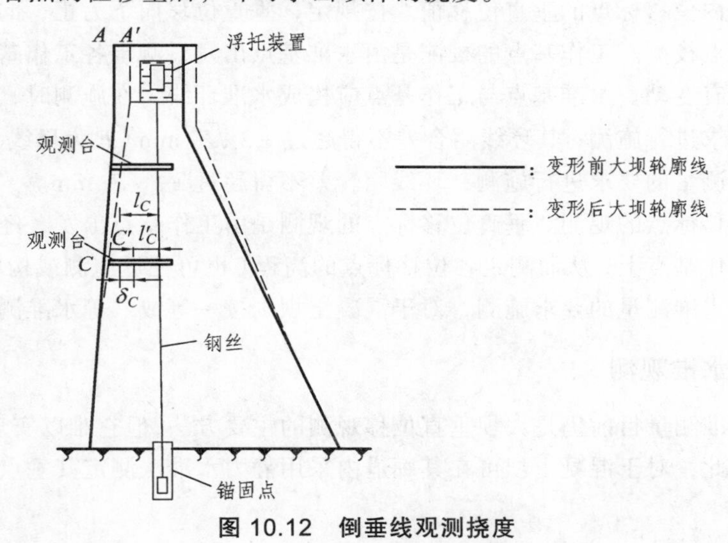

图 10.12　倒垂线观测挠度

坝体挠度测量主要是测定坝体在不同高度垂直于坝轴线方向的位移情况，并求出大坝顺水流方向的挠度。在实际测量中，对于混凝土重力坝，除了测定垂直于坝轴线方向的位移外，无须测定平行于坝轴线方向的位移。对于拱坝，除了测定径向位移外，还须测定切向位移。因此，在实际测量中通常采用光学坐标仪逐点人工测定 x、y 两个方向的值以求得其位移值。

四、垂直位移观测

垂直位移观测的目的是测定大坝在铅垂方向的变化情况，通常采用精密水准测量的方法进行观测。对于混凝土坝，亦可在廊道内布设静力水准进行观测。

（一）精密水准观测

1. 点位布设

在垂直位移测量中，其测点通常分为水准基点、工作基点和垂直位移标点三种。

（1）水准基点。水准基点是用垂直位移观测的基准点，其位置应设在大坝下游地基坚实稳固、不受大坝变形影响、易于引测的地方。为了检核基准点的稳定性，对于普通基岩标的设置不应少于三个。若有条件应钻孔深入基岩，并埋设钢管和铝管形成双金属标，力求基点稳定可靠。

（2）工作基点。由于水准基点通常距坝体较远，不便于施测，因此，通常在大坝两岸距坝体较近且地基稳固的地方，各埋设一个以上的工作基点，作为施测位移标点的依据。

（3）垂直位移标点。在土石大坝观测中，为了将大坝的水平位移和垂直位移结合起来分析，通常可在水平位移标点上，埋设一个半圆形的不锈钢或铜质标志作为垂直位移标点。对于混凝土坝，通常是在坝顶各廊道内，每个坝段设置一个或两个位移标点。

2. 观测方法及精度

在进行垂直位移观测时，应先对工作基点进行校测，然后再以工作基点为基准，测定各垂直位移标点的高程。将首次测得的位移标点高程与本次测得的高程相比较，其差值即为两次观测时间间隔内位移标点的垂直位移值。按规定，垂直位移向下为正，向上为负。

（1）工作基点校测。工作基点的校测是由水准基点出发，测定各工作基点的高程，以校核工作基点是否有变动。水准基点与工作基点应构成水准环线，在施测时，对于土石坝按二等水准测量的要求进行施测，其环线闭合差不得超过 $\pm 2\sqrt{F}$ mm（F 为环线长）；对于混凝土坝应按一等水准测量的要求进行施测，环线闭合差不得超过 $\pm 1\sqrt{F}$ mm。

（2）垂直位移标点的观测。垂直位移标点的观测是由工作基点出发，经过各位移标点，再附合到另一工作基点上，从而测定各位移标点的高程（也可往返施测或构成闭合环）。对于土石坝可按三等水准测量的要求施测，对于混凝土坝则按一等或二等水准测量的要求施测。

（二）静力水准观测

虽然精密水准测量目前仍是大坝垂直位移观测的主要方法，但它难以实现观测的自动化，劳动强度大。因此，对于混凝土坝可在其廊道内采用静力水准法测定其垂点位移，以便实现观测自动化。

1. 仪器设备

如图 10.13 所示，在静力水准管测量小，采用的仪器设备主要由钵体、浮子、连通管、传感器、仪器底板、保护箱以及目测和遥测装置等组成。

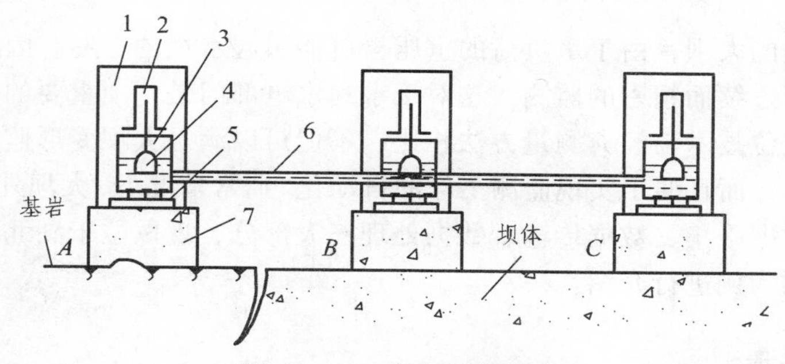

图 10.13　静力水准观测

1—保护箱；2—传感器，3—钵体；4—浮子；5—仪器底板；6—连通管；7—混凝土测墩

（1）钵体。通常是用不锈钢制成，用来装载经过防腐处理的蒸馏水。

（2）浮子。用玻璃特制，将其浮于钵体内的蒸馏水中，在其上连一铁棒，并插入传感器中。

（3）连通管。连通管一般为开泰管或透明的塑料管，管内充满蒸馏水（不得留有气泡），并与各测点的钵体相连接。

（4）传感器。它安装于钵体之上，传感器上的铁棒插入水中，用以测量水位的变化，从而算出测点的位移量。

（5）仪器底板。它由不锈钢或大理石制成，并埋没于混凝土测墩上，用以支撑钵体。

（6）保护箱。它是用塑料板或铝板制成，用来保护测点的仪器设备。

（7）目测和遥测装置。通常是在浮子上安装一刻线标志，用于人工目测。用电缆将传感器的电信号传至观测室构成遥测装置。

2. 工作原理

如图 10.13 所示，若测点 A 置于稳固的基岩上，其垂直位移不变。而测点 B 和测点 C 置于坝体上，当大坝发生下降或上升时，按照液体从高往低处流并保持平衡的原理，A、B、C 三点的水位将发生变化，浮子连同其上的铁棒在铅垂方向也发生变化，只要测出各点水位的变化值，即可算出 B、C 点的绝对垂直位移。若测点不是置于基岩之上，而是置于坝体之上，则测得的是各点的相对垂直位移。在实际测量中，也可于坝基的上下游各设立一个静力水准测点，即可测出坝基在上下游方向的倾斜状况。

3. 观测方法

（1）人工观测方法。在每个混凝土测墩上埋设有安装显微镜的底座，在观测时，可将显微镜安置在底座上，照准浮子上的刻划线，读取读数，并将其与首次观测读数相比较，即可求出水位的变化量，从而算出其位移值。该法需要逐点施测。

（2）遥测。由于测点传感器的电信号已传送至观测室，只要在观测室内打开读数仪，即可获得瞬时各测点的测值；若与微机相连接，编制相关软件，则可自动算出各点的垂直位移，打印有关报表，以及绘制垂直位移过程线。

静力水准的目测与遥测可相互校核。由静力水准不受天气条件的影响，可实现遥测和连续观测，瞬时获得观测值，所以它是大坝安全监测主要方法之一。

五、利用 GNSS 技术进行大坝变形观测

水库或水电站的大坝，由于水负荷的重压，可能引起水坝的变形。因此，为了安全，应对大坝的变形进行连续而精密的监测。这对于水利水电部门是一项重要的任务。

GNSS 精密定位技术与经典测量方法相比，不但可以满足大坝变形监测工作的精度要求（0.199 ~ 1.099 mm），而且便于实现监测工作的自动化。通常情况下，大坝外观变形监测 GNSS 自动化系统包括数据采集、数据传输、数据处理三大部分，现以位于湖北省长阳县境内的隔河岩水库大坝监测为例进行介绍。

（一）数据采集

GNSS 数据采集分基准点和监测点两部分，由七台 Ashtech GNSS 双频接收机组成。为提高大坝监测的精度和可靠性，大坝监测基准点宜选两个，并分别位于大坝两岸。点位地质条件要好，点位要稳定且能满足 GNSS 观测条件。

监测点应能反映大坝形变，并能满足 GNSS 观测条件。根据以上原则，隔河岩大坝外观变形 GNSS 监测系统基准点设为 2 个（GNSS1 和 GNSS2），监测点为 5 个（GNSS3 ~ GNSS7）。

（二）数据传输

根据现场条件，GNSS 数据传输采用有线（坝面监测点和观测数据）和无线（基准点观测数据）相结合的方法，网络结构如图 10.14 所示。

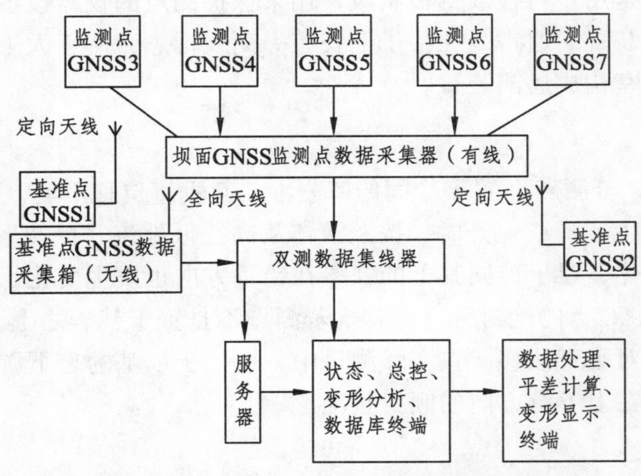

图 10.14　GNSS 自动监测系统网络结

（三）GNSS 数据处理、分析和管理

整个系统的七台 GNSS 接收机一年 365 天需连续观测，并实时将观测资料传输至控制中心，进行处理、分析、储存。系统反应时间小于 10 min（即从每台 GNSS 接收机传输数据开始，到处理、分析、变形显示为止，所需总的时间小于 10 min）。为此，必须建立一个局域网，有一个完善的软件管理、监测系统。

本系统的硬件环境及配置如图 10.15 所示。

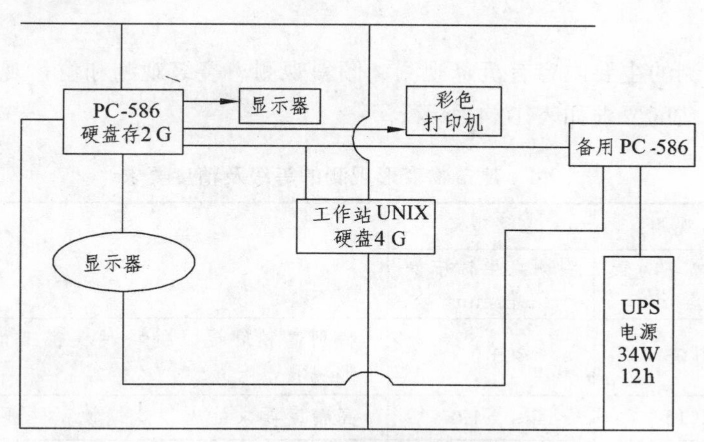

图 10.15　硬件环境及配置

整个系统全自动，应用广播星历 1 ~ 2 h，GNSS 观测资料解算的监测点位水平精度优于 1.5 mm（相对于基准点，以下同），垂直精度优于 1.5 mm。

目前在水库或水电站的大坝监测中，整个系统构成可采用图 10.16 所示的数据采集、传输、处理、分析和管理结构。

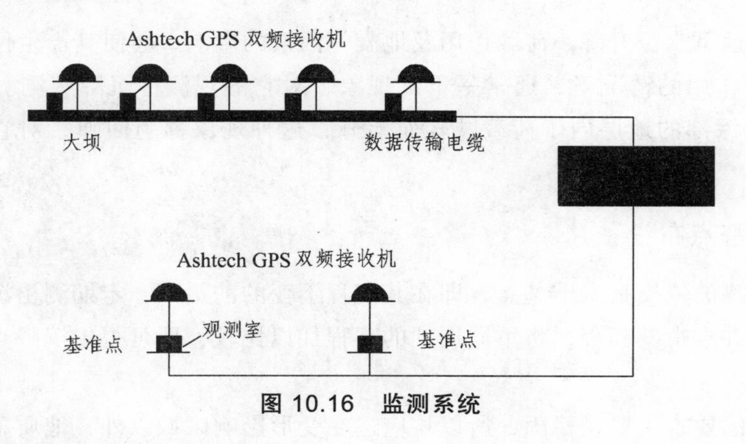

图 10.16　监测系统

任务三　高层建筑物变形观测

为了保证建筑物在施工、使用中的安全，同时也为建筑物的设计、施工、管理及科学研究提供可靠资料，在建筑物的施工和运营期间，需要对其稳定性进行观测，我们把这种观测称为建筑物的变形观测。

建筑物发生变形的原因很多。如地质条件、地震、荷载及外力作用的变化等是主要因素，在建筑物的设计及施工中应予以充分考虑。如设计不合理、材料选择不当、施工方法不当或施工质量低劣，也会使变形超出允许值而造成损失。

当建筑物发生变形时，必将引起其内部应力的变化，当应力变化到极限值时，建筑物随即遭到破坏。所以对有些建筑物，在测定形变的同时，还应辅以应力测定。在此仅介绍变形观测。

建筑物变形观测的主要内容有沉降观测、倾斜观测、裂缝观测和位移观测等。建筑物变形观测的等级及其精度要求如表 10.4 所示。

表 10.4 建筑物变形观测的等级及精度要求

等级	沉降观测	位移观测	适用范围
	观测点测站高差中误差/mm	观测点坐标中误差/mm	
特级	≤0.05	≤±0.3	特别高精度要求的特种精密工程和重要科研项目变形观测
一级	≤0.15	≤±1.0	高精度要求的大型建筑物和科研项目变形观测
二级	≤0.50	≤±3.0	中等精度要求的建筑物和科研项目变形观测；重要建筑物主体倾斜观测、场地滑坡观测
三级	≤0.50	≤±10.0	低精度要求的建筑物变形观测，一般建筑物主体倾斜观测、场地滑坡观测

一、垂直位移观测

建筑物因受地下水位升降、荷载作用及地震等因素的影响，会使其产生位移。但一般而言，在没有外力作用的情况下，通常呈下沉现象，对它的观测称沉降观测。在建筑物施工开挖基槽以后，深部的地层内于荷载减轻而上升，这种现象称为回弹，对它的观测称为回弹观测。

（一）水准基点布设

垂直位移观测的依据是水准基点，即在其高程不变的前提下，定期测出沉降点相对于水准基点的高差，并求得其高程，将不同周期的高程加以比较，即可得出沉降点高程变化的大小及规律。

由于对基点的要求主要是稳固，所以均应选在变形影响区域以外，地质条件稳定，且附近没有震源的地方，并构成水准网进行联测。水准基点布设应满足以下要求：

（1）要有足够的稳定性。水准基点必须设置于沉降影响范围以外，冰冻地区水准基点应埋设在冰冻线以下 0.5 m。

（2）应具备检核条件。为了保证水准基点高程的正确性，水准基点最少应布设三个，以便相互检核。

（3）应满足一定的观测精度。水准基点和观测点之间的距离应适中，相距太远会影响观测精度，通常在 100 m 以内，水准基点应布设在受震动影响以外的安全地点。

由水准基点组成的水准网称之为垂直位移监测网，其形式应布设成闭合环、结点或附合水准路线等形式。

（二）沉降观测点布设

需进行沉降观测的建筑物，应埋设沉降观测点，其点位的布设应满足以下要求：

1）沉降观测点位置

沉降观测点通常应设于外墙墙脚处，观测点埋设在墙内的部分应大于露出墙外部分的5～7倍，或与墙体钢筋相连，以确保观测点的稳定性。沉降观测点一般应布设在能全面反映建筑物沉降情况的部位，如建筑物的四角、沉降缝两侧、荷载有变化的部位、大型设备基础、柱基础和地质条件的变化处。

2）沉降观测点数量

一般情况下，沉降观测点应均匀布置，它们之间的间距通常为10～20 m。

3）沉降观测点形式

预制墙式观测点是由混凝土预制而成，其大小可做成普通熟土砖规格的1～3倍，中间嵌有角钢，并将角钢棱角向上，外露50 mm。在砌砖墙转角处时，将预制块砌入墙内，角钢的露出端与墙面形成50°～60°的夹角。利用直径为20 mm的钢筋，弯成90°角，一端成燕尾形埋入墙或柱内；并同墙体或柱体的主筋相固定；用长约120 mm的角钢，在其一端焊一铆钉头，另一端埋入场内或柱内，用水泥砂浆填实。

（三）沉降观测

1. 观测周期

沉降观测周期应根据工程的性质、施工进度、地质情况和基础荷载的变化情况而定。

（1）当埋设的沉降观测点稳固后，在建筑物主体开始施工之前，应进行第一次观测。

（2）在建筑物主体施工过程中，一般每加盖1～2层观测一次（如基础浇灌、回填土、柱子安装、设备安装等）。若中途停工时间较长，应在停工时和复工时进行观测。

（3）当发生较大沉降或裂缝时，应立即缩短观测周期，如遇地震、基础附近地面荷重突然增加或大量积水时，均应观测。

（4）建筑物主体封顶后，一般2～3个月观测的地质条件不佳时，应适当增加观测次数。

2. 沉降观测要求

沉降观测是一项较长期的系统观测工作，为了确保观测成果的质量，应使用固定仪器由固定人员从固定的水准基点进行观测，在观测中还应按规定的日期、方法及路线进行观测。

（四）沉降观测成果整理

1. 整理原始记录

在每次观测结束后，应检查记录的数据和计算是否正确，精度是否合格，然后再进行闭合差调整，推算出各沉降观测点的高程，并将其填入沉降观测表中（见表10.5）。

表 10.5 沉降观测结果

观测日期	沉降观测记录							施工进展情况	荷载情况/（×10 kN/m²）
	1			2			…		
	高程/m	本次下沉/mm	累计下沉/mm	高程/m	本次下沉/mm	累计下沉/mm	…		
1985.01.10	50.454	0	0	50.473	0	0	…	一层平口	
1985.02.23	50.448	−6	−6	50.467	−6	−6	…	三层平口	40
1985.03.16	50.443	−5	−11	50.462	−5	−11	…	五层平口	60
1985.04.14	50.440	−3	−14	50.459	−3	−14	…	七层平口	70
1985.05.14	50.438	−2	−16	50.456	−3	−17	…	九层平口	80
1985.06.04	50.434	−4	−20	50.452	−4	−21	…	主题完	110
1985.08.30	50.429	−5	−25	50.447	−5	−26	…	竣工	
1985.11.06	50.425	−4	−29	50.445	−2	−28	…	使用	
1986.02.28	50.423	−2	−31	50.444	−1	−29	…		
1986.05.06	50.422	−1	−32	50.443	−1	−30	…		
1986.08.05	50.421	−1	−33	50.443	0	−30	…		
1986.12.25	50.421	0	−33	50.443	0	−30	…		

注：水准点的高程 BM_1：49.538 mm；BM_2：50.123 mm；BM_3：47.776 mm。

2. 计算沉降量

（1）各沉降点本次沉降量计算：

沉降观测点本次沉降量 = 本次观测所得高程 − 上次观测所得高程

（2）累积沉降量计算：

累积沉降量 = 本次沉降量 + 上次累积沉降量

将计算出的沉降观测点的本次沉降量、累积沉降量、观测日期及荷载等记入沉降观测表（见表 10.5）中。

3. 沉降曲线绘制

如图 10.17 所示，沉降曲线分为两部分，即时间与沉降量关系曲线和时间与荷载关系曲线。

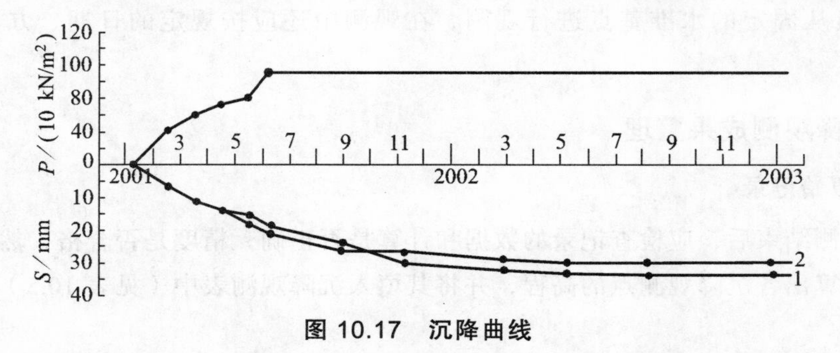

图 10.17 沉降曲线

（1）时间与沉降量关系曲线。

以沉降量 S 为纵轴，以时间 t 为横轴，再以每次累积沉降量为纵坐标，仪器对应的日期为横坐标，在图中标出沉降观测点的位置。然后用曲线将各点连接起来并于曲线末端注明沉降观测点号码，即为时间与沉降量关系曲线，如图 10.17 所示。

（2）时间与荷载关系曲线。

先以荷载为纵轴，时间为横轴，再根据每次观测时间和相应的荷载标出各点并将各点连接起来，即可绘出时间与荷载关系物线。

二、倾斜观测

利用测量仪器来测定建筑物的基础和主体结构倾斜变化的工作，称之为倾斜观测。

（一）一般建筑物主体倾斜观测

建筑物主体的倾斜观测，是测定建筑物顶部观测点相对于底部对应观测点的偏移量，然后可根据建筑物的高度，计算出建筑物主体的倾斜度，即

$$i = \frac{\Delta D}{H} = \tan\alpha \tag{10.6}$$

式中　i——建筑物主体的倾斜度；

ΔD——建筑物顶部观测点相对于底部对应观测点的偏移量，m；

H——建筑物高度，m；

α——倾斜角度。

由式（10.6）可知，倾斜量主要取决于建筑物的偏移量 ΔD。偏移量通常采用经纬仪投影法来测定，其方法如下：

（1）如图 10.18 所示，将经纬仪安置于固定的测站上，该测站距建筑物距离一般为建筑物高度的 1.5 倍以上。用仪器照准建筑物 X 墙体上部的测点 M，采用盘左、盘右分中投点法，定出墙体下部的观测点 N。同法在与 Y 墙体上定出观测点 P 和下观测点 Q。M、N 和 P、Q 即为待观测点。

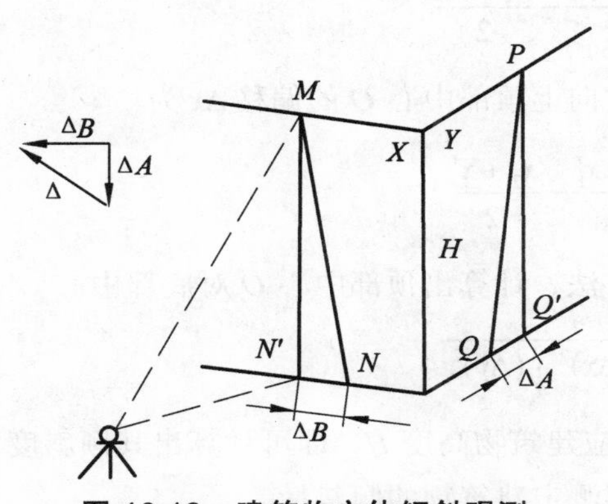

图 10.18　建筑物主体倾斜观测

（2）相隔一段时间后，在原固定测站上安置经纬仪，分别照准上观测点 M 和 P，用盘左、盘右分中投点法，得到 N' 和 Q'，若 N 与 N'、Q 与 Q' 不重合，则说明建筑物发生了倾斜。

（3）用钢尺分别量出 X、Y 墙体上的偏移量 ΔA、ΔB，然后通过矢量相加的方法，计算出该建筑物的总偏移量 ΔD，即

$$\Delta D=\sqrt{(\Delta A)^2+(\Delta B)^2} \tag{10.7}$$

（二）塔式构筑物倾斜观测

对于塔式建筑物的倾斜观测，可采用在相互垂直的两个方向上测定其顶部中心相对底部中心的偏移量，如图 10.19 所示，其具体方法如下：

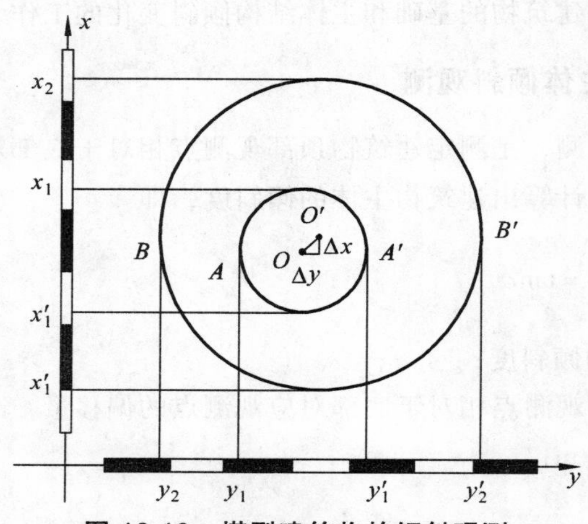

图 10.19 塔型建筑物的倾斜观测

（1）在烟囱底部放一根标尺，并在标尺中垂线方向上安置经纬仪，仪器距烟囱距离为其高度的 1.5 倍。

（2）用望远镜将烟囱顶部边缘的两点 A、A' 及底部边缘的两点 B、B' 分别投到标尺上，取得读数 y_1、y_1' 及 y_2、y_2'。烟囱顶部中心 O 对底部中心 O' 在 y 方向上的偏移 Δy 为

$$\Delta y=\frac{y_1+y_1'}{2}-\frac{y_2+y_2'}{2} \tag{10.8}$$

（3）同法亦可测出 x 方向上顶部中心 O 的偏移 Δx 为

$$\Delta x=\frac{x_1+x_1'}{2}-\frac{x_2+x_2'}{2} \tag{10.9}$$

（4）利用矢量相加的方法，计算出顶部中心 O 对底部中心 O' 的总偏移量 ΔD 为

$$\Delta D=\sqrt{(\Delta x)^2+(\Delta y)^2} \tag{10.10}$$

根据总偏移量 ΔD 和对应建筑物高度 H，即可计算出其倾斜度 i。另外亦可采用激光铅垂仪或悬吊锤球的方法，直接测定建筑物的倾斜量。

（三）建筑物基础倾斜观测

建筑物基础倾斜观测通常采用精密水准测量的方法，如图 10.20 所示，应定期测出基础两端点的沉降量差值 Δh，再根据两端点间的距离 L，可按式（10.11）计算出基础倾斜度。

$$i=\frac{\Delta h}{L} \tag{10.11}$$

对于整体刚度较好的建筑物，其倾斜观测亦可采用基础沉降量差值，推算主体偏移量。如图 10.21 所示，利用精密水准测量来测定建筑物基础两端点的沉降量差值 Δh，再根据建筑物的宽度 L 和高度 H，推算出该建筑物的主体偏移量 ΔD 为

$$\Delta D=\frac{\Delta h}{L}\cdot H \tag{10.12}$$

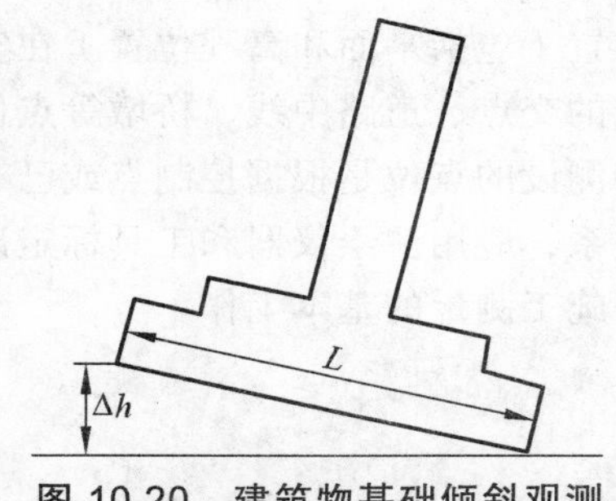

图 10.20　建筑物基础倾斜观测

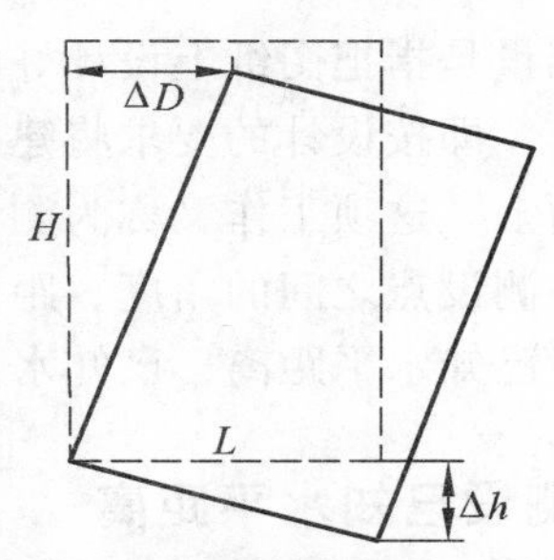

图 10.21　整体刚度较好的建筑物倾斜观测

思考与练习

1. 建筑物的变形表现形式有哪些？变形观测的目的和意义是什么？
2. 变形观测的观测周期是如何确定的？
3. 如何设置变形观测的工作基点？工作基点位移对变形值有何影响？
4. 建筑物垂直位移观测有哪几种方法？请分述之。
5. 建筑物水平位移观测有哪几种方法？请分述之。
6. 倾斜观测有哪几种方法？
7. 如何判断沉陷观测是否进入稳定阶段？
8. 变形观测需要提交哪些资料？

第二篇 操作技能训练

施工测量基本工作

施工测量是指把图纸上设计好的建（构）筑物位置（包括平面和高程位置）在实地标定出来的工作，即按设计的要求将建（构）筑物各轴线的交点、道路中线、桥墩等点位标定在相应的地面上。这项工作又称为测设或放样。这些待测设的点位是根据控制点或已有建筑物特征点与待测设点之间的角度、距离和高差等几何关系，应用测绘仪器和工具标定出来的。因此，测设已知水平距离、已知水平角、已知高程是施工测量的基本工作。

一、测设已知水平距离

测设已知水平距离是从地面一已知点开始，沿已知方向测设出给定的水平距离以定出第二个端点的工作。根据测设的精度要求不同，可分为一般测设方法和精确测设方法。

（一）用钢尺测设已知水平距离

1．一般方法

在地面上，由已知点 A 开始，沿给定方向，用钢尺量出已知水平距离 D，定出 B 点。为了校核与提高测设精度，在起点 A 处改变读数，按同法量已知距离 D，定出 B'点。由于量距有误差，B 与 B'两点一般不重合，其相对误差在允许范围内时，则取两点的中点作为最终位置。

2．精确方法

当水平距离的测设精度要求较高时，按照上面一般方法在地面测设出的水平距离，还应再加上尺长、温度和高差 3 项改正，但改正数的符号与精确量距时的符号相反，如式（2.0.1）所示。

$$S = D - \Delta_l - \Delta_t - \Delta_h \tag{2.0.1}$$

式中 S——实地测设的距离。

D——待测设的水平距离。

Δ_l——尺长改正数，$\Delta_l = \dfrac{\Delta l}{l_0} \cdot D$，$l_0$ 和 Δl 分别是所用钢尺的名义长度和尺长改正数。

Δ_t——温度改正数，$\Delta_t = \alpha D(t - t_0)$。其中，$\alpha = 1.25 \times 10^{-5}$，为钢尺的线膨胀系数；$t$ 为测设时的温度；t_0 为钢尺的标准温度，一般为 20 °C。

Δ_h ——倾斜改正数，$\Delta_h = -\dfrac{h^2}{2D}$，$h$ 为线段两端点的高差。

【例 2.0.1】　如图 2.0.1 所示，欲测设水平距离 AB，所使用钢尺的尺长方程式为

$$l_t = 30.000 + 0.003 + 1.2 \times 10^{-5} \times 30(t - 20)$$

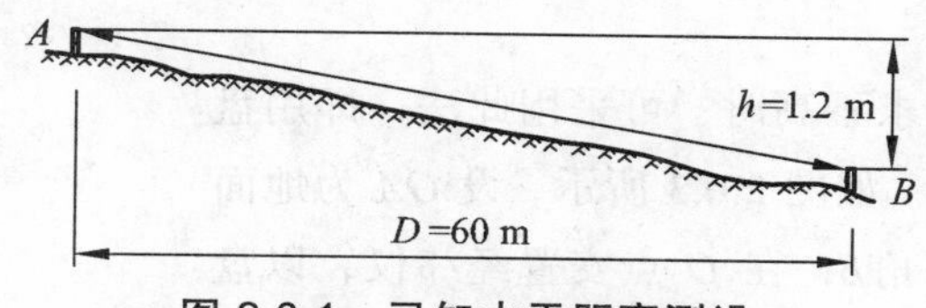

图 2.0.1　已知水平距离测设

测设时的温度为 5 °C，AB 两点之间的高差为 1.2 m，试计算测设时在实地应量出的长度是多少?

解：根据精确量距公式算出 3 项改正：

尺长改正：$\Delta_l = \dfrac{\Delta l}{l_0} \cdot D = \dfrac{0.003}{30} \cdot 60 = 0.006\ \text{(m)}$

温度改正：$\Delta_t = \alpha \cdot D \cdot (t - t_0) = 60 \times 1.2 \times 10^{-5} \times (5 - 20) = -0.011\ \text{(m)}$

倾斜改正：$\Delta_h = -\dfrac{h^2}{2D} = -\dfrac{1.2^2}{2 \times 60} = 0.012\ \text{(m)}$

则实地测设水平距离为

$$S = D - \Delta_l - \Delta_t - \Delta_h = 60 - 0.006 + 0.011 + 0.012 = 60.017\ \text{(m)}$$

测设时，自线段的起点 A 沿给定的 AB 方向量出 S，定出终点 B，即得设计的水平距离 D。为了检核，通常再放样一次，若两次放样之差在允许范围内，则取平均位置作为终点 B 的最后位置。

（二）光电测距仪测设已知水平距离

用光电测距仪测设已知水平距离与用钢尺测设方法大致相同。如图 2.0.2 所示，光电测距仪安置于 A 点，反光镜沿已知方向 AB 移动，使仪器显示的距离大致等于待测设距离 D，定出 B'点，测出 B'点反光镜的竖直角及斜距，计算出水平距离 D'；再计算出 D'与需要测设的水平距离 D 之间的改正数$\Delta D = D - D'$。根据ΔD 的符号，在实地沿已知方向用钢尺由 B'点量ΔD 定出 B 点，AB 即为测设的水平距离 D。

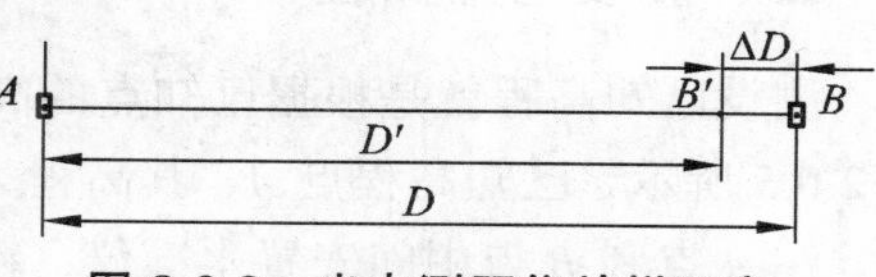

图 2.0.2　光电测距仪放样距离

现代的全站仪瞄准位于 B 点附近的棱镜后，能够直接显示出全站仪与棱镜之间的水平距离 D'；因此，可以通过前后移动棱镜，当水平距离 D'等于待测设的已知水平距离 D 时，即可定出 B 点。

为了检核，将反光镜安置在 B 点，测量 AB 的水平距离；若不符合要求，则再次改正，直至结果在允许范围之内为止。

二、测设已知水平角

测设已知水平角就是根据一已知方向测设出另一方向，使它们的夹角等于给定的设计角值。按测设精度要求不同分为一般方法和精确方法。

（一）一般方法

当测设水平角精度要求不高时，可采用此法，即用盘左、盘右取平均值的方法。如图 2.0.3 所示，设 OA 为地面上已有方向，欲测设水平角β，在 O 点安置经纬仪，以盘左位置瞄准 A 点，配置水平度盘读数为 0。转动照准部使水平度盘读数恰好为β值，在视线方向定出 B_1 点。然后用盘右位置，重复上述步骤定出 B_2 点，取 B_1 和 B_2 中点 B，则$\angle AOB$ 即为测设的β角。

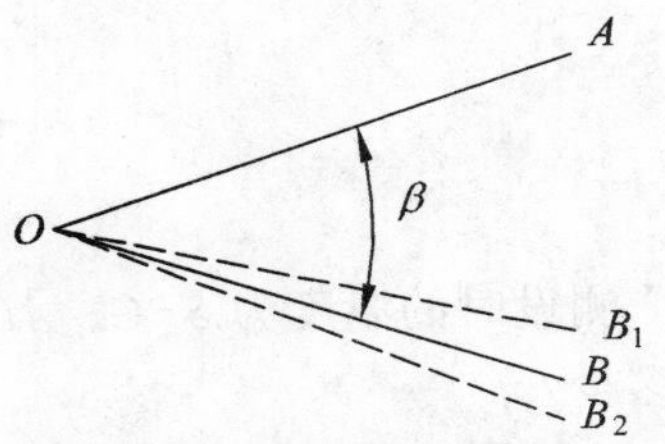

图 2.0.3 一般方法测设水平角

该方法也称为盘左盘右分中法。

（二）精确方法

当测设精度要求较高时，可采用精确方法测设已知水平角。如图 2.0.4 所示，安置经纬仪于 O 点，按照上述一般方法测设出已知水平角$\angle AOB'$，定出 B'点。然后较精确地测量$\angle AOB'$的角值，一般采用多个测回取平均值的方法，设平均角值为β'，测量出 OB'的距离。按式（2.0.2）计算 B'点处 OB'线段的垂距 $B'B$。

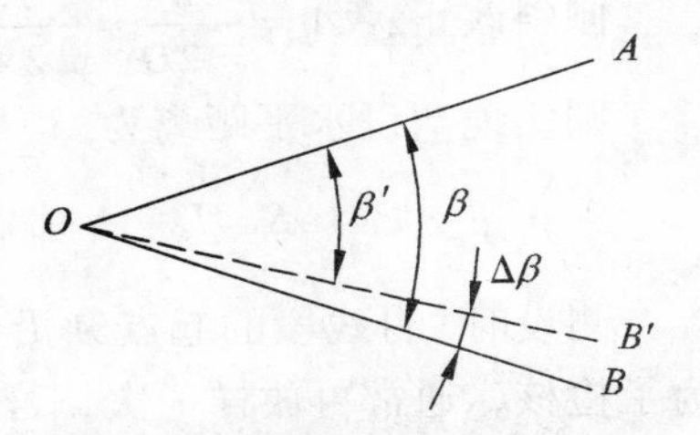

图 2.0.4 精确方法测设水平角

$$B'B=\frac{\Delta\beta''}{\rho''}\cdot OB'=\frac{\beta-\beta'}{206\ 265''}\cdot OB' \qquad (2.0.2)$$

然后，从 B'点沿 OB'的垂直方向调整垂距 $B'B$，$\angle AOB$ 即为β角。若$\Delta\beta>0$ 时，则从 B'点往内调整 $B'B$ 至 B 点；若$\Delta\beta<0$ 时，则从 B'点往外调整 $B'B$ 至 B 点。

三、测设已知高程

测设已知高程就是根据已知点的高程，通过引测，把设计高程标定在固定的位置上。如图 2.0.5 所示，已知高程点 A，其高程为 H_A，需要在 B 点标定出已知高程为 H_B 的位置。方法是：在 A 点和 B 点中间安置水准仪，精平后读取 A 点的标尺读数为 a，则仪器的视线高程为 $H_i=H_A+a$，由图可知测设已知高程为 H_B 的 B 点标尺读数应为

$$b=H_i-H_B$$

将水准尺紧靠 B 点木桩的侧面上下移动，直到尺上读数为 b 时，沿尺底画一横线，此线即为设计高程 H_B 的位置。测设时应始终保持水准管气泡居中。

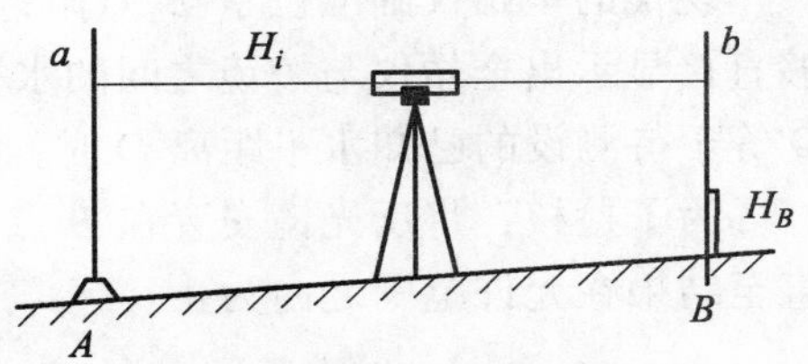

图 2.0.5 测设已知高程

在建筑设计和施工中，为了计算方便，通常把建筑物的室内设计地坪高程用±0标高表示，建筑物的基础、门窗等高程都是以±0为依据进行测设。因此，首先要在施工现场利用测设已知高程的方法测设出室内地坪高程的位置。

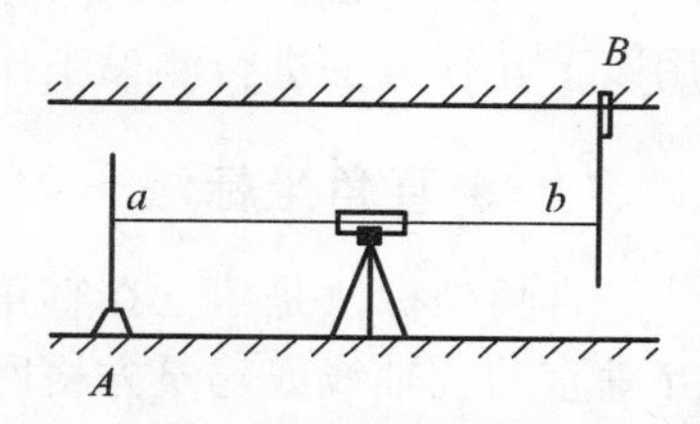

图 2.0.6　高程点在顶部的测设

在地下坑道施工中，高程点位通常设置在坑道顶部。通常规定当高程点位于坑道顶部时，在进行水准测量时水准尺均应倒立在高程点上。如图 2.0.6 所示，A 为已知高程 H_A 的水准点，B 为待测设高程为 H_B 的位置，由于 $H_B = H_A + a + b$，则在 B 点应有的标尺读数 $b = H_B - (H_A + a)$。因此，将水准尺倒立并紧靠 B 点木桩上下移动，直到尺上读数为 b 时，在尺底画出设计高程 H_B 的位置。

同样，对于多个测站的情况，也可以采用类似分析和解决方法。如图 2.0.7 所示，A 为已知高程 H_A 的水准点，C 为待测设高程为 H_C 的点位，由于 $H_C = H_A - a - b_1 + b_2 + c$，则在 C 点应有的标尺读数 $c = H_C - (H_A - a - b_1 + b_2)$。

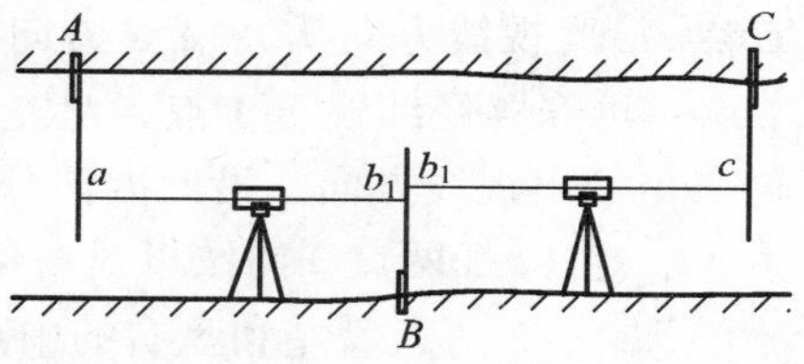

图 2.0.7　多个测站高程点测设

当待测设点与已知水准点的高差较大时，则可以采用悬挂钢尺的方法进行测设。如图 2.0.8 所示，钢尺悬挂在支架上，零端向下并挂一重物，A 为已知高程为 H_A 的水准点，B 为待测设高程为 H_B 的点位。在地面和待测设点位附近安置水准仪，分别在标尺和钢尺上读数 a_1、b_1 和 a_2。由于 $H_B = H_A + a - (b_1 - a_2) - b_2$，则可以计算出 B 点处标尺的读数 $b_2 = H_A + a - (b_1 - a_2) - H_B$。同理，图 2.0.9 所示情形也可以采用类似方法进行测设，即计算出前视读数 $b_2 = H_A + a + (a_2 - b_1) - H_B$，再画出已知高程位 H_B 的标志线。

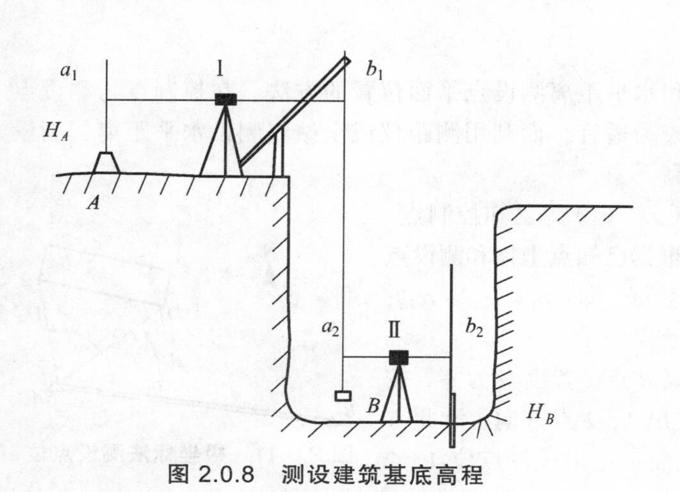

图 2.0.8　测设建筑基底高程

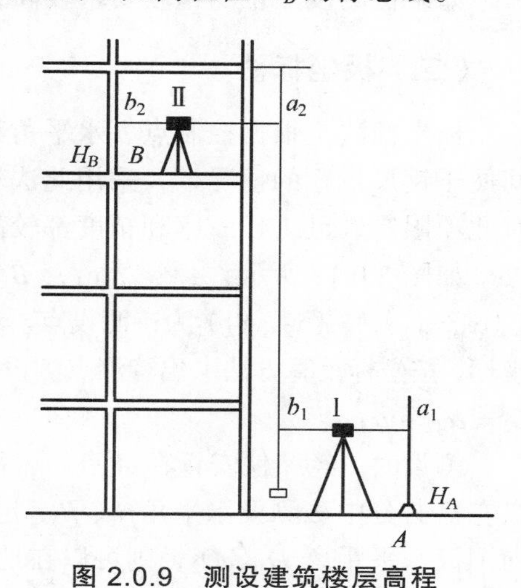

图 2.0.9　测设建筑楼层高程

四、测设点的平面位置

点的平面位置测设是根据已布设好的控制点的坐标和待测设点的坐标，反算出测设数据，即控制点和待测设点之间的水平距离和水平角，再利用上述测设方法标定出设计点位。根据所用的仪器设备、控制点的分布情况、测设场地地形条件及测设点精度要求等条件，可以采用以下几种方法进行测设工作。

（一）直角坐标法

直角坐标法是建立在直角坐标原理基础上测设点位的一种方法。当建筑场地已建立有相互垂直的主轴线或建筑方格网时，一般采用此法。

如图 2.0.10 所示，A、B、C、D 为建筑方格网或建筑基线控制点，1、2、3、4 点为待测设建筑物轴线的交点，建筑方格网或建筑基线分别平行或垂直待测设建筑物的轴线。根据控制点的坐标和待测设点的坐标可以计算出两者之间的坐标增量。下面以测设 1、2 点为例，说明测设方法。

首先计算出 A 点与 1、2 点之间的坐标增量。比如，A 点与 1 点坐标增量：$\Delta x_{A1}=x_1-x_A$，$\Delta y_{A1}=y_1-y_A$。

测设 1、2 点平面位置时，在 A 点安置经纬仪，照准 C 点，沿此视线方向从 A 沿 C 方向测设水平距离 Δy_{A1} 定出 1′点。再安置经纬仪于 1′点，盘左照准 C 点（或 A 点），转 90°给出视线方向，沿此方向分别测设出水平距离 Δx_{A1} 和 Δx_{12} 定 1、2 两点。同法以盘右位置定出再定出 1、2 两点，取 1、2 两点盘左和盘右的中点即为所求点位置。

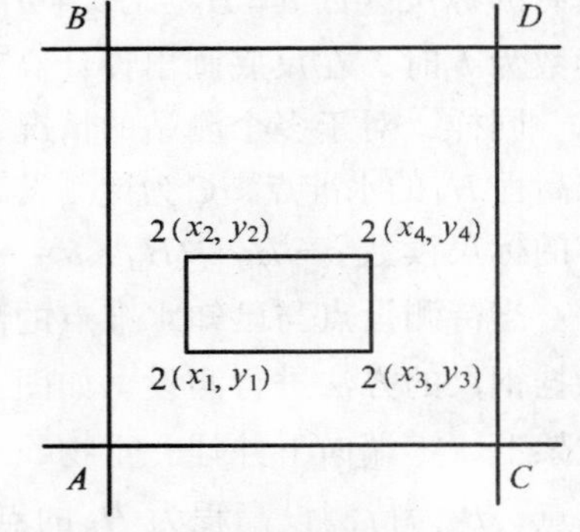

图 2.0.10 直角坐标法测设点位

采用同样的方法可以测设 3、4 点的位置。

检查时，可以在已测设的点上架设经纬仪，检测各个角度是否符合设计要求，并丈量各条边长。

如果待测设点位的精度要求较高，可以利用精确方法测设水平距离和水平角。

（二）极坐标法

极坐标法是根据控制点、水平角和水平距离测设点平面位置的方法。在控制点与测设点间便于钢尺量距的情况下，采用此法较为适宜，而利用测距仪或全站仪测设水平距离，则没有此项限制，且工作效率和精度都较高。

如图 2.0.11 所示，A（x_A，y_A）、B（x_B，y_B）为已知控制点，1（x_1，y_1）、2（x_2，y_2）为待测设点。根据已知点坐标和测设点坐标，按坐标反算方法求出待测点测设数据，即：$\beta_1=\alpha_{A1}-\alpha_{AB}$；$\beta_2=\alpha_{A2}-\alpha_{AB}$。

测设时，经纬仪安置在 A 点，后视 B 点，置度盘为零，按盘左盘右分中法测设水平角 β_1、β_2，定出 1、2 点方向，沿此方向测设水平距离 D_1、D_2，则可以在地面标定出设计点位 1、2 两点。

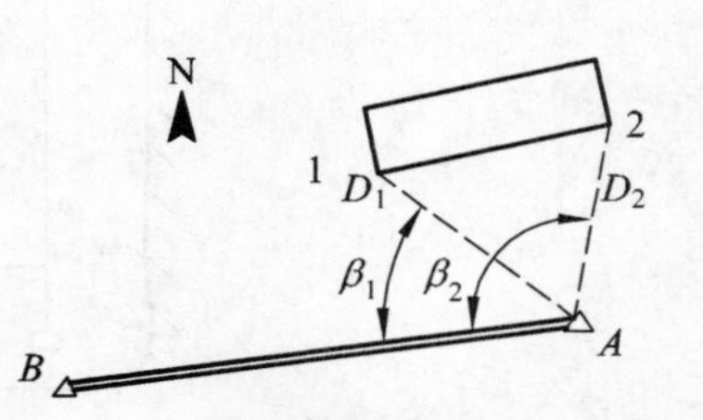

图 2.0.11 极坐标法测设点位

检核时，可以采用丈量实地 1、2 两点之间的水平边长，并与 1、2 两点设计坐标反算出的水平边长进行比较。

如果待测设点 1、2 的精度要求较高，可以利用前述的精确方法测设水平角和水平距离。

（三）角度交会法

角度交会法是在 2 个控制点上分别安置经纬仪，根据相应的水平角测设出相应的方向，根据两个方向交会定出点位的一种方法。此法适用于测设点离控制点较远或量距有困难的情况。

如图 2.0.12 所示，根据控制点 *A*、*B* 和测设点 1、2 的坐标，反算测设数据β_{A1}、β_{A2}、β_{B1}和β_{B2}。将经纬仪安置在 *A* 点，瞄准 *B* 点，利用β_{A1}、β_{A2}按照盘左盘右分中法，定出 *A*1、*A*2 方向线，并在其方向线上的 1、2 两点附近分别打上两个木桩（俗称骑马桩），桩上钉小钉以表示此方向，并用细线拉紧。然后，在 *B* 点安置经纬仪，同法定出 *B*1、*B*2 方向线。根据 *A*1 和 *B*1、*A*2 和 *B*2 方向线可以分别交出 1、2 两点，即为所求待测设点的位置。

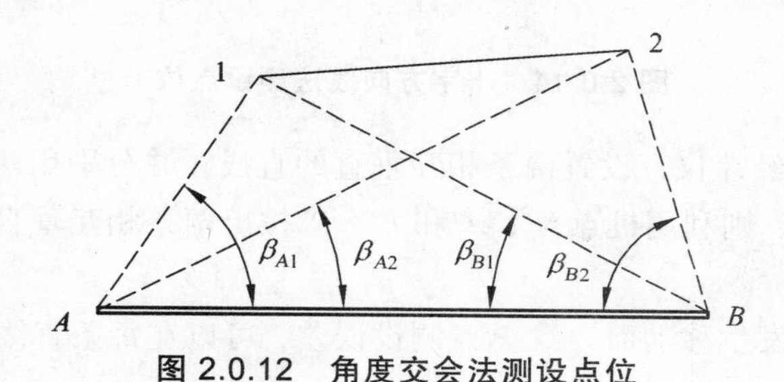

图 2.0.12　角度交会法测设点位

当然，也可以利用两台经纬仪分别在 *A*、*B* 两个控制点同时设站，测设出方向线后标定出 1、2 两点。

检核时，可以采用丈量实地 1、2 两点之间的水平边长，并与 1、2 两点设计坐标反算出的水平边长进行比较。

（四）距离交会法

距离交会法是从两个控制点利用两段已知距离进行交会定点的方法。当建筑场地平坦且便于量距时，用此法较为方便。

如图 2.0.13 所示，*A*、*B* 为控制点，1 点为待测设点。首先，根据控制点和待测设点的坐标反算出测设数据 D_A 和 D_B，然后用钢尺从 *A*、*B* 两点分别测设两段水平距离 D_A 和 D_B，其交点即为所求 1 点的位置。

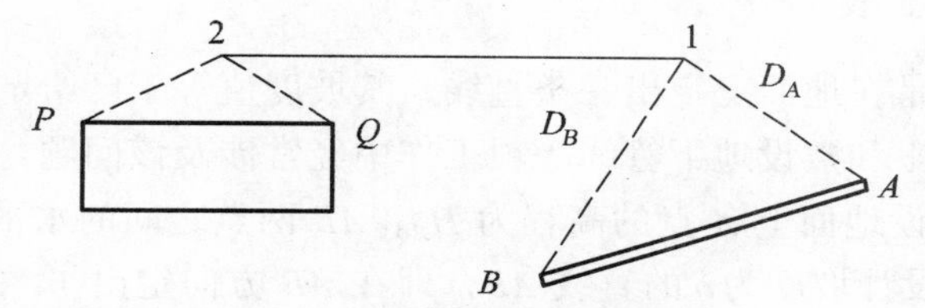

图 2.0.13　距离交会法测设点位

同样，2 点的位置可以由附近的地形点 *P*、*Q* 交会出。

检核时，可以实地丈量 1、2 两点之间的水平距离，并与 1、2 两点设计坐标反算出的水平距离进行比较。

（五）十字方向线法

十字方向线法是利用两条互相垂直的方向线相交得出待测设点位的一种方法。如图 2.0.14 所示，设 A、B、C 及 D 为一个基坑的范围，P 点为该基坑的中心点位；在挖基坑时，P 点则会遭到破坏。为了随时恢复 P 点的位置，则可以采用十字方向线法重新测设 P 点。

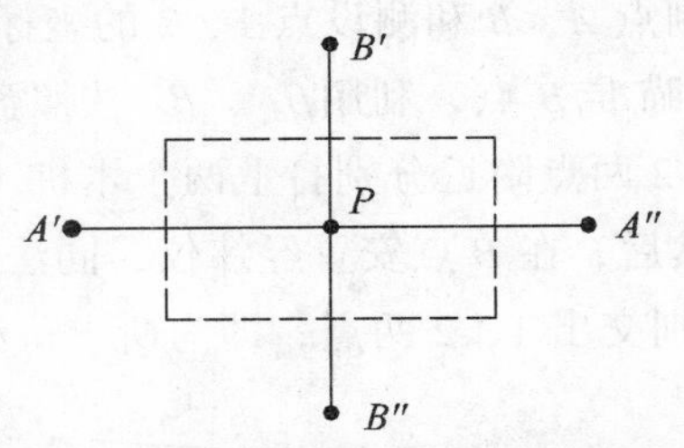

图 2.0.14 十字方向线法测设点位

首先，在 P 点架设经纬仪，设置两条相互垂直的直线，并分别用两个桩点来固定。当 P 点被破坏后需要恢复时，则利用桩点 A'、A''和 B'、B''拉出两条相互垂直的直线，根据其交点重新定出 P 点。

为了防止由于桩点发生移动而导致 P 点测设误差，可以在每条直线的两端各设置两个桩点，以便能够发现错误。

（六）全站仪坐标测设法

全站仪不仅具有测设精度高、速度快的特点，还可以直接测设点的位置。同时，在施工放样中受天气和地形条件的影响较小，从而在生产实践中得到了广泛应用。

全站仪坐标测设法，就是根据控制点和待测设点的坐标定出点位的一种方法。首先，仪器安置在控制点上，使仪器置于测设模式，然后输入控制点和测设点的坐标，一人持反光棱镜立在待测设点附近，用望远镜照准棱镜，按坐标测设功能键，全站仪显示出棱镜位置与测设点的坐标差。根据坐标差值，移动棱镜位置，直到坐标差值等于零，此时，棱镜位置即为测设点的点位。

为了能够发现错误，每个测设点位置确定后，可以再测定其坐标作为检核。

五、测设已知坡度线

测设已知坡度线就是在地面上定出一条直线，其坡度值等于已给定的设计坡度。在交通线路工程、排水管道施工和敷设地下管线等项工作中经常涉及该问题。

如图 2.0.15 所示，设地面上 A 点的高程为 H_A，AB 两点之间的水平距离为 D，要求从 A 点沿 AB 方向测设一条设计坡度为δ的直线 AB，即在 AB 方向定出 1、2、3、4、B 各桩点，使其各个桩顶面连线的坡度等于设计坡度δ。

具体测设时，先根据设计坡度δ和水平距离 D 计算出 B 点的高程，如式（2.0.3）所示。

$$H_B = H_A - \delta D \tag{2.0.3}$$

计算 B 点高程时，注意坡度δ的正、负，在图 2.0.15 中δ应取负值。

然后，按照测设已知高程的方法，把 B 点的设计高程测设到木桩上，则 AB 两点的连线的坡度等于已知设计坡度 δ。

为了在 AB 间加密 1、2、3、4 等点，在 A 点安置水准仪时，使一个脚螺旋在 AB 方向线上，另两个脚螺旋的连线大致与 AB 线垂直，量取仪器高 i；用望远镜照准 B 点水准尺，旋转在 AB 方向上的脚螺旋，使 B 点桩上水准尺上的读数等于 i，此时仪器的视线即为设计坡度线。在 AB 中间各点打上木桩，并在桩上立尺使读数皆为 i，这样的各桩桩顶的连线就是测设坡度线。当设计坡度较大时，可利用经纬仪定出中间各点。

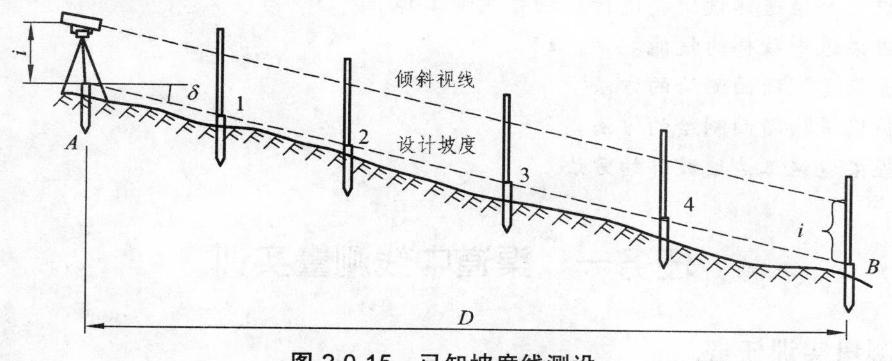

图 2.0.15　已知坡度线测设

项目十一 渠道测量实训

【训练目的与内容】

1. 认识整个渠道建设所要进行的相关测量工作。
2. 掌握渠道中放样的技能。
3. 掌握渠道纵断面测绘的方法。
4. 掌握渠道横断面测绘的方法。
5. 掌握渠道施工边坡放样的方法。

任务一 渠道中线测量实训

一、测量实训任务

参考学时：1课时。

实训内容：已知渠道中线的起点、转折、终点。学生根据给定的中线位置，按照桩距5 m在实训现场完成渠道中线测设。

成果汇交：现场标定中桩点位；实训总结。

二、实训仪器与设备

每组全站仪1套，棱镜2套，小钉或木桩若干，铅笔，计算器，计算纸。

三、训练步骤与方法

（1）根据老师所给的渠道中线起点、转折点、终点坐标的位置，在起点附近的已知点上架设全站仪，通过坐标放样法测设出渠道中线起点、转折点、终点。

（2）在起点架设全站仪，后视渠道转折点定线；固定全站仪水平制动，观测仪器的同学指挥扶棱镜同学，通过控制方向和距离，现场标定渠道的中点。

（3）在转折点架设全站仪，测设渠道转折角，然后后视渠道转折或终点；完成下一段中线点位测设。

任务二 渠道纵断面测绘实训

一、测量实训任务

参考学时：2课时。

实训内容：利用中平测量的方法完成任务一所有中线点位高程测量；利用所测高程以及里程绘制出渠道纵断面图。

成果汇交：中平测量记录表；数字化纵断面图；实训总结。

二、实训仪器与设备

自动安平水准仪 1 套，水准尺 2 把，计算机，南方 CASS 软件，铅笔，计算器，计算纸。

三、训练方法与步骤

1. 中平测量

由于测区比较平坦，中平测量可采用水准测量的方法，限差按等外水准的具体规定选用。施测时，在每一个测站上首先读取后视、前视转点的水准尺读数，再读取两转点间所有中间点水准尺读数。转点尺应立在尺垫、稳固的桩顶或坚石上，尺读数至 mm，视线长不应大于 150 m。中间点立尺应紧靠桩边的地面，读数可至 cm，视线也可适当放长。

如图 11.1 所示，将水准仪安置于 1 站，后视水准点 BM_1，前视转点 TP_1，将读数记入中平测量记录表中后视、前视栏内，观测 BM_1 与 TP_1 间的中间点的读数，记入中视栏中；再将仪器搬至 2 站，后视转点 TP_1、前视转点 TP_2，观测 K0 + 050 ~ K0 + 080 内各中间点，将读数分别记入后视、前视和中视栏；按上述方法继续往前测，直至闭合于另一水准点 BM_2，完成一测段的观测工作。测量结果记录入附表 1。

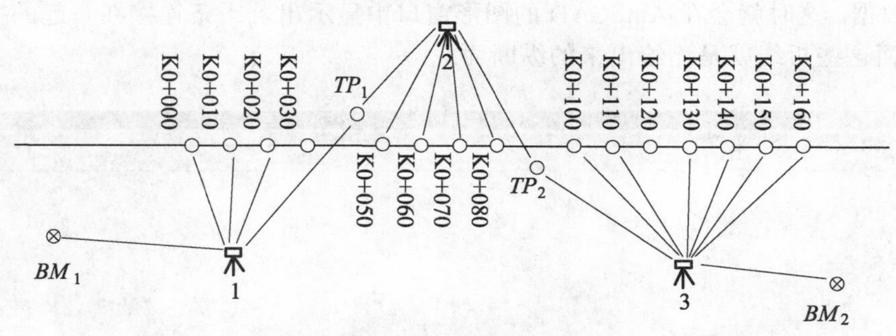

图 11.1　中平测量示意图

2. 纵断面图绘制

随着计算机使用的普及和绘图软件的成熟，而通过方格网纸进行手绘断面图的传统方法已经慢慢被淘汰，因此该纵断面绘制采用 Excel 配合 AutoCAD 绘制断面图。下面就介绍一下该方法的具体步骤。

（1）编辑数据：横断面图上的每一点都是由横坐标为距离、纵坐标为高程来表示的，在 AutoCAD 中称为笛卡尔坐标系，即：所有的测点都可以用“*x*，*y*”表示，必须把横断面上测量点处理为“*x*，*y*”的形式，AutoCAD 才能识别。将合格的中平测量数据（里程与高程）编入 Excel 表中，在 Excel 中处理测量数据是利用函数“&”对数据进行连接处理，对所有的测量点都处理成：中桩距离&“，”&高程。例如，在图 11.2 中，桩号为 K0 + 000 位置高程为

465.75，可以在 Excel 工作表中一个相对应的单元格 A2 中输入 0，B2 中输入 465.75；在单元格 C2 中键入 = A2& “,” &B2，结果 C2 单元格显示“0，465.75”。这样就完成了第一个高程点点位的编辑，“0”对应 AutoCAD 的 *X* 坐标，“465.75”对应的 *Y* 坐标。接下来就把所有的桩距和对应高程分别输入到 *A* 列和 *B* 列里，最后在 C2 单元格中向下拖动填充柄（见图 12.2），Excel 就会进行自动填充 K0 + 000 ~ K0 + 160 中的所有数据。另外根据路线长度和地面高差选择相应的比例尺，再将 Excel 表中里程和高程所对应的数据除以对应比例尺分母。

	A	B	C
1	里程	高程	点位
2	0	465.75	0,465.75
3	10	467.87	10,467.87
4	20	467.9	20,467.9
5	30	470.54	30,470.54
6	50	471.67	50,471.67
7	60	468.98	60,468.98
8	70	468.1	70,468.1
9	80	467.76	80,467.76
10	100	470.45	100,470.45

图 11.2 纵断面数据编辑

（2）绘制断面折线：Excel 工作表在选中所有点位数据复制，然后打开 AutoCAD，在 AutoCAD 键入“line”，执行画直线命令，在 AutoCAD 命令行中使用“Ctrl + V”粘贴所有复制的 Excel 数据。这时就会在 AutoCAD 的图形窗口中显示出若干条连接在一起的折线，如图 11.3 所示，而这些折线就是测绘出来的纵断面线。

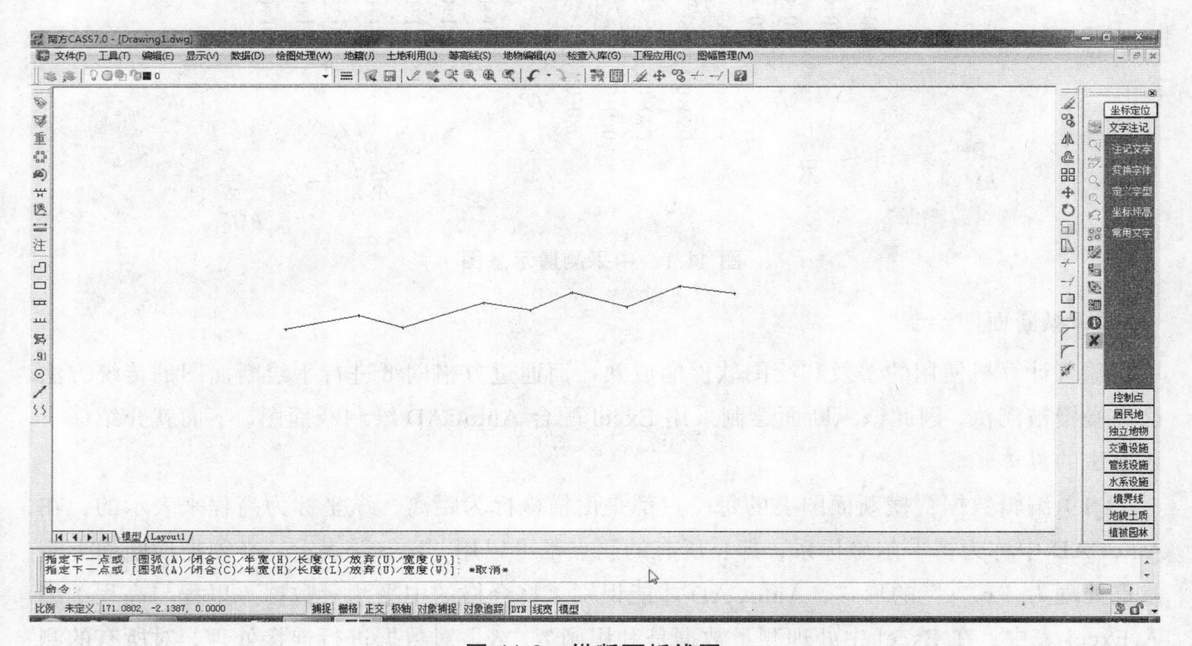

图 11.3 纵断面折线图

（3）绘制坐标轴与表格：一幅完整的原地面纵断面图除了有高低起伏的折线外，还包括坐标轴与表格。而这些内容的补充可以参阅 AutoCAD 操作的相关资料，这里就不再详述。最终的成果如图 11.4 所示。

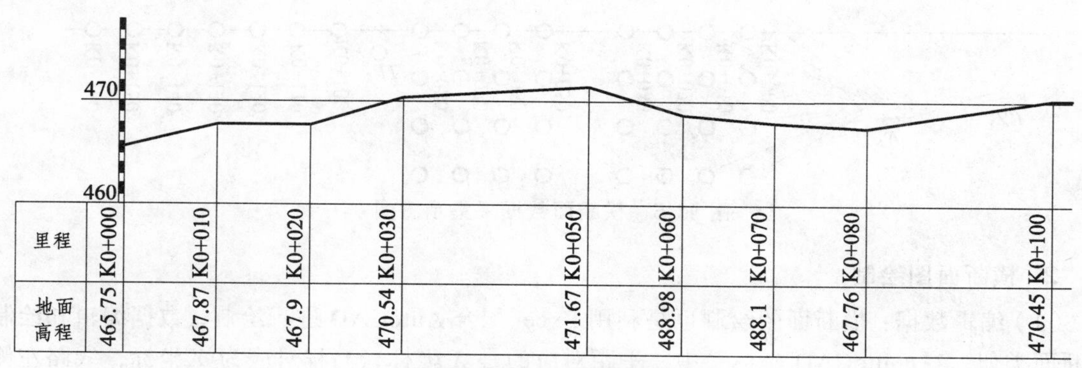

图 11.4　纵断面图

任务三　渠道横断面测绘实训

一、测量实训的任务

参考学时：2 课时。

实训内容：利用全站仪完成横断面数据采集，要求采样间距____米，横断面宽度____米；绘制出渠道横断面图。

成果汇交：横断面测量记录表；数字化横断面图；实训总结。

二、实训仪器与设备

全站仪 1 套，棱镜 2 套，计算机，南方 CASS 软件，计算器，皮尺 1 把，计算纸。

三、训练方法与步骤

1. 数据采集

（1）在一个已知点上架设全站仪，输入已知点坐标，定好后视点。

（2）扶棱镜的人员在第一个中桩上安置全站仪，测出该点的高程，记录人员将该中桩的里程与高程记录到附表 2 中的桩号高程对应的表格中。

（3）扶棱镜的人员根据相邻中桩之间确定的中线前进方向定出垂直于前进方向的横断面方向，然后沿横断面的左侧用皮尺拉出采样间隔的距离，在该点安置棱镜，测出对应的高程，记录人员将该点距离中桩的平距和高程记录到附表 2 所对应的表格里。

（4）当左侧的测量宽度达到设计要求以后，再在右侧完成相关的数据采集和记录工作。

（5）重复（2）、（3）、（4）步骤，完成所有断面数据采集与记录工作。整个外业数据观测如图 11.5 所示。观测数据记入附表 2 中。

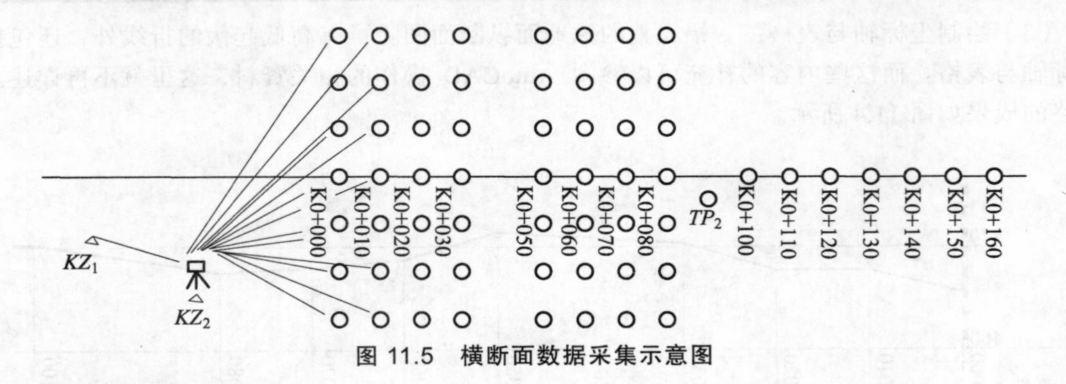

图 11.5 横断面数据采集示意图

2．横断面图绘制

（1）编辑数据：横断面的绘制也是利用 Excel 配合 AutoCAD 进行绘制，数据编辑和绘制纵断面类似，在 AutoCAD 坐标系中，平距对应的是 *X* 坐标，高程对应为 *Y* 坐标，线路左侧的平距可以输入负值，右侧输入正值。以表 11.1 所采集的数据为例，如果将平距和高程简单地合并在一起，再将合并在一起的点位数据复制到 AutoCAD 中，所有的断面折线都会叠加在一起。

将现场测量数据录入 Excel 中，在 D 列的每一个断面输入 0，10，20 的等差数组（见图 11.6），这样在 AutoCAD 上能按断面里程从左至右依次画多个断面图。

表 11.1 横断面数据采集记录表（示例）

左侧（平距/高程）						桩号高程	右侧（平距/高程）					
			3	2	1	K0＋000	1	2	3			
			466.02	465.85	465.85	465.75	465.15	465.01	464.50			
			3	2	1	K0＋010	1	2	3			
			468.30	468.02	467.95	467.87	467.65	467.34	467.01			

	A	B	C	D	E	F
1	里程	边距	高程	10m间隔	数据相加	合并后的点位数据
2	K0+000	-3	466.02	0	-3	-3, 466.02
3		-2	465.85	0	-2	-2, 465.85
4		-1	465.85	0	-1	-1, 465.85
5		0	465.75	0	0	0, 465.75
6		1	465.15	0	1	1, 465.15
7		2	465.01	0	2	2, 465.01
8		3	464.5	0	3	3, 464.5
9	K0+010	-3	468.3	10	7	7, 468.3
10		-2	468.02	10	8	8, 468.02
11		-1	467.95	10	9	9, 467.95
12		0	467.87	10	10	10, 467.87
13		1	467.65	10	11	11, 467.65
14		2	467.34	10	12	12, 467.34
15		3	467.01	10	13	13, 467.01
16						

图 11.6 横断面数据编辑

（2）绘制断面折线：将图 11.6 中“合并后的点位数据”复制到 AutoCAD 中，就会在 AutoCAD 的图形窗口中显示出两条横断面折线，如图 11.7 所示。

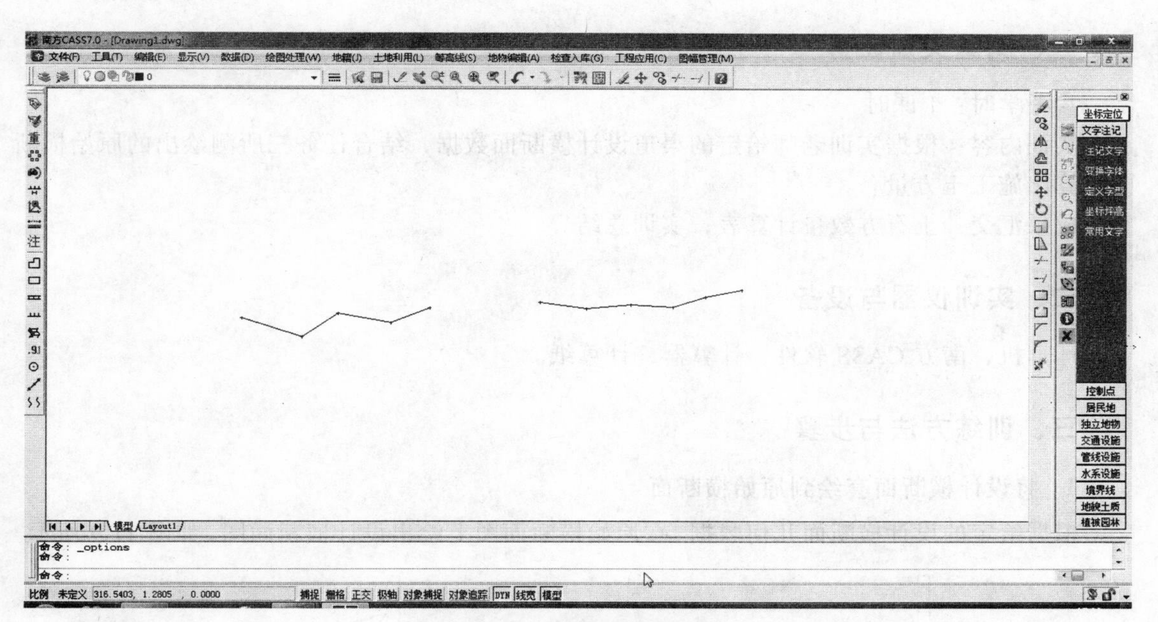

图 11.7　横断面折线图

（3）补充出桩号和坐标轴，最终的成果如图 11.8 所示。

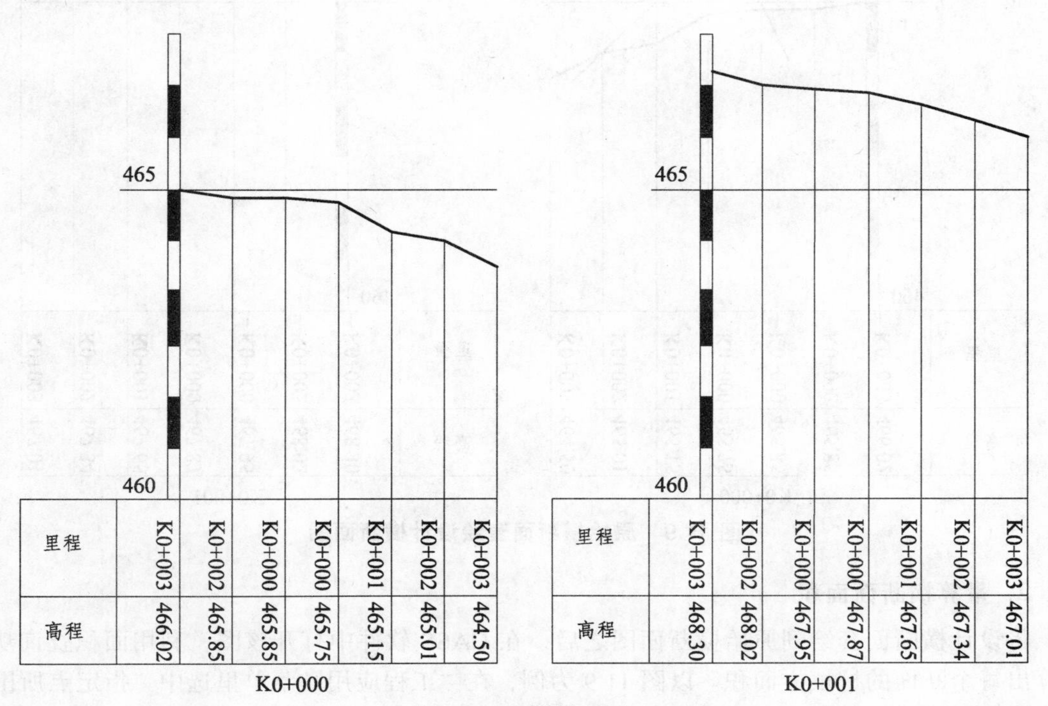

图 11.8　横断面图

任务四　土方计算实训

一、测量实训任务

参考学时：1 课时

实训内容：根据实训老师给定的渠道设计横断面数据，结合任务三所测绘出的原始横断面计算出施工土方量。

成果汇交：土石方数量计算表；实训总结。

二、实训仪器与设备

计算机，南方 CASS 软件，计算器，计算纸。

三、训练方法与步骤

1．将设计横断面套绘到原始横断面

根据给定的设计横断面几何数据，在原始横断面图上绘出设计横断面图，如图 11.9 所示。

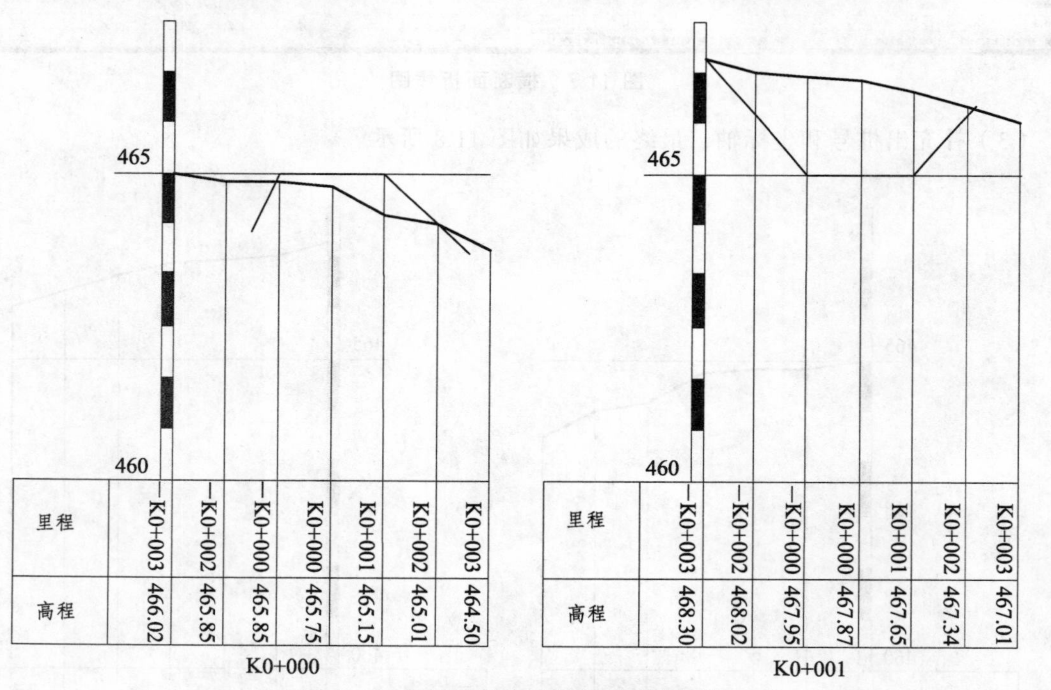

图 11.9　原始横断面套绘设计横断面图

2．量算横断面面积

将设计横断面套绘到原始横断面图之后，在 CASS 软件中打开该图，利用面积查询功能计算出每个断面的挖填方面积。以图 11.9 为例，在“工程应用”菜单里选中“指定点所围成的面积”，如图 11.10 所示。

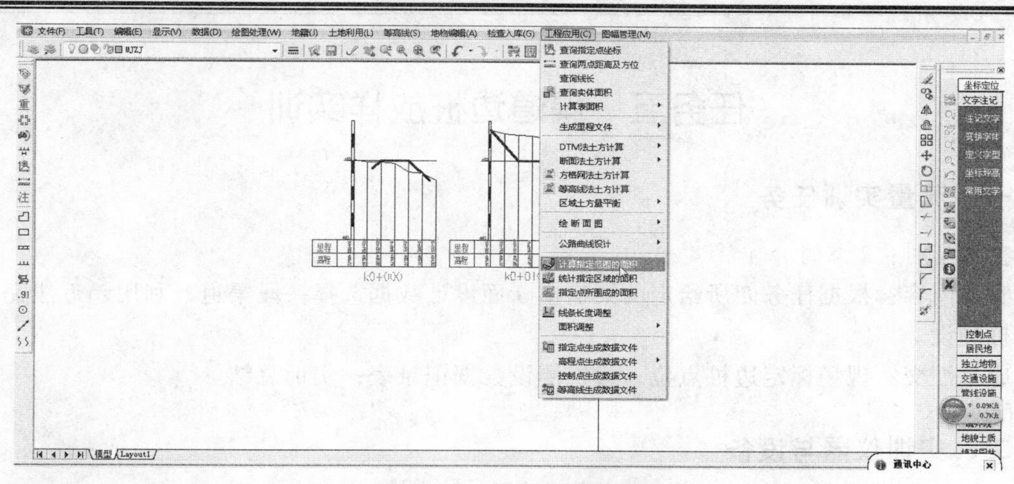

图 11.10　横断面积量算

3．挖填方量计算

求出每个断面的挖填方面积以后，先算出相邻两中心桩应挖（或填）的横断面面积，取其平均值，再乘以两断面间的距离，即得两中心桩之间的土方量，由式（11.1）计算。

$$V = D(A_1 + A_2)/2 \tag{11.1}$$

式中　V——两中心桩间的土方量，m^3；

A_1、A_2——两中心桩应挖或填的横断面面积，m^2；

D——两中心桩间的距离。

若相邻断面均为填方或挖方而且面积相差很大，则与棱台更接近。其计算公式为

$$V = \frac{1}{3}(A_1 + A_2)D\left(1 + \frac{\sqrt{m}}{1+m}\right) \tag{11.2}$$

式中，$m = A_1 / A_2$，且 $A_2 > A_1$。

最后将所有计算数据填入表 11.2 中，完成该段渠道的挖填土方量计算。

表 11.2　土石方数量计算表

<table>
<tr><th rowspan="2">里程</th><th colspan="2">中心高/m</th><th colspan="2">横断面积/m²</th><th colspan="2">平均面积/m²</th><th rowspan="2">距离/m</th><th colspan="2">总数量/m³</th></tr>
<tr><th>填</th><th>挖</th><th>填</th><th>挖</th><th>填</th><th>挖</th><th>填</th><th>挖</th></tr>
<tr><td>K0 + 0.00</td><td>0</td><td>1.35</td><td>0</td><td>12.66</td><td rowspan="2">0</td><td rowspan="2">12.58</td><td rowspan="2">10</td><td rowspan="2">0</td><td rowspan="2">125.76</td></tr>
<tr><td>K0 + 10.00</td><td>0</td><td>1.34</td><td>0</td><td>12.49</td></tr>
<tr><td></td><td></td><td></td><td></td><td></td><td>0</td><td>12.45</td><td>10</td><td>0</td><td>124.46</td></tr>
<tr><td>K0 + 20.00</td><td>0</td><td>1.33</td><td>0</td><td>12.4</td><td>0</td><td>12.39</td><td>10</td><td>0</td><td>123.94</td></tr>
<tr><td>K0 + 30.00</td><td>0</td><td>1.33</td><td>0</td><td>12.39</td><td rowspan="2">0</td><td rowspan="2">12.39</td><td rowspan="2">10</td><td rowspan="2">0</td><td rowspan="2">123.87</td></tr>
<tr><td>K0 + 40.00</td><td>0</td><td>1.33</td><td>0</td><td>12.38</td></tr>
<tr><td>合计</td><td></td><td></td><td></td><td></td><td></td><td></td><td></td><td>0</td><td>498</td></tr>
</table>

任务五　渠道边桩放样实训

一、测量实训任务

参考学时：2 课时。

实训内容：根据任务四所给定的渠道横断面设计数据选择一段渠道，利用趋近法完成渠道边桩测设。

成果汇交：现场标定边桩点位；边桩测设数据记录表；实训总结。

二、实训仪器与设备

全站仪一套，棱镜一套，小钉或木桩若干，计算器，计算机，计算纸。

三、训练方法与步骤

（1）在渠道的中线点架设全站仪，后视中线定向点，然后旋转 90°，定好横断面的一个方向。

（2）按照“项目一\任务六\2. 趋近法”确定渠道边桩的位置。

（3）旋转仪器 180°，定好另一侧横断面方向，测设下坡起坡线。

（4）以此方法测设出所有边坡点，测量数据记录入附表 4。

项目十二　曲线测设实训

【训练目的与内容】

1. 掌握圆曲线要素和里程桩的计算。
2. 掌握偏角法圆曲线测设数据的计算与放样方法。
3. 掌握综合曲线要素和里程桩的计算。
4. 掌握综合曲线测点位坐标的计算与测设方法。
5. 掌握竖曲线设计点位高程的计算与高程桩的测设方法。

任务一　圆曲线测设实训

一、测量实训任务

参考学时：2 课时。

实训内容：已知一条圆曲线偏角为＿＿＿＿＿，交点里程为＿＿＿＿＿，曲线半径为＿＿＿＿＿，计算出曲线要素以及主点里程。每测量小组根据实训场地条件自选 *ZY* 点和 *JD* 点将这条圆曲线按照＿＿＿＿米桩距在现场实地标定出来。

成果汇交：圆曲线测设数据表；现场标定中桩点位；实训总结。

二、实训仪器与设备

每组全站仪 1 套，棱镜 2 套，小钉或木桩若干，铅笔，计算器，计算纸。

三、训练步骤与方法

1. 测设数据计算

（1）根据已知条件计算出圆曲线的曲线要素以及主点里程。

（2）计算出圆曲线详细测设的桩号以及每个中桩所对应的偏角与弦长。

2. 点位放样

（1）在实训场标定 *ZY* 点与 *JD* 点。

（2）在 *ZY* 点架设全站仪，后视交点定向，将水平度盘置零。

（3）旋转仪器到计算的第一个偏角，旋紧水平制动螺旋。

（4）指挥扶镜同学在固定方向移动棱镜，当测定出的距离与计算出的距离小于 3 cm 时，就在该点标定中桩位置。

（5）以此步骤完成包括 *QZ* 点、*YZ* 点和加密点的所有点位测定，测设数据记入附表 5。

任务二　综合曲线测设实训

一、测量实训任务

参考学时：4 课时。

实训内容：已知一条综合曲线偏角为____________，交点里程为______________，坐标为________________，前一交点的坐标为______________，曲线半径为__________，缓和曲线长__________，试计算出曲线要素以及主点里程。每测量小组根据实训场地条件自选 *ZH* 点和 *JD* 点，将这条综合曲线按照_______米桩距在现场实地标定出来。

成果汇交：综合曲线测设数据表；现场标定中桩点位；实训总结。

二、实训仪器与设备

每组全站仪 1 套，棱镜 2 套，小钉或木桩若干，铅笔，计算器，计算纸。

三、训练步骤与方法

1．测设方法

按照综合曲线测设方法测设实训任务，测定数据记录入附表 6。

2．测设数据计算（手算）

（1）根据已知条件计算出综合曲线的曲线要素以及主点里程。

（2）计算出综合曲线详细测设的桩号以及每个中桩所对应的坐标。

3．测设数据计算（软件解算）

CASS 可以进行曲线放样数据计算，操作过程如下：

（1）用鼠标点取“工程应用\公路曲线设计\单个交点”。

（2）当屏幕上弹出“公路曲线计算”的对话框时，输入起点、交点和各曲线要素，如图 12.1 所示。

图 12.1　输入平曲线已知要素文件名对话框

（3）数据输入完毕，点击开始，屏幕上会显示公路曲线和平曲线要素表，如图 12.2 所示。

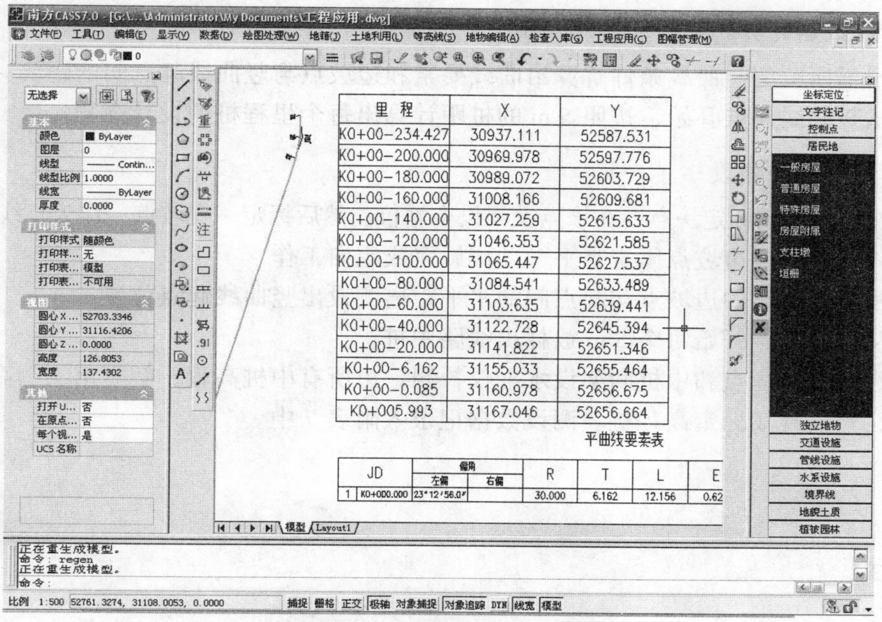
南方CASS7.0 - [G:\...\Administrator\My Documents\工程应用.dwg]
文件(F) 工具(T) 编辑(E) 显示(V) 数据(D) 绘图处理(W) 地籍(J) 土地利用(L) 等高线(S) 地物编辑(A) 检查入库(G) 工程应用(C) 图幅管理(M)
里 程 | X | Y
K0+00-234.427 | 30937.111 | 52587.531
K0+00-200.000 | 30969.978 | 52597.776
K0+00-180.000 | 30989.072 | 52603.729
K0+00-160.000 | 31008.166 | 52609.681
K0+00-140.000 | 31027.259 | 52615.633
K0+00-120.000 | 31046.353 | 52621.585
K0+00-100.000 | 31065.447 | 52627.537
K0+00-80.000 | 31084.541 | 52633.489
K0+00-60.000 | 31103.635 | 52639.441
K0+00-40.000 | 31122.728 | 52645.394
K0+00-20.000 | 31141.822 | 52651.346
K0+00-6.162 | 31155.033 | 52655.464
K0+00-0.085 | 31160.978 | 52656.675
K0+005.993 | 31167.046 | 52656.664
平曲线要素表
JD | 偏角 左偏 右偏 | R | T | L | E
1 | K0+000.000 | 23°12′56.0″ | 30.000 | 6.162 | 12.156 | 0.62
坐标定位
文字注记
控制点
居民地
独立地物
交通设施
管线设施
水系设施
境界线
地貌土质
植被园林

图 12.2　公路曲线和平曲线要素

4．点位放样

（1）在已知点架设全站仪后，视另一个已知点。

（2）建站完成以后进入仪器的放样功能，输入计算出的 *ZH* 点坐标（*X*、*Y*）。

（3）根据仪器所计算出的方位角和距离，放出该点位。

（4）以此步骤完成包括 *HY* 点、*QZ* 点、*YH* 点、*YZ* 点和加密点的所有点位测定。

任务三　竖曲线测设实训

一、测量实训任务

参考学时：2 课时。

实训内容：已知一条竖曲线一个变坡点，其里程桩号为________，设计高程________m，两坡段的坡度 i_1 =________，i_2 =________，竖曲线半径 =________m。要求学生自行在实训现场选定竖曲线的平面位置（包括边坡坡点位置和中线前进方向），结合所给定的竖曲线几何参数按照 5 m 的桩距测设出竖曲线的高程桩。

成果汇交：竖曲线测设数据表；现场标定竖曲线高程桩；实训总结。

二、实训仪器与设备

每组全站仪 1 套，棱镜 1 套，光学水准仪 1 套，小钉或木桩若干，铅笔，计算器，计算纸，油漆。

三、训练步骤与方法

1．测设数据计算

（1）根据所给的竖曲线条件解算出曲线要素和边坡点与竖曲线起点间的距离。

（2）从竖曲线起点开始，按照 5 m 的桩距计算出每个里程桩的设计高程。

2．高程桩现场测设

（1）在实训现场标定一点，在该点上架设全站仪。然后标定一变坡点，作为路线前进方向。

（2）将仪器对准边坡点固定水平微动螺旋完成定向工作。

（3）根据计算出的边坡点与起点间的水平距离测设出竖曲线起点位置。

（4）从曲线起点开始每个 5 m 放样出线路中桩。

（5）在已知高程点和中桩间架设水准仪，测量出所有中桩高程，解算出实测高程与设计的高程差，然后现场标定高程桩。测设数据记录入附表 7 中。

项目十三　输电线路测量实训

【训练目的与内容】

1. 认识整个渠道建设所要进行的相关测量工作。
2. 掌握输电线路平面图测绘方法。
3. 掌握输电线路纵断面测绘方法。
4. 掌握分坑与拉线放样方法。
5. 掌握弧垂观测方法。

任务一　输电线路平面图测绘实训

一、测量实训任务

参考学时：2 课时。

实训内容：实训教师给定输电线路的电压以及中线的起点、转折、终点。学生根据给定的中线的位置，按照输电线路测量规范的宽度在实训现场完成平面图测绘。

成果汇交：电子平面图；实训总结。

二、实训仪器与设备

每组全站仪 1 套，棱镜 2 套，小钉或木桩若干，计算机，南方 CASS 软件。

三、训练步骤与方法

根据老师所给的输电线路起点、转折点、终点坐标的位置，在起点附近的已知点上架设全站仪，通过坐标放样法测设出渠道中线起点、转折点、终点，确定出平面图的测图范围。

在确定的测图范围进行带状平面图数据采集。在送电线路测量的过程中，关键点的测量很重要，比如直线点、转弯点等，因为这些点是送电线路的特征点，靠这些特征点才能准确反映线路的方向、距离等参数。设计做出的杆位会安置在直线点上，所以图上的直线点要标示清楚；转弯点更重要，既是上一个直线段的终点，又是下一个直线段的起点。在绘制转弯点时，应该标示出转弯方向、转弯角度及所处的正确位置，最好是标出地名和地物特征。这样有利于设计人员在图中划分耐张段，也有利于施工人员正确施工。

1）跨越房屋点的测绘

在测量中，无法避免地会遇到跨越房屋的难题。这时，勘测人员需要精确测量房屋高度，不仅要测量房屋所处的地面高程，还要测量房屋屋顶面的高程。以确保线路跨越房屋时能保持足够的安全距离。在绘制房屋图时，不但要显示所跨越房屋的横向宽度，还要标出房屋的测量净高值，这样才能给设计人员更多的安全系数进行线路设计；同时需在图上标出房屋所在位置及房屋名称，在给施工人员进行技术交底时，才能让他们更清楚了解电力线路走向和电力线路工程概况。

2）跨越电力线路及通讯线路点的绘制

在 35 kV 送电线路需要跨越其他电压等级的电力线路和通讯线路时，在勘测现场需要仔细观察被跨越线路的类型、电压等级、线路名称和最近处的杆位编号等，并做好记录；用仪器测量跨越点到地面的高度以及地面的高程。在绘制平断面图时将这些资料详细标示于图中，为工程施工提供可靠的计算依据。

3）跨越河流以及湖泊点的绘制

跨越河流以及湖泊时，要准确绘制河岸两边的高程线，并确定河流的走向、宽度和深度，跨越湖泊时也要绘制湖岸两侧的宽度，如果是跨越大型水库，则要在图中标明水库名称，同时搜集相关的水文资料，为后期工作做好准备。

4）跨越公路点的绘制

35 kV 送电线路跨越公路时，因为路上会有车辆来往，所以必须准确绘制公路路面的高程，确保公路上方线路的对地高度达到规程所规定的安全距离。如果该公路将在近期改造，应和公路改造部门取得联系，取得公路改造图纸，精确测量改造后的高程，防止因数据不准而出现设计错误。

将采集的数据传输到软件中，由于要求绘制出的平面图是沿一条水平直线的带状平面图，而实际测绘出的是几段折线段平面图，因此在绘图之前应将所有的碎步数据点通过平移与旋转处理在同一条水平线两侧后，再完成平面图的绘制。

任务二　输电线路纵断面测绘实训

一、测量实训任务

参考学时：2 课时。

实训内容：实训教师给定线路中线的起点、转折点、终点。学生根据给定的中线位置，按照输电线路纵断面高程点采集的要求完成纵断面测绘。

成果汇交：输电线路纵断面图；实训总结。

二、实训仪器与设备

每组全站仪 1 套，棱镜 2 套，计算机，南方 CASS 软件。

三、训练步骤与方法

（1）在实训场已知点架设仪器，将线路起点、转折点、终点在地面标定。

（2）在起点架设仪器，对准转折点，固定水平制动，扶镜人员根据仪器确定方向沿线路确定高程采集点，观测人员将数据采集点的坐标和高程存储到仪器中。

（3）将采集的断面数据高程点展到 CASS 软件中，并用复合线从起点开始依次将所有的点连接起来，如图 13.1 所示。

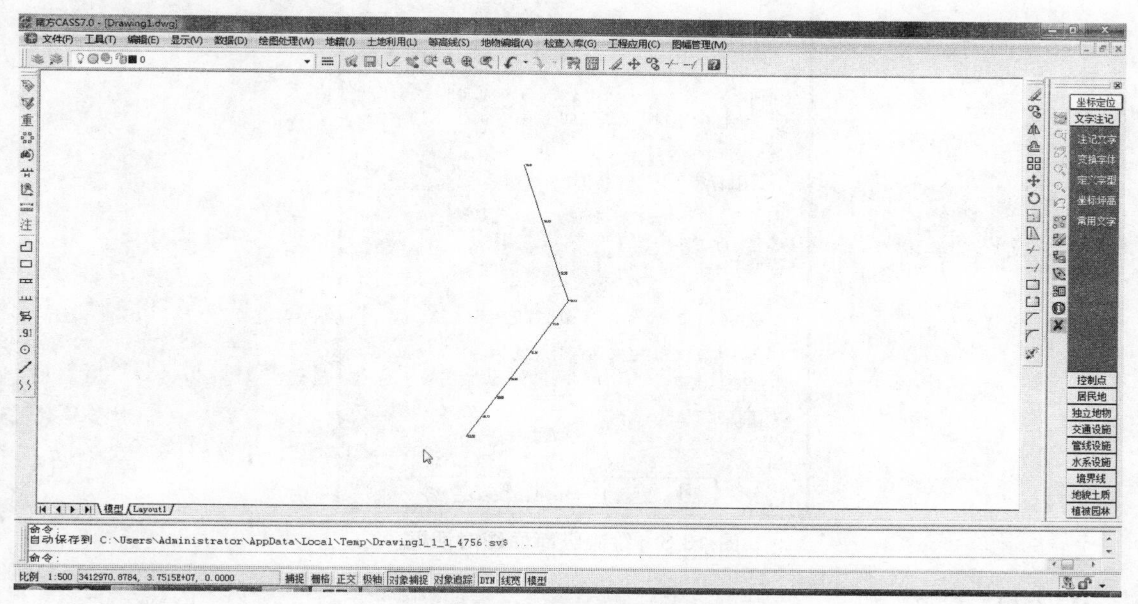

图 13.1　绘制断面复合线

（4）点取“工程应用\绘断面图\根据已知坐标”功能。提示：选择断面线，用鼠标点取上步所绘断面线。屏幕上弹出“断面线上取值”的对话框，如图 13.2 所示。

① 如果在“选择已知坐标获取方式”栏中选择“由数据文件生成”，则在“坐标数据文件名”栏中选择高程点数据文件。

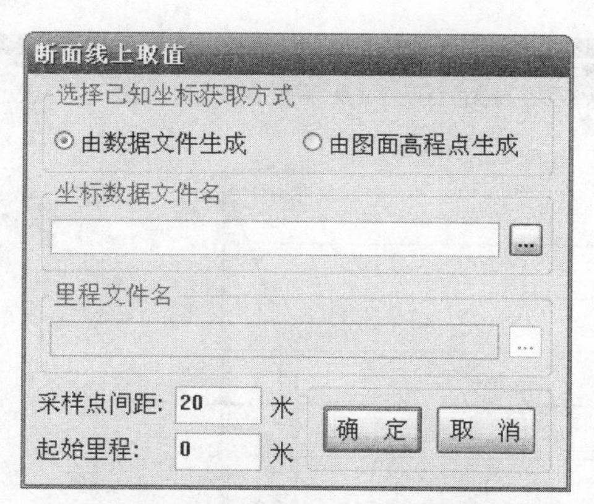

图 13.2　根据已知坐标绘断面图

② 如果选“由图面高程点生成”，则需要在图上选取高程点，前提是图面存在高程点，否则此方法无法生成断面图。输入采样点的间距，系统的默认值为 20 米。采样点的间距的含义是复合线上两顶点之间若大于此间距，则每隔此间距内插一个点。输入起始里程，系统默认起始里程为 0。点击“确定”之后，屏幕弹出绘制纵断面图对话框，如图 13.3 所示。

绘制纵断面图
断面图比例
横向 1: 500
纵向 1: 100
断面图位置
横坐标: 52355.9638
纵坐标: 31140.8140
平面图
⊙不绘制 ○绘制 宽度: 40
起始里程
0 米
绘制标尺
☐内插标尺 内插标尺的里程间隔: 0
距离标注
⊙里程标注
○数字标注
高程标注位数
○1 ⊙2 ○3
里程标注位数
○0 ⊙1 ○2
里程高程注记设置
文字大小: 3
最小注记距离: 3
方格线间隔(单位:毫米)
☑仅在结点画 横向: 10 纵向: 10
断面图间距(单位:毫米)
每列个数 5 行间距 200 列间距 300
确 定
取 消

图 13.3 绘制纵断面图对话框

输入相关参数，如：

输入横向比例，系统的默认值为 1∶500。

输入纵向比例，系统的默认值为 1∶100。

断面图位置：可以手工输入，亦可在图面上拾取。

可以选择是否绘制平面图、标尺、标注；还有一些关于注记的设置。点击“确定”之后，在屏幕上出现所选断面线的断面图，如图 13.4 所示。

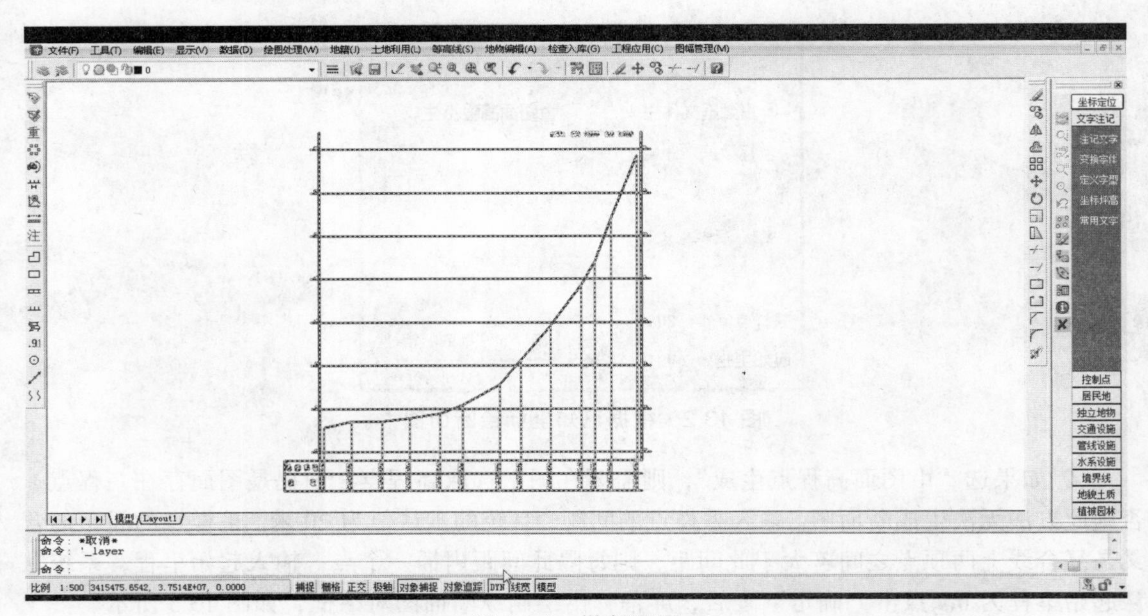

图 13.4 纵断面图

任务三　分坑基础与拉线拉盘中心桩放样实训

一、测量实训任务

参考学时：2课时。

实训内容：实训教师给定线路杆塔中心桩位和分坑、拉线基础设计图纸。学生完成基坑放样工作。

成果汇交：基坑放样数据表；现场标定基坑边线；实训总结。

二、实训仪器与设备

每组全站仪1套，棱镜2套，小钉或木桩若干，铅笔，计算器，计算纸。

三、训练步骤与方法

（1）利用实训场地形图结合老师给定的设计数据完成分坑和拉线基坑的测设数据计算，数据记录于附表8、附表9中。

（2）利用全站仪将杆塔中心桩在现场标定出来。

（3）在每个杆塔中心桩上架设仪器，通过相邻中心桩定向将计算出的测设数据在现场标定，完成基坑边线放样工作。

任务四　弧垂检查实训

一、测量实训任务

参考学时：1课时。

实训内容：学生自行在实训场找一段架设好的输电导线，利用悬高测量和中点天顶距法测算出该段导线的弧垂值。

成果汇交：弧垂观测与计算表；实训总结。

二、实训仪器与设备

每组全站仪1套，棱镜2套，小钉或木桩若干，铅笔，计算器，计算纸。

三、训练步骤与方法

根据图5.13，测设和计算步骤如下：

（1）利用悬高测量方法测量出A_2、B_2的高程。

（2）找出 A、B 点的中点 C，在 C 点安置全站仪，测设 AB 的垂线段 $CG=b$ 于 G 点，并测得 G 点高程。

（3）在 G 点安置全站仪，测定 C_2 的高程。

（4）利用公式（13.1）、（13.2）计算出导线弧垂。

$$H_D=\frac{1}{2}(H_A+H_B) \tag{13.1}$$

$$f=H_D-H_{C_2} \tag{13.2}$$

项目十四　道路测量实训

【训练目的与内容】

1. 认识整个道路建设所要进行的相关测量工作。
2. 掌握带状地形图测绘技能。
3. 掌握道路纵断面测绘方法。
4. 掌握道路横断面测绘和土方计算方法。
5. 掌握道路边坡放样方法。

任务一　带状地形图测绘实训

一、测量实训任务

参考学时：4 课时。

实训内容：实训教师给定道路中线坐标数据。学生根据给定的中线位置，沿道路前进方向完成带状地形图测绘。

成果汇交：带状地形图；实训总结。

二、实训仪器与设备

每组 RTK 1 套，小钉或木桩若干，铅笔，计算器，计算纸，计算机，CASS 软件。

三、训练步骤与方法

（1）根据所测带状地形图的范围，选择一个视野开阔、地势较高的地点架设基站，完成基站和流动站的设置。

（2）将流动站架设到两已知点上，通过点校正完成 WGS84 坐标系到崇州当地坐标系的转换。

（3）根据数字测图的数据采集方法完成带状地形图的数据采集和数据传输。

（4）利用 CASS 软件完成数字地形图的测绘。

任务二　线路纵断面图绘制实训

一、测量实训任务

参考学时：1 课时。

实训内容：根据任务一的测量成果完成该线路的线路纵断面图绘制。

成果汇交：纵断面图；实训总结。

二、实训仪器与设备

计算机、CASS 软件。

三、训练步骤与方法

（1）将线路中线通过复合线绘制到带状地形图内，用鼠标点取“工程应用”菜单下“绘断面图”子菜单中的“根据已知坐标”，如图 14.1 所示。

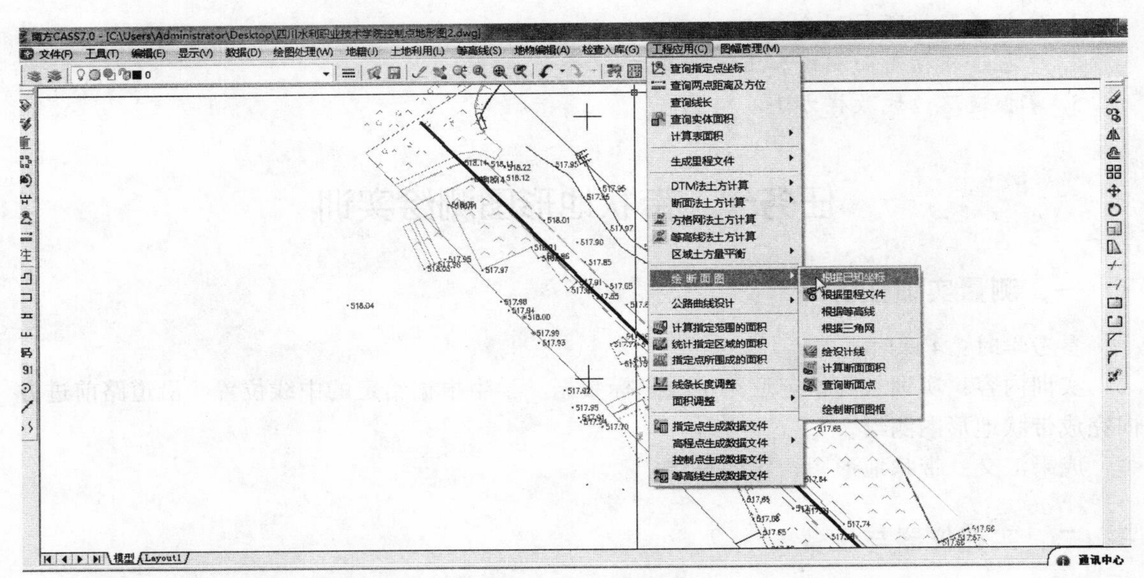

图 14.1　断面绘制选择

（2）点取“根据已知坐标”子菜单后，选中道路中线，弹出如图 14.2 所示对话框。

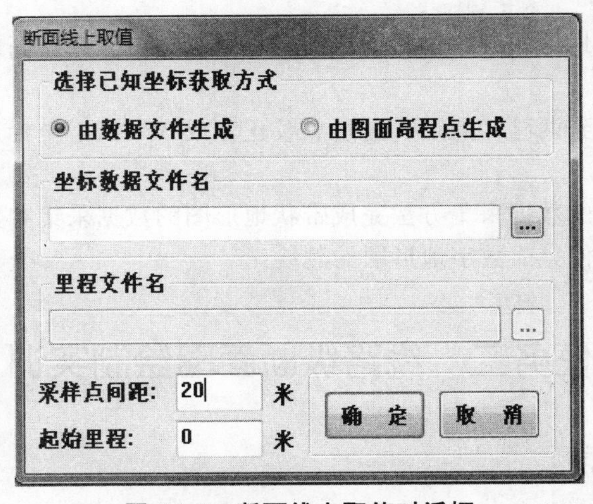

图 14.2　断面线上取值对话框

已知坐标获取方式有由数据文件生成和由图面高程点生成两种。若选择数据文件生成，只需打开原始采集的 DAT 文件即可；若选择图面高程点生成，则不需打开原始文件，只需将高程点展绘到地形图上即可，采样点间隔为生成纵断面图的高程点之间的距离。

（3）完成设置以后，在断面线上取值对话框点击“确定”，就会弹出图 14.3 所示对话框，设置好纵横坐标轴比例和相关参数以后，点纵断面位置，在软件窗口指定位置生成纵断面图，如图 14.4 所示。

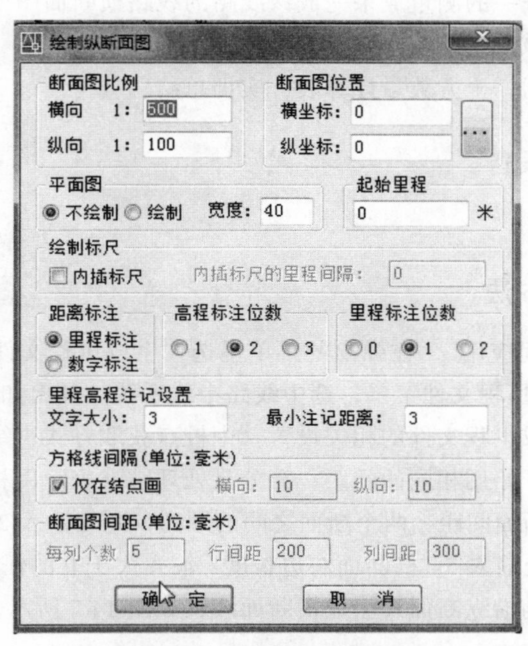

图 14.3　绘制纵断面对话框

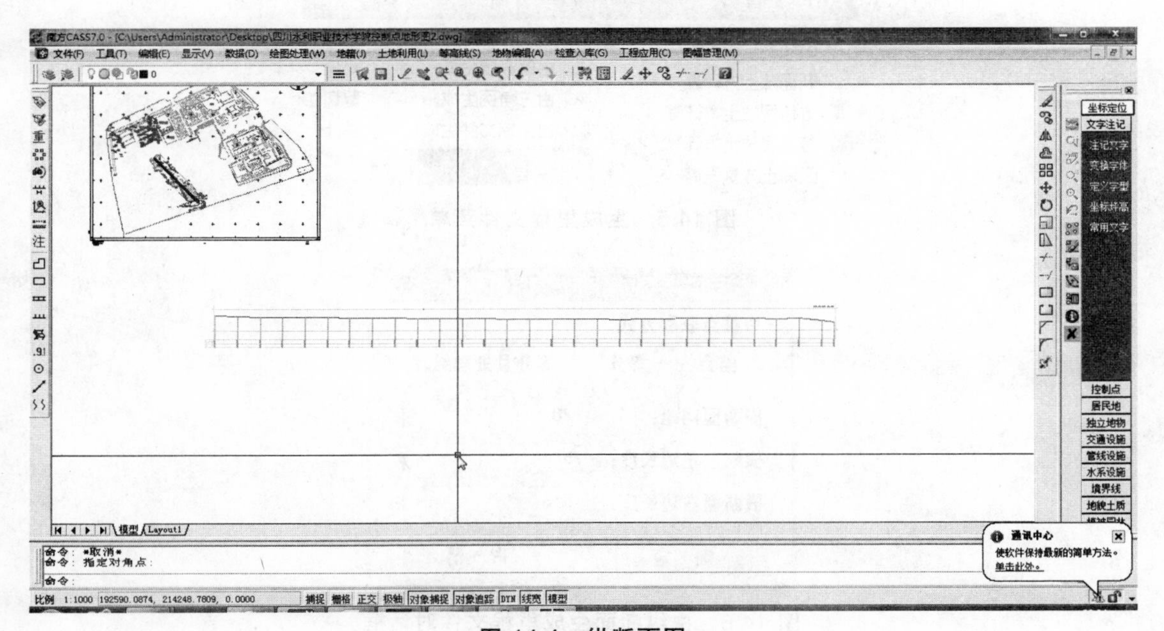

图 14.4　纵断面图

任务三 线路横断面图绘制与土方计算实训

一、测量实训任务

参考学时：2 课时。

实训内容：根据任务一的测量成果完成该线路的线路横断面图绘制；在已知道路设计路基横断面数据以后计算该段道路的路基土方量。

成果汇交：横断面图；土方数量计算表；实训总结。

二、实训仪器与设备

计算机、CASS 软件。

三、训练步骤与方法

（1）点取菜单“工程应用”，在弹出的菜单里选“生成里程文件\由纵断面生成\新建”，弹出如图 14.5 所示生成里程文件菜单；选中线路中线系统，弹出如图 14.6 所示由纵断面生成里程文件对话框，完成里程文件的相关设置。中桩点获取方式：结点表示结点上要有断面通过；等分表示从起点开始用相同的间距；等分且处理结点表示用相同的间距且要考虑不在整数间距上的结点。横断面间距：两个断面之间的距离，此处输入 20。横断面左边长度：输入大于 0 的任意值，此处输入 5。横断面右边长度：输入大于 0 的任意值，此处输入 5。选择其中的一种方式后则自动沿纵断面线生成横断面线，如图 14.7 所示。

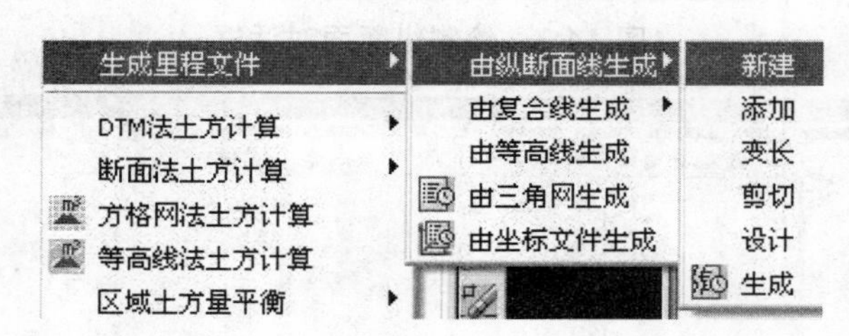

图 14.5 生成里程文件菜单

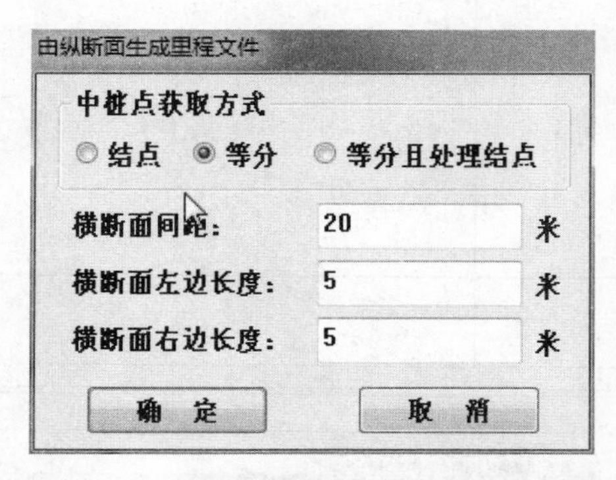

图 14.6 由纵断面生成里程文件对话框

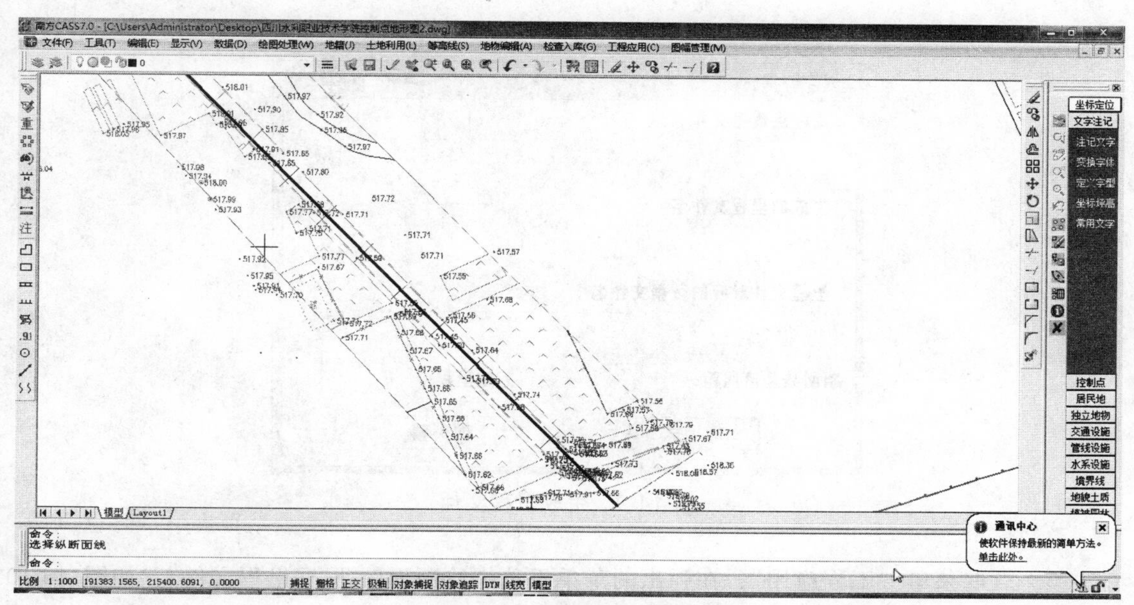

图 14.7　生成横断面线

（2）点取菜单“工程应用”，在弹出的菜单里选“生成里程文件\由纵断面生成\生成”，如图 14.8 所示。选中线路中线会自动弹出图 14.9 所示生成里程文件对话框；选择坐标 DAT 文件，将生成的里程坐标文件和里程文件对应的数据文件指定存盘位置并保存（横断面线插值间距为生成高程点的间距）。

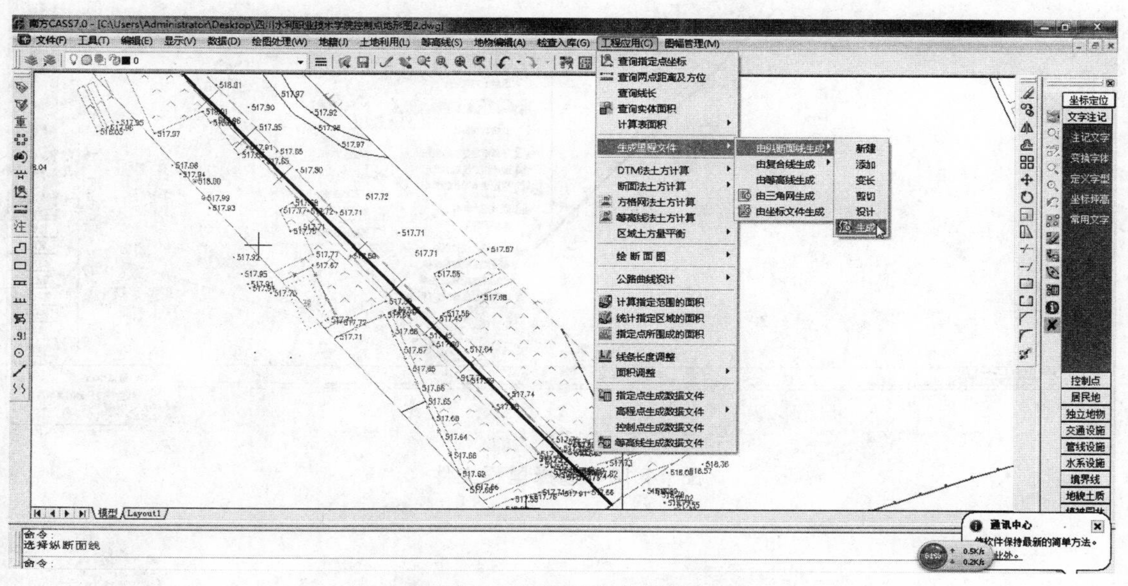

图 14.8　生成里程文件选择

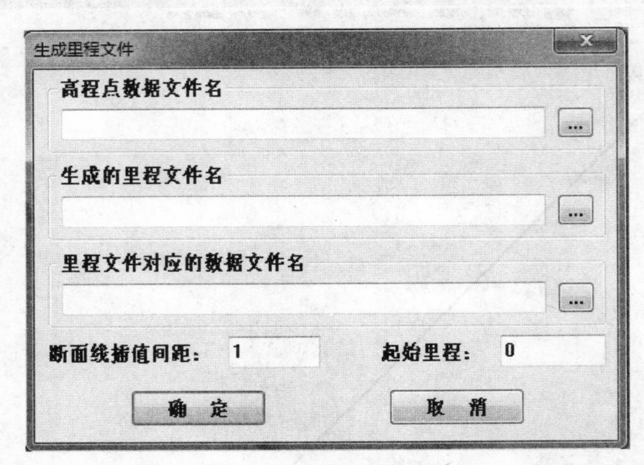

图 14.9 生成里程文件

（3）点取菜单“工程应用”，在弹出的菜单里选“绘断面图\根据里程文件”，如图 14.10 所示。选中之前的里程文件，按照图 14.11 所示绘制断面图对话框完成设置，最后自动生成线路横断面图，如图 14.12 所示。

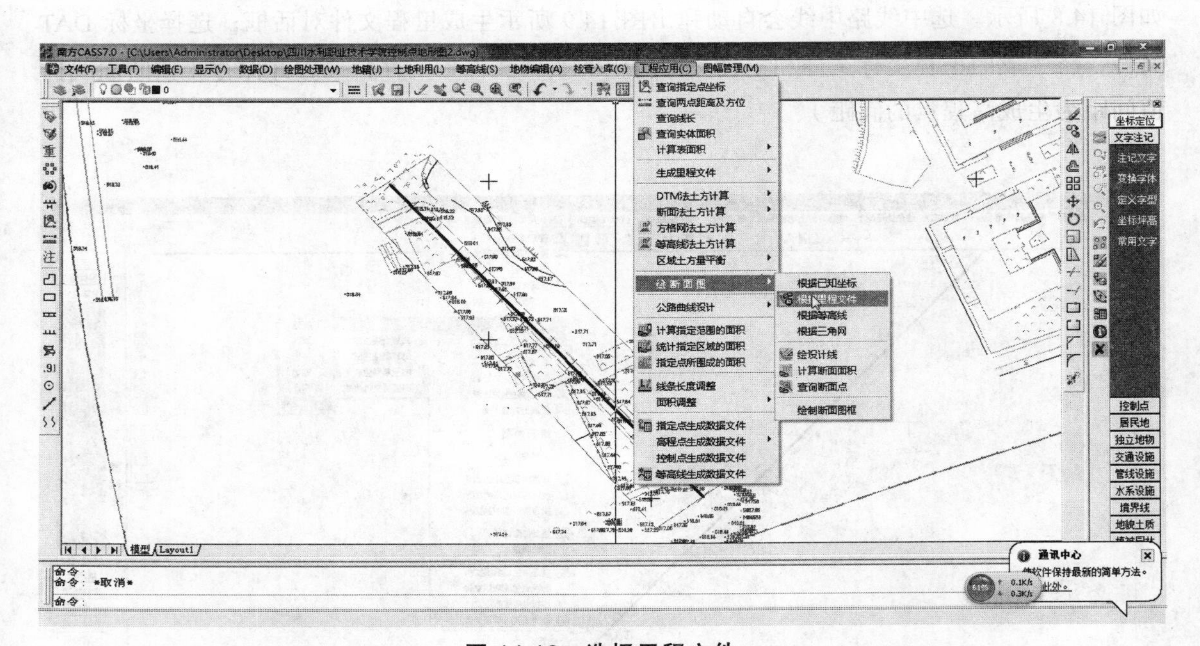

图 14.10 选择里程文件

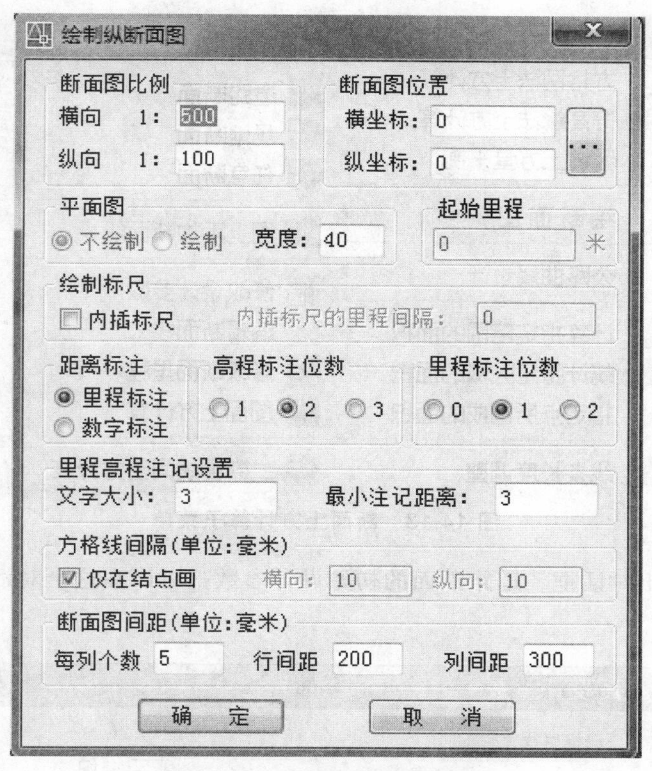

图 14.11　绘制断面图对话框

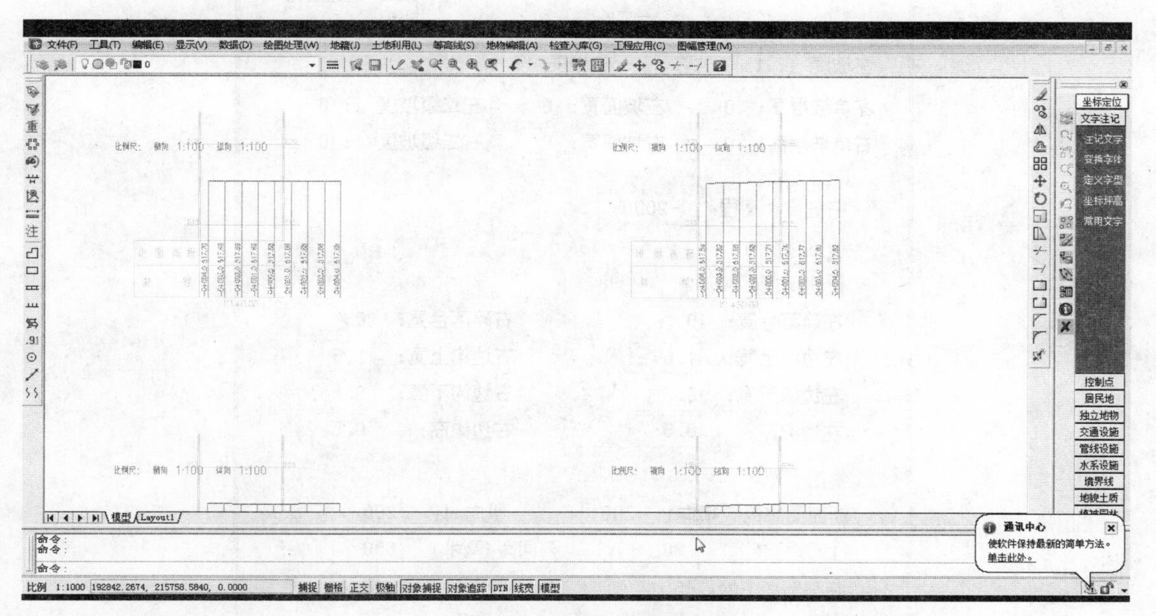

图 14.12　横断面图

（4）用鼠标点取“工程应用\断面法土方计算\道路断面”，如图 14.13 所示。

断面法土方计算
方格网法土方计算
等高线法土方计算
区域土方量平衡
绘断面图
公路曲线设计
计算指定范围的面积
统计指定区域的面积
指定点所围成的面积
线条长度调整
道路设计参数文件
道路断面
场地断面
任意断面
图上添加断面线
修改设计参数
编辑断面线
修改断面里程
图面土方计算
二断面线间土方计算

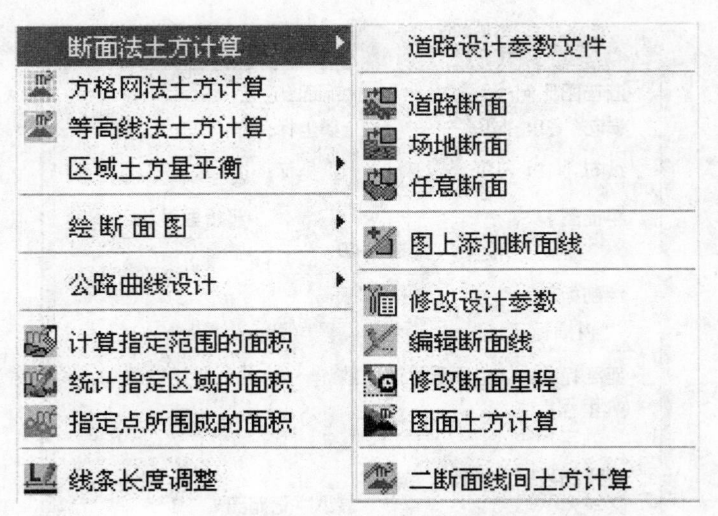

图 14.13 断面土方计算子菜单

（5）点击后弹出对话框，道路断面的初始设计参数都可以在这个对话框中进行设置，如图 14.14 所示。

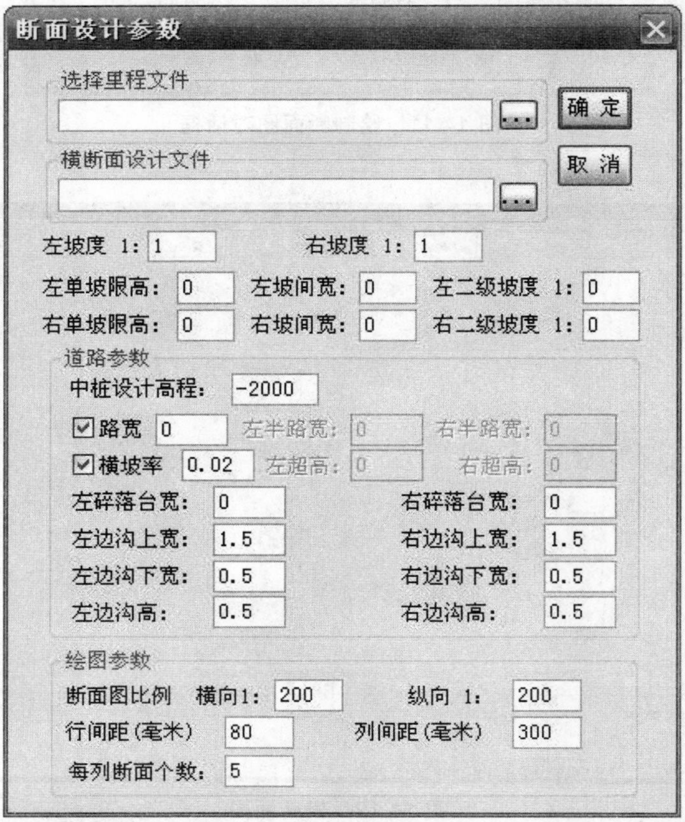

断面设计参数
选择里程文件
确 定
横断面设计文件
取 消
左坡度 1: 1
右坡度 1: 1
左单坡限高: 0
左坡间宽: 0
左二级坡度 1: 0
右单坡限高: 0
右坡间宽: 0
右二级坡度 1: 0
道路参数
中桩设计高程: -2000
路宽 0
左半路宽: 0
右半路宽: 0
横坡率 0.02
左超高: 0
右超高: 0
左碎落台宽: 0
右碎落台宽: 0
左边沟上宽: 1.5
右边沟上宽: 1.5
左边沟下宽: 0.5
右边沟下宽: 0.5
左边沟高: 0.5
右边沟高: 0.5
绘图参数
断面图比例 横向1: 200
纵向 1: 200
行间距(毫米) 80
列间距(毫米) 300
每列断面个数: 5

图 14.14 断面设计参数输入对话框

（6）给定计算参数，在上一步弹出的对话框中输入道路的各种参数。选择里程文件：点击确定左边的按钮，出现“选择里程文件名”的对话框。选定第一步生成的里程文件。横断面设计文件：横断面的设计参数可以事先写入一个文件中。点击“工程应用\断面法土方计算\道路设计参数文件”，弹出如图 14.15 所示输入界面。

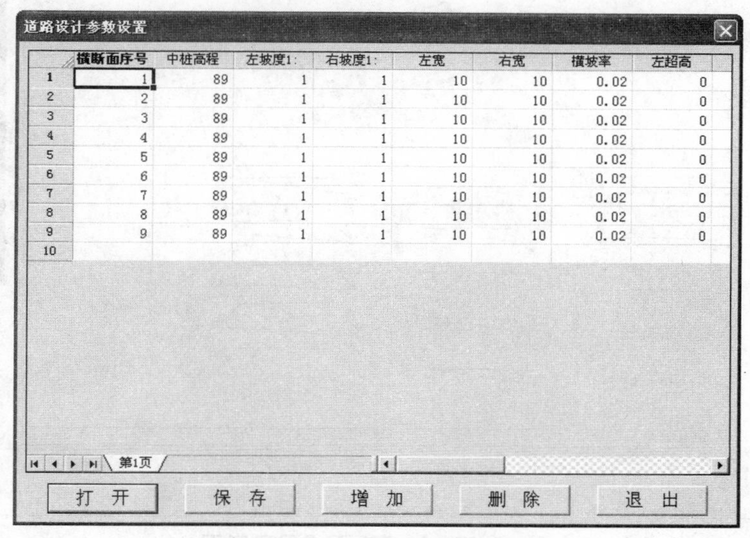

	横断面序号	中桩高程	左坡度1:	右坡度1:	左宽	右宽	横坡率	左超高
1	1	89	1	1	10	10	0.02	0
2	2	89	1	1	10	10	0.02	0
3	3	89	1	1	10	10	0.02	0
4	4	89	1	1	10	10	0.02	0
5	5	89	1	1	10	10	0.02	0
6	6	89	1	1	10	10	0.02	0
7	7	89	1	1	10	10	0.02	0
8	8	89	1	1	10	10	0.02	0
9	9	89	1	1	10	10	0.02	0
10								

图 14.15　道路设计参数输入

如果不使用道路设计参数文件，则在图 14.15 中把实际设计参数填入各相应的位置。注意：单位均为 m。点“确定”按钮后，弹出如图 14.16 所示对话框：系统根据上步给定的比例尺，在图上绘出道路的纵断面。

图 14.16　绘制纵断面图设置

至此，图上已绘出道路的纵断面图及每一个横断面图，结果如图 14.17 所示。

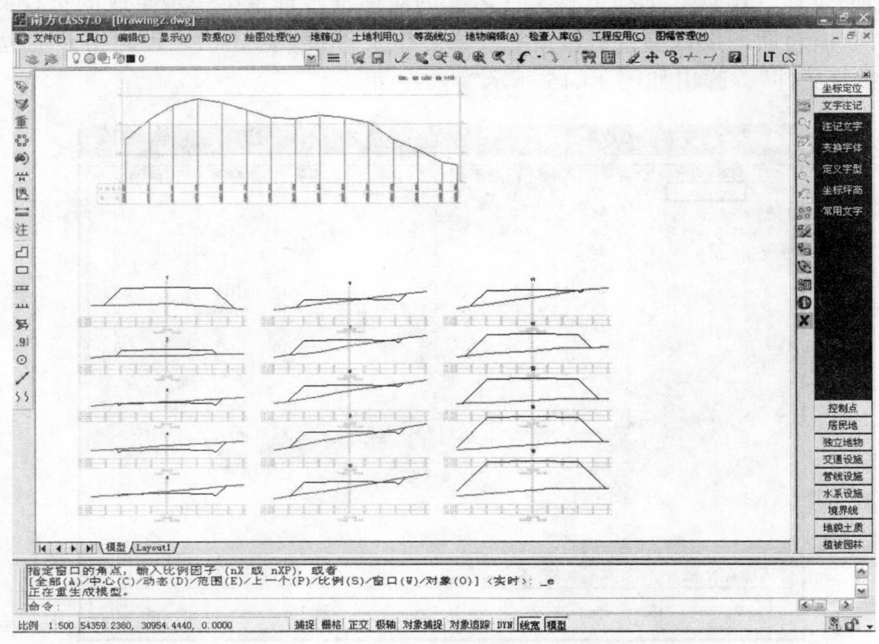

图 14.17　纵横断面成果示意图

如果道路设计时该区段的中桩高程全部一样，就不需要下一步的编辑工作了。但实际上，有些断面的设计高程可能和其他的不一样，这样就需要手工编辑这些断面。如果生成的部分设计断面参数需要修改，用鼠标点取“工程应用\断面法土方计算\修改设计参数”。如图 14.18 所示。

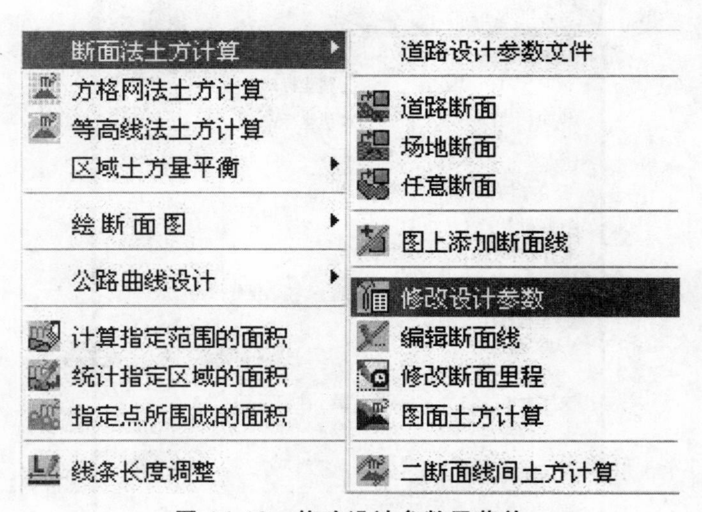

图 14.18　修改设计参数子菜单

选择断面线，这时可用鼠标点取图上需要编辑的断面线，选设计线或地面线均可。选中后弹出如图 14.19 所示对话框，可以非常直观地修改相应参数。

断面设计参数

选择里程文件

确 定

横断面设计文件

取 消

左坡度 1: 1　右坡度 1: 1

左单坡限高: 0　左坡间宽: 0　左二级坡度 1: 0

右单坡限高: 0　右坡间宽: 0　右二级坡度 1: 0

道路参数

中桩设计高程: 38

路宽 0　左半路宽: 15　右半路宽: 15

横坡率 0.02　左超高: -0.3　右超高: -0.3

左碎落台宽: 0　右碎落台宽: 0

左边沟上宽: 1.5　右边沟上宽: 1.5

左边沟下宽: 0.5　右边沟下宽: 0.5

左边沟高: 0.5　右边沟高: 0.5

绘图参数

断面图比例　横向1: 200　纵向 1: 200

行间距(毫米) 80　列间距(毫米) 300

每列断面个数: 5

图 14.19　设计参数输入对话框

修改完毕后，点击“确定”按钮，系统取得各个参数，自动对断面图进行重算。如果生成的部分实际断面线需要修改，用鼠标点取“工程应用\断面法土方计算\编辑断面线”功能。这时可用鼠标点取图上需要编辑的断面线，选设计线或地面线均可（但编辑的内容不一样）。选中后弹出如图 14.20 所示对话框，可以直接对参数进行编辑。

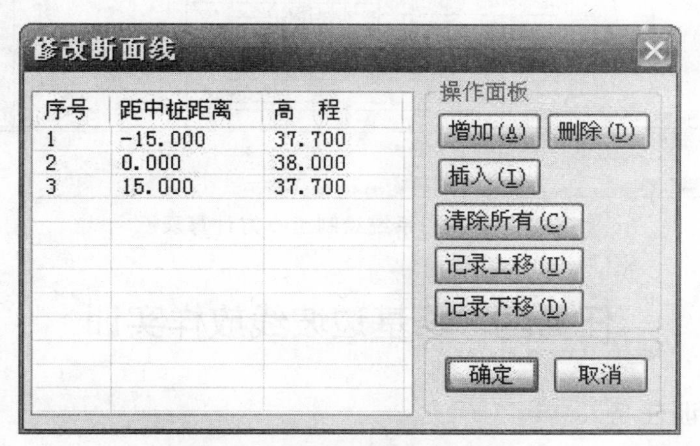

图 14.20　修改实际断面线高程

（7）计算工程量。用鼠标点取“工程应用\断面法土方计算\图面土方计算”，如图 14.21 所示。

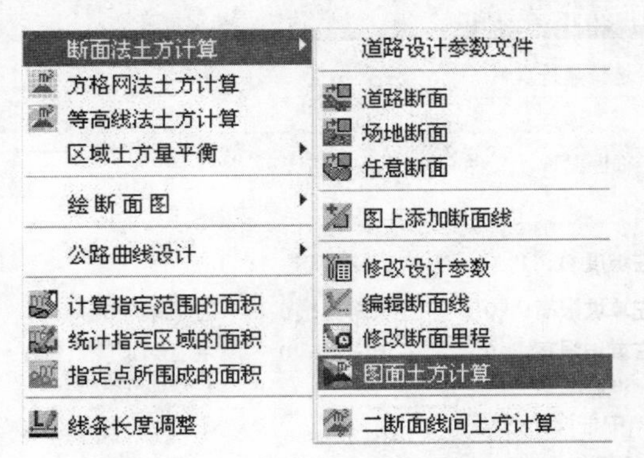

图 14.21　图面土方计算子菜单

选择要计算土方的断面图，拖框选择所有参与计算的道路横断面图，指定土石方计算表左上角位置，在屏幕适当位置点击鼠标定点，系统自动在图上绘出土石方计算表，完成该路段路基土方的计算，如图 14.22 所示。

土石方数量计算表

里程	中心高(m)		横断面积(m²)		平均面积(m²)		距离(m)	总数量(m³)	
	填	挖	填	挖	填	挖		填	挖
K0+0.00	5.50		210.43	0.00					
					136.25	0.00	20.00	2725.02	0.00
K0+20.00	2.28		62.08	0.00					
					31.04	9.83	20.00	620.76	196.56
K0+40.00		0.27	0.00	19.66					
					0.00	36.14	20.00	0.00	722.88
K0+60.00		1.31	0.00	52.63					
					0.13	43.45	20.00	2.56	868.92
K0+80.00		0.70	0.26	34.26					
					12.22	23.69	20.00	244.33	473.84
K0+100.00	0.59		24.18	13.12					
					46.93	7.61	20.00	938.52	152.14
K0+120.00	1.88		69.67	2.09					
					71.80	2.16	20.00	1436.03	43.23
K0+140.00	2.02		73.93	2.23					
					66.33	4.28	20.00	1326.51	85.56
K0+160.00	1.59		58.72	6.32					
					60.94	5.92	20.00	1218.84	118.34
K0+180.00	1.88		63.16	5.51					
					75.37	3.05	20.00	1507.43	61.03
K0+200.00	2.78		87.58	0.59					
					141.55	0.30	20.00	2830.95	5.91
K0+220.00	5.64		195.51	0.00					
					232.62	0.00	20.00	4652.50	0.00
K0+240.00	7.33		269.74	0.00					
					320.92	0.00	20.00	6418.36	0.00
K0+260.00	9.53		372.10	0.00					
					388.98	0.00	12.80	4980.55	0.00
K0+272.80	9.96		405.87	0.00					
合计								28902.4	2728.4

图 14.22　系统绘制土石方计算表

任务四　路基边坡线放样实训

一、测量实训任务

参考学时：2 课时。

实训内容：利用解析法找到每个设计横断面和原始横断面的交点坐标；在现场将这些交点在实地测设出来。

成果汇交：横断面图；实训总结。

二、实训仪器与设备

每组 RTK 1 套，小钉或木桩若干，铅笔，计算机，CASS 软件。

三、训练步骤与方法

（1）测设数据计算。

① 打开任务三所绘制的“纵横断面成果示意图”，量取每个断面的中点到左右两侧交点的图上距离，根据断面图的横轴比例尺解算出两侧距离。

② 根据任务三所生成的横断面线，分别以横断面线与纵断面线的交点为圆心，以上一步骤所解析出的两个平距为圆心，绘制两个同心圆，查询两个同心圆与横断面线的两个交点的坐标即为路基边坡点。

③ 以此方法解析出该段路基所有边坡点，将在这些边坡点填入附表 10 中。

（2）利用 RTK 坐标放样功能完成边坡点位的测设。

项目十五　工业与民用建筑场平测量实训

【训练目的与内容】

1. 认识整个工业与民用建筑物所要进行的相关测量工作。
2. 掌握场平施工边界线测量工作方法。
3. 掌握场平土方计算工作方法。

任务一　场平边界线测量实训

一、测量实训任务

参考学时：3 课时。

实训内容：已知民用建筑物场平设计边线坐标和施工坡度如表 15.1 所示。

表 15.1　民用建筑物场平设计边线坐标和施工坡度

边线坐标		边线坐标		施工坡度
X	*Y*	*X*	*Y*	

学生根据所给的设计参数完成施工边界线的坐标解算。

成果汇交：施工边界线测设数据表；现场施工边界线；实训总结。

二、实训仪器与设备

RTK 1 套，棱镜 2 套，小钉或木桩若干，南方 CASS 软件，计算机，铅笔。

三、训练方法与步骤

（1）学生根据该组的场平边线，利用 RTK 完成该区域高程点的数据采集，要求采集的范围应略大于场平设计边线范围。

（2）测设数据计算。

① 将所测得高程点展绘到 CASS 绘图窗口中，并将所给定的场平设计边线和两侧中轴线绘制其中，如图 15.1 所示。

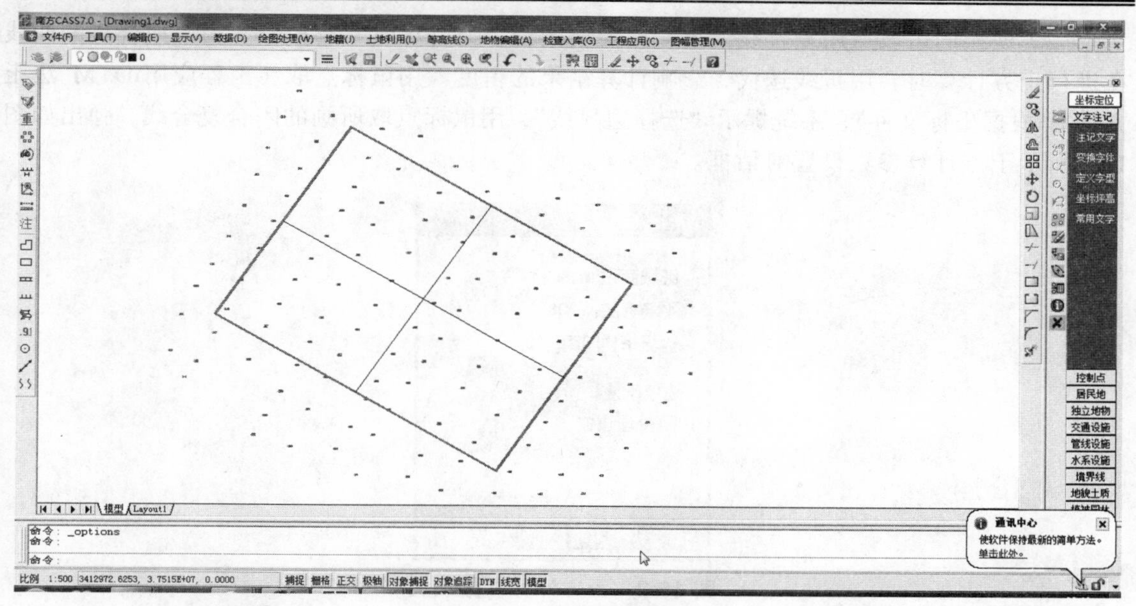

图 15.1　设计边线展绘

② 分别以两条中轴线，按照路基边坡放样实训，计算路基边坡点的方法，解析出两条轴线的横断面的边坡点，要求横断面的宽度应大于场平设计横断面宽度。

③ 将解析出的两个方向的边坡点的坐标填入附表 11 中。

任务二　场平土方计算实训

一、测量实训任务

参考学时：1 课时。

实训内容：利用任务一的测量成果完成场平土方量的计算工作。

成果汇交：场平土方量计算表；实训总结。

二、实训仪器与设备

南方 CASS 软件、计算机。

三、训练方法与步骤

1. DTM 法土方量计算

该方法由 DTM 模型来计算土方量，是根据实地测定的地面点坐标（X，Y，H）和设计高程，通过生成三角网来计算每一个三棱锥的填挖方量，最后累计得到指定范围内填方和挖方的土方量，并绘出填挖方分界线。

（1）将任务一所解析的坐标点，在记事本中编辑成 CASS 能识别的坐标文件，并将坐标文件保存为 DAT 格式，然后将该文件中的坐标展绘到绘图窗口中。

（2）展绘的边坡点用复合线绘出，一定要闭合，但是尽量不要拟合。因为拟合过的曲线在进行土方计算时会用折线迭代，影响计算结果的精度。用鼠标点取“工程应用\DTM 法土方计算\根据坐标文件”，系统提示“选择边界线”，用鼠标点取所画的闭合复合线，弹出如图 15.2 所示土方计算参数设置对话框。

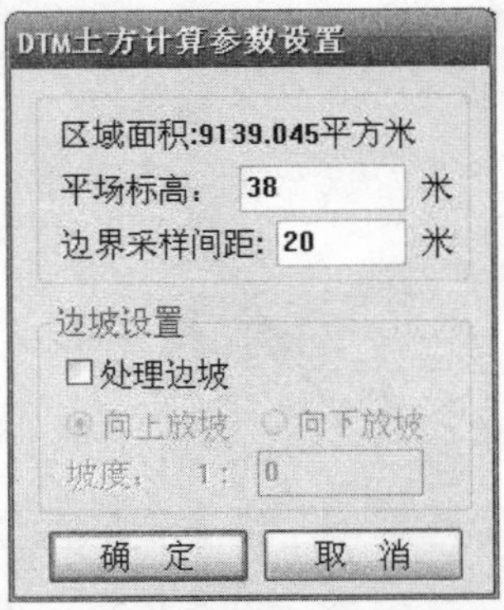

DTM土方计算参数设置

区域面积:9139.045平方米

平场标高： 38 米

边界采样间距: 20 米

边坡设置

☐处理边坡

◉向上放坡 ○向下放坡

坡度： 1： 0

确 定　　取 消

图 15.2　土方计算参数设置

区域面积：该值为复合线围成的多边形水平投影面积。平场标高：指设计要达到的目标高程。边界采样间隔：边界插值间隔的设定，默认值为 20 米。边坡设置：选中处理边坡复选框后，则坡度设置功能变为可选，选中放坡的方式（向上或向下：指平场高程相对于实际地面高程的高低，平场高程高于地面高程则设置为向下放坡）。然后输入坡度值。设置好计算参数后，屏幕上显示填挖方的提示框，命令行显示：

挖方量＝××××立方米，填方量＝××××立方米

同时图上绘出所分析的三角网、填挖方的分界线（白色线条），如图 15.3 所示。计算三角网构成详见 dtmtf. log 文件。

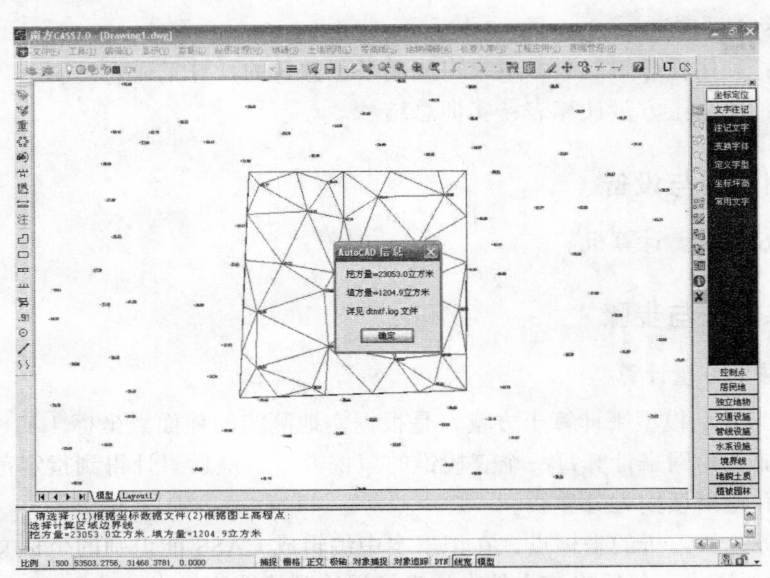

图 15.3　填挖方提示框

（3）关闭对话框后系统提示：请指定表格左下角位置：（直接回车将不绘表格）用鼠标在图上适当位置点击，CASS 会在该处绘出一个表格，包含平场面积、最大高程、最小高程、平场标高、填方量、挖方量和图形，如图 15.4 所示，土方计算结果如图 15.5 所示。

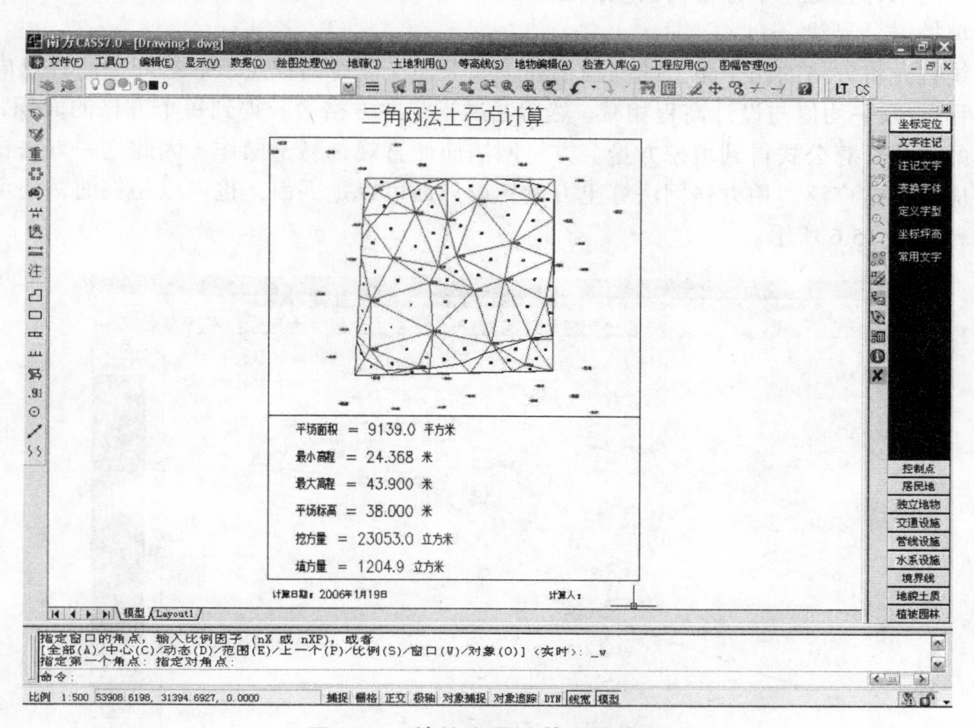

图 15.4　填挖方量计算结果表格

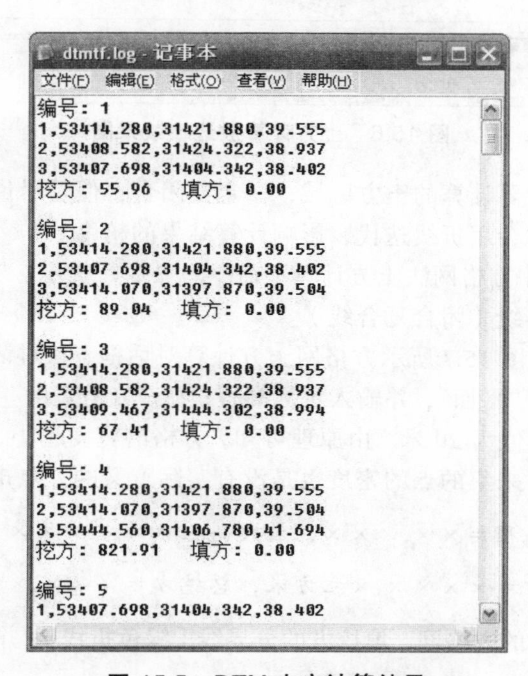
dtmtf.log - 记事本

编号：1
1,53414.280,31421.880,39.555
2,53408.582,31424.322,38.937
3,53407.698,31404.342,38.402
挖方：55.96　填方：0.00

编号：2
1,53414.280,31421.880,39.555
2,53407.698,31404.342,38.402
3,53414.070,31397.870,39.504
挖方：89.04　填方：0.00

编号：3
1,53414.280,31421.880,39.555
2,53408.582,31424.322,38.937
3,53409.467,31444.302,38.994
挖方：67.41　填方：0.00

编号：4
1,53414.280,31421.880,39.555
2,53414.070,31397.870,39.504
3,53444.560,31406.780,41.694
挖方：821.91　填方：0.00

编号：5
1,53407.698,31404.342,38.402

图 15.5　DTM 土方计算结果

2. 方格网法土方计算

由方格网来计算土方量，是根据实地测定的地面点坐标（X，Y，Z）和设计高程，通过生成方格网来计算每一个方格内的填挖方量，最后累计得到指定范围内填方和挖方的土方量，并绘出填挖方分界线。

系统首先将方格的四个角上的高程相加（如果角上没有高程点，通过周围高程点内插得出其高程），取平均值与设计高程相减。然后通过指定的方格边长得到每个方格的面积，再用长方体的体积计算公式得到填挖方量。方格网法简便直观，易于操作，因此这一方法在实际工作中应用非常广泛。用方格网法算土方量，设计面可以是平面，也可以是斜面，还可以是三角网，如图 15.6 所示。

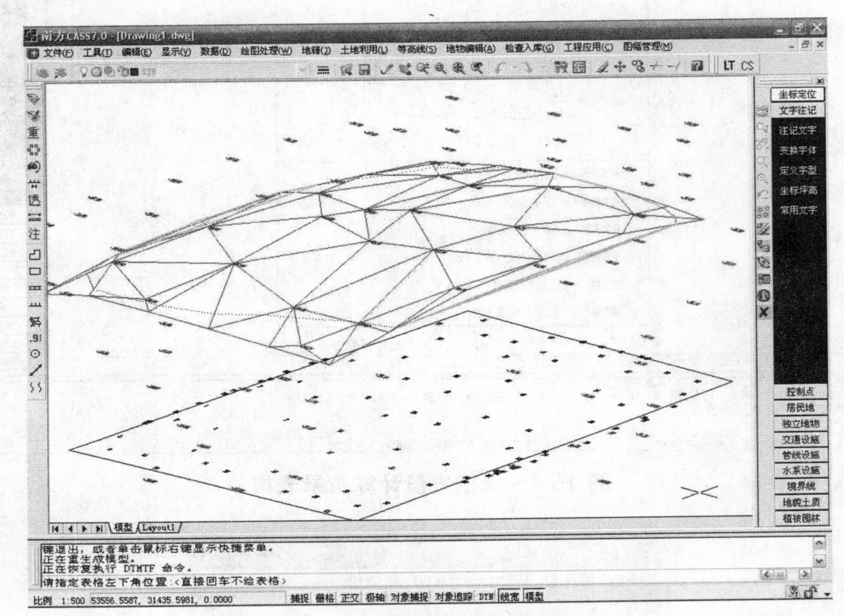

图 15.6 土方计算放边坡效果图

（1）用复合线画出所要计算的土方区域，一定要闭合，但是尽量不要拟合。因为拟合过的曲线在进行土方计算时会用折线迭代，影响计算结果的精度。

（2）选择“工程应用\方格网法土方计算”命令。命令行提示：“选择计算区域边界线”；选择土方计算区域的边界线（闭合复合线）。

（3）屏幕上将弹出如图 15.7 所示方格网土方计算对话框，在对话框中选择所需的坐标文件；在“设计面”栏选择“平面”，并输入目标高程；在“方格宽度”栏，输入方格网的宽度，即每个方格的边长，默认值为 20 米。由原理可知，方格的宽度越小，计算精度越高。但如果给的值太小，超过了野外采集的点的密度也是没有实际意义的。点击“确定”，命令行提示：

最小高程＝××.×××，最大高程＝××.×××

总填方＝××××.×立方米，总挖方＝×××.×立方米

同时图上绘出所分析的方格网、填挖方的分界线（绿色折线），并给出每个方格的填挖方，每行的挖方和每列的填方，结果如图 15.8 所示。

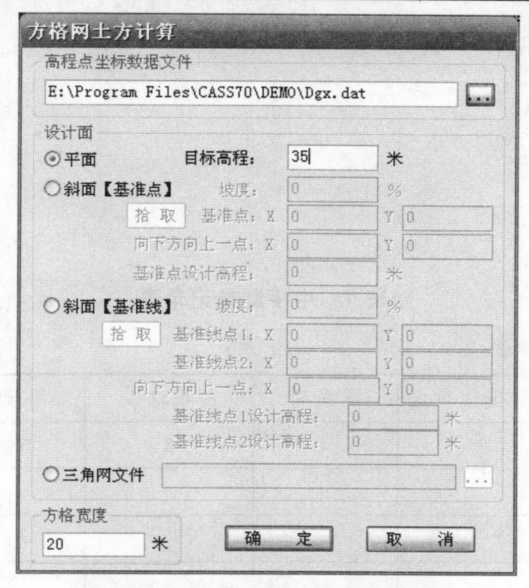

图 15.7　方格网土方计算对话框

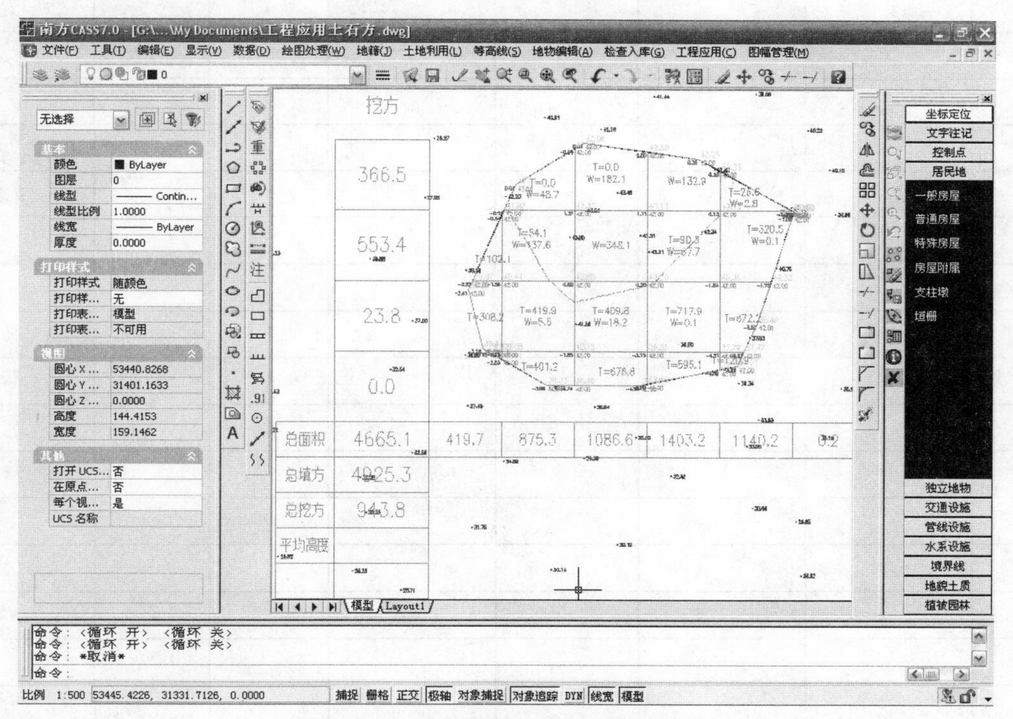

图 15.8　方格网法土方计算成果图

附　录

附表 1　中平测量记录表

项目：　　　　测量：　　　　记录：　　　　第　　页共　　页

测站	测站桩号	后视读数	视线高	前视读数	间视	高程	说明
1	2	3	4	5	6	7	8

续附表 1

测站	测站桩号	后视读数	视线高	前视读数	间视	高程	说明
1	2	3	4	5	6	7	8
检核							

附表 2　横断面测量记录表

项目：　　　　测量：　　　　记录：　　　　第　页共　页

左侧（平距/高程）						桩号 高程	右侧（平距/高程）					

续附表 2

左侧（平距/高程）						桩号 高程	右侧（平距/高程）					

附表 3　土石方数量计算表

项目：　　　　　测量：　　　　　　　记录：　　　　　　　　第　　页共　　页

里程	中心高/m		横断面积/m^2		平均面积/m^2		距离/m	总数量/m^3	
	填	挖	填	挖	填	挖		填	挖

续附表 3

里程	中心高/m		横断面积/m^2		平均面积/m^2		距离/m	总数量/m^3	
	填	挖	填	挖	填	挖		填	挖
合计									

附表4　趋近法边桩测设数据记录表

项目：　　　　测量：　　　　记录：　　　　第　　页　共　　页

桩号	地面高程	设计高程	高差	测量平距	计算平距	平距差值

续附表 4

桩号	地面高程	设计高程	高差	测量平距	计算平距	平距差值

附表 5　圆曲线测设数据表

项目：　　　　测量：　　　　记录：　　　　第　　页共　　页

点号	里程	里程差（弧长）/m	偏角（弦切角）/（°　′　″）	弦长/m
圆曲线要素计算				
$T=$ $L=$ $E=$ $q=$				

附表 6　综合曲线测设数据表

项目:　　　　　　测量:　　　　　　记录:　　　　　　第　　页共　　页

点号	里程	X/m	Y/m

综合曲线要素计算

$\beta_0 =$

$m =$

$p =$

$T =$

$L =$

$E =$

$q =$

附表 7　竖曲线测设数据表

项目：　　　　测量：　　　　记录：　　　　第　　页共　　页

点号	桩号	弧长/m	高程改正数/m	坡道高程/m	设计高程/m	地面高程/m	高程桩数据/m

竖曲线要素计算

$\alpha=$

$T=$

$L=$

$E=$

附表 8　分坑测设数据表

项目：　　　　　　测量：　　　　　　记录：　　　　　　第　　页 共　　页

桩号	定向点号	分坑号	分坑点号	旋转角度 /(°　′　″)	水平距离/m

续附表 8

桩号	定向点号	分坑号	分坑点号	旋转角度 /（°　′　″）	水平距离/m

附表 9 V 型拉线拉盘中心测设数据表

项目：　　　　　　测量：　　　　　　记录：　　　　　　　　第　　页共　　页

桩号	定向点号	拉线桩号	拉线长	旋转角度/(° ′ ″)	水平距离/m

附表 10　边坡放样数据表

项目：　　　　测量：　　　　记录：　　　　第　　页共　　页

桩号	边坡点坐标（左）		边坡点坐标（右）	
	X	*Y*	*X*	*Y*

续附表 10

桩号	边坡点坐标（左）		边坡点坐标（右）	
	X	*Y*	*X*	*Y*

附表 11　边坡放样数据表

项目：　　　　测量：　　　　记录：　　　　第　　页　共　　页

桩号	边坡点坐标（左）		边坡点坐标（右）	
	X	Y	X	Y

参考文献

[1] 李青岳，陈永奇. 工程测量学[M]. 北京：测绘出版社，1995.
[2] 周建郑，李聚方. 工程测量[M]. 郑州：黄河水利出版社，2006.
[3] 周立，张东明. GPS 测量技术[M]. 郑州：黄河水利出版社，2006.
[4] 孔祥元，郭际明. 控制测量学[M]. 武汉：武汉大学出版社，2006.
[5] 郑文华. 地下工程测量[M]. 北京：煤炭工业出版社，2007.
[6] 郑晓燕. 新编土木工程概论[M]. 北京：中国建筑出版社，2007.
[7] 赵桂生，毕守一. 水利工程测量[M]. 北京：科学出版社，2009.
[8] 顾孝烈，鲍峰，程效军. 测量学[M]. 上海：同济大学出版社，2004.
[9] 陆国胜. 测量学[M]. 北京：测绘出版社，1994.
[10] 胡伍生，潘庆林，黄腾. 土木工程施工测量手册[M]. 北京：人民交通出版社，2005.